实操 2-3 填充线稿图像

实操 3-1 制作标准照

实操 3-3 制作立体文字效果

U0220214

实操 3-4 制作故障幻影海报效果

实操 4-1 制作印章效果

实操 4-3 制作拆分文字效果

实操 4-4 制作遮罩文字效果

实操 5-1 抠取并导出图像

实操 5-2 更换图像背景

实操 5-4　抠取图像并创建笔刷效果

实操 5-6　替换图像中的部分元素

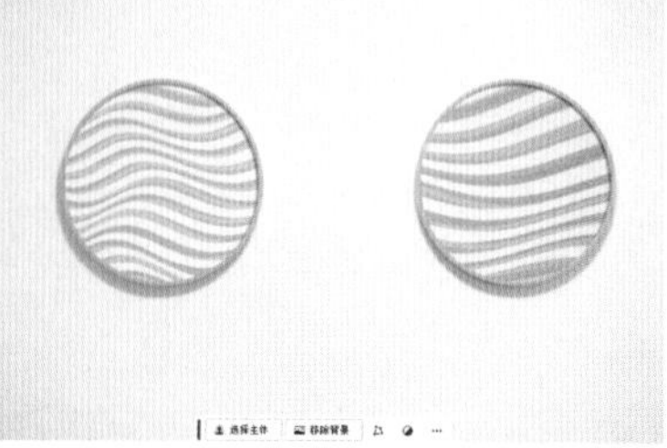

实操 5-7　抠取宠物并替换背景

实操 6-2　制作景深效果

实操 6-3　擦除图像背景

实操 6-4　修复开裂墙体

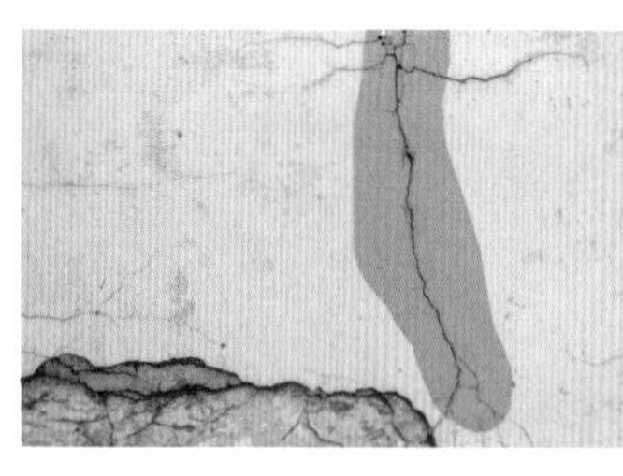

实操 7-1　调整图像的明暗对比

实操 7-2 调整图像的色调

实操 7-3 制作木版画效果

实操 8-1 分离水花与背景

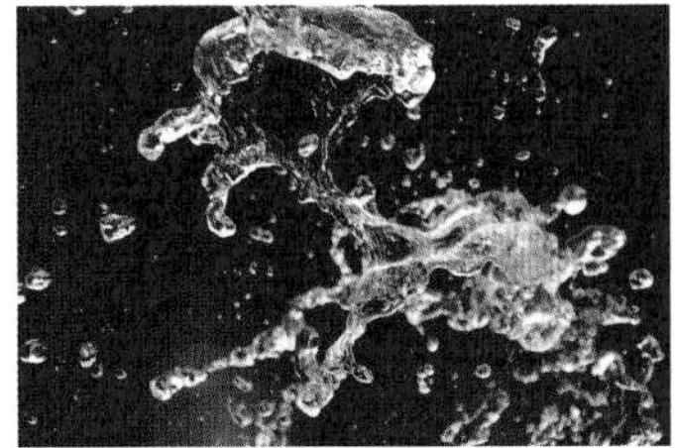
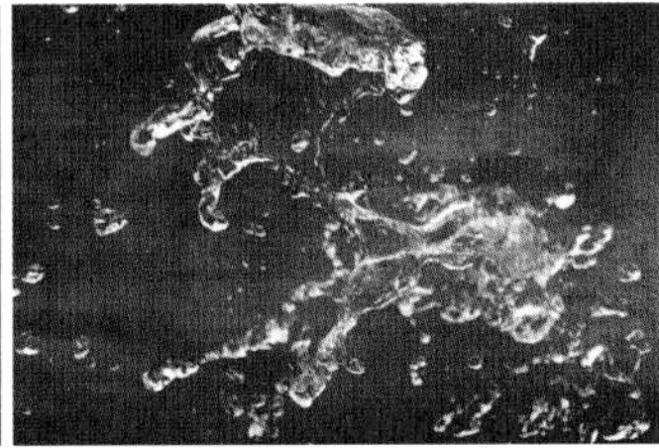

实操 8-2 替换窗外的风景

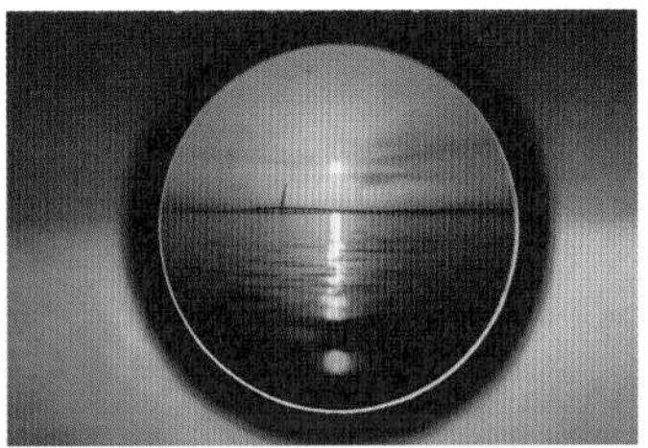

实操 8-3 文字穿插叠加效果

实操 9-1 消失点透视效果

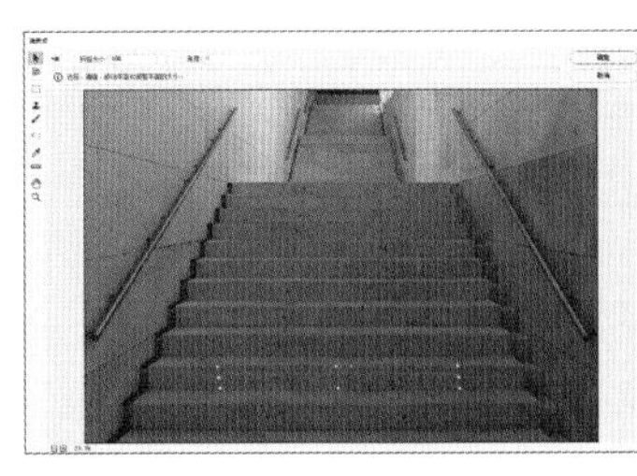

实操 9-2 制作水彩画效果

实操 9-3　制作塑料薄膜效果

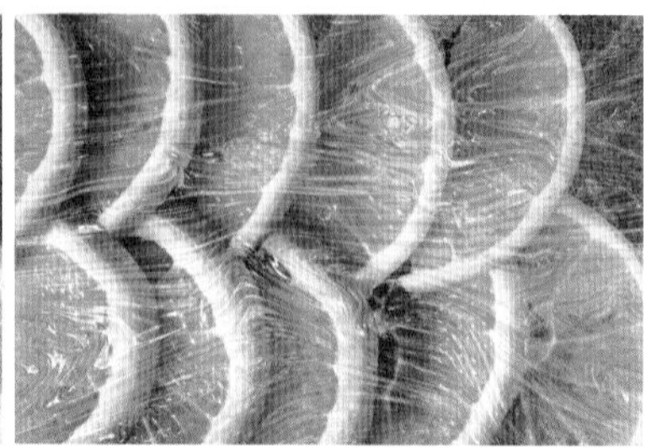

实操 10-1　创建并应用水印动作

实操 11-1　民宿宣传画册

实操 12-1　招贴海报设计

实操 13-1　制作活动宣传单页

实操 14-1　茶叶包装盒

"创新设计思维"
数字媒体与艺术设计类新形态丛书

AI创意设计

李燕敏 周琦◎主编
涂雯倩 付玲 焦翠珍◎副主编

Photoshop 2024 +AIGC 图形图像处理

·微课版·

人民邮电出版社
北京

图书在版编目（CIP）数据

Photoshop 2024+AIGC 图形图像处理 ： 微课版 / 李燕敏, 周琦主编. -- 北京 ： 人民邮电出版社, 2025. (“创新设计思维”数字媒体与艺术设计类新形态丛书).

ISBN 978-7-115-65409-0

I. TP391.413

中国国家版本馆 CIP 数据核字第 2024QL4197 号

内 容 提 要

本书以实际应用为目标，结合 AIGC 工具应用，围绕 Photoshop 2024 软件展开介绍，遵循由浅入深、从理论到实践的原则讲解图形图像处理相关知识。全书共 14 章，第 1 章对平面设计的理论知识进行介绍。第 2~10 章以理论结合实操的形式对 Photoshop 软件的功能进行讲解。第 11~14 章分别对宣传画册、海报、宣传单页，以及商品包装的设计与制作进行介绍。

本书可作为普通高等院校视觉传达设计、影视摄影与制作、数字媒体艺术、数字媒体技术等相关专业的教材，也可作为想要从事平面设计、电商美工、商业修图、UI/网页设计等行业人员的参考书。

◆ 主　　编　李燕敏　周　琦
　副 主 编　涂雯倩　付　玲　焦翠珍
　责任编辑　许金霞
　责任印制　陈　犇

◆ 人民邮电出版社出版发行　　北京市丰台区成寿寺路 11 号
　邮编　100164　　电子邮件　315@ptpress.com.cn
　网址　https://www.ptpress.com.cn
　三河市中晟雅豪印务有限公司印刷

◆ 开本：787×1092　1/16
　印张：14.5　　　　2025 年 2 月第 1 版
　字数：389 千字　　2025 年 2 月河北第 1 次印刷

定价：59.80 元

读者服务热线：(010)81055256　印装质量热线：(010)81055316
反盗版热线：(010)81055315

PREFACE 前言

本书以实际应用为目标，结合AIGC工具应用，围绕 Photoshop 2024软件展开介绍，遵循由浅入深、从理论到实践的原则讲解图形图像处理的相关知识。全书共 14 章，首先介绍了平面设计的基础理论，然后以理论结合实操的形式详细讲解了Photoshop软件的功能，最后以宣传画册、海报、宣传单页、商品包装的设计与制作为例进行了实操案例的讲解。通过对本书的学习，读者可以了解平面设计的基础理论，熟悉Photoshop 2024的操作方法，掌握使用Photoshop 2024进行图形图像处理的技巧，提高图形图像处理能力和创意能力。

内容特点

本书按照“软件功能解析—课堂实操—实战演练”的思路编排内容，且在每章最后安排“拓展练习”，以帮助读者综合应用所学知识。书中还穿插了“知识链接”板块，帮助读者拓展思维，做到知其然并知其所以然。

软件功能解析：在对软件的基本操作有了一定的了解后，书中又进一步对软件的具体功能进行详细解析，使读者系统掌握软件各功能的应用方法。

课堂实操：本书精心挑选课堂案例，通过对课堂案例的详细解析，读者能够快速掌握软件的基本操作，熟悉案例设计的基本思路。

实战演练：结合本章相关知识点设置综合性案例，帮助读者更好地巩固所学知识，并达到学以致用的目的。

拓展练习：本书各章均设置了拓展练习，梳理了拓展练习的技术要点，并将操作步骤分解，以帮助读者完成练习，进一步提升实操能力。

案例特色

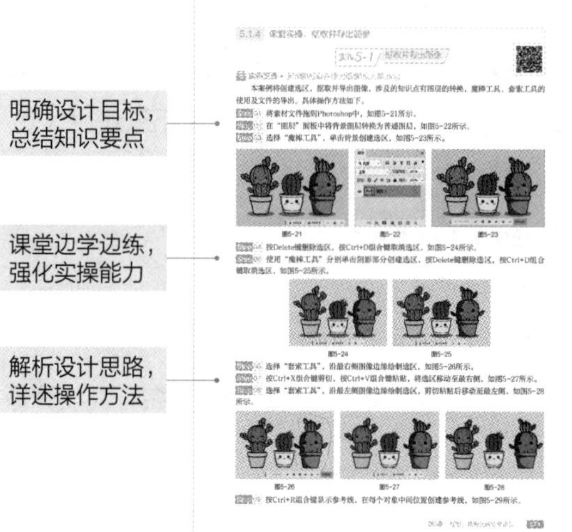

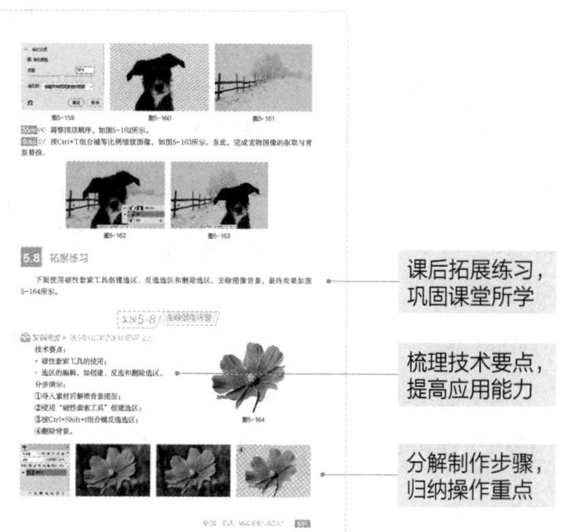

学时安排

本书的参考学时为42学时，讲授环节为24学时，实训环节为18学时。各章的参考学时参见以下学时分配表。

章	课程内容	学时分配/学时	
		讲授	实训
第1章	必修：平面设计基础课	1	1
第2章	基础：新手学PS轻松入门	1	1
第3章	图层：揭开层次设计的奥秘	2	1
第4章	文字：布局有道显真章	1	1
第5章	抠图：精确无痕分离目标	2	1
第6章	修图：修复与改善瑕疵图像	2	1
第7章	调色：色彩校正及创意美化	2	1
第8章	合成：通道蒙版深度解析	2	1
第9章	滤镜：光影特效的应用	2	1
第10章	动作：自动化一键出图	1	1
第11章	宣传画册的设计与制作	2	2
第12章	海报的设计与制作	2	2
第13章	宣传单页的设计与制作	2	2
第14章	商品包装的设计与制作	2	2
学时总计/学时		24	18

资源获取

微课视频：本书案例配有微课视频，扫描书中二维码即可观看。

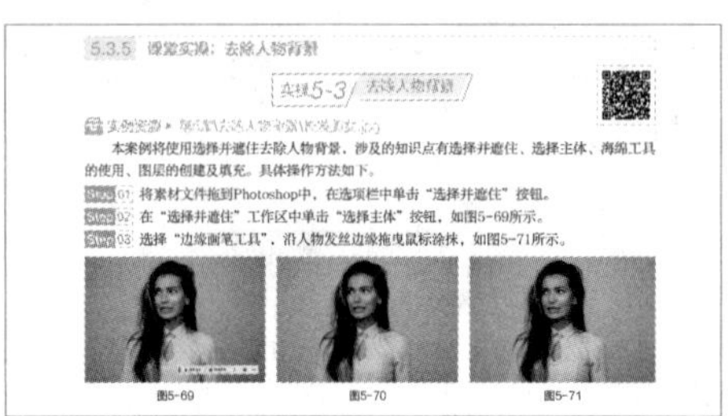

5.3.5 课堂实操：去除人物背景

实操5-3 / 去除人物背景

本案例将使用选择并遮住去除人物背景，涉及的知识点有选择并遮住、选择主体、海绵工具的使用、图层的创建及填充。具体操作方法如下。

Step 01 将素材文件拖到Photoshop中，在选项栏中单击“选择并遮住”按钮。

Step 02 在“选择并遮住”工作区中单击“选择主体”按钮，如图5-69所示。

Step 03 选择“边缘画笔工具”，沿人物发丝边缘拖曳鼠标涂抹，如图5-71所示。

图5-69　图5-70　图5-71

为方便读者线下学习及教学，书中所有案例的基础素材、效果文件、PPT课件、教学大纲、教学教案等资料，读者可登录人邮教育社区（www.ryjiaoyu.com），在本书页面中免费下载使用。

编者团队

本书由李燕敏、周琦担任主编，涂雯倩、付玲、焦翠珍担任副主编，同时还邀请多名行业设计师提供了很多精彩的商业案例，在此表示感谢。

编者

2025年1月

CONTENTS 目录

第 1 章

必修：平面设计基础课

PS

内容导读

本章将对平面设计的基础知识进行讲解，包括色彩相关知识、图像的色彩模式、色域与溢色、位图与矢量图、像素与分辨率以及文件格式等。了解并掌握这些基础知识，设计师可以进行高效创作，提升作品的质量与传播效果。

学习目标

- 了解色彩的构成、属性、混合等相关知识
- 了解色域与溢色、位图与矢量图、像素与分辨率等概念
- 掌握图像的色彩模式
- 掌握文件的格式

素养目标

- 培养设计师的色彩运用能力、图像处理能力、文件格式选择能力，以及综合设计与创新能力。
- 有效帮助设计师在设计工作中更加高效地完成设计任务，并提升作品的质量和传播效果。

案例展示

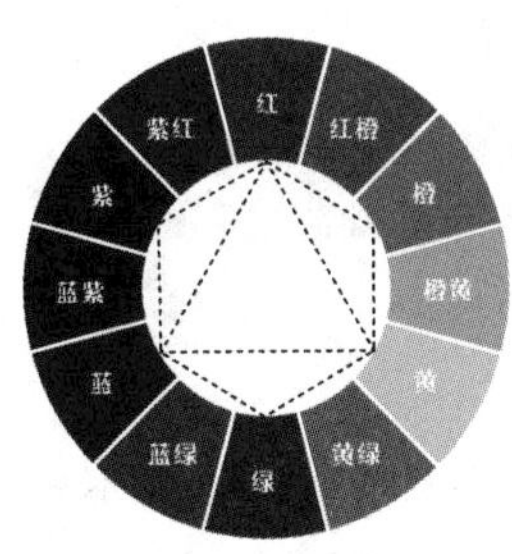

色彩的混合

RGB 模式

查找溢色区域

1.1 色彩相关知识

色彩是设计作品最重要的视觉元素之一，能够影响人们的情绪和感知。因此，了解色彩的基本原理和应用技巧对于设计师来说至关重要。

1.1.1 色彩的构成

色彩的三原色是色彩构成中的基本概念，指的是不能再分解的3种基本颜色。根据应用领域的不同，三原色可以分为色光三原色和颜料三原色。

1. 色光三原色

色光三原色是指红（Red）、绿（Green）、蓝（Blue），可以使用加色混合得到其他所有色光。在色光混色中，颜色越加越亮，最终可以得到白色，如图1-1所示。显示器、电视屏幕、投影仪等设备就是利用这种加色原理来产生丰富色彩的。

2. 颜料三原色

颜料三原色是指品红（Magenta）、黄（Yellow）、青（Cyan），这3种颜色是颜料或染料混合的基础，使用减色混合可以得到其他所有颜色。颜料混色后会产生暗色，三原色混合后得到的是黑色，如图1-2所示。在商业印刷中通常还会加入黑色（Key），因此实际上采用的是CMYK四色印刷系统。这是因为单独使用C、M、Y三色很难得到足够深沉的黑色，添加黑色颜料有助于提高图像暗部细节的表现力，并节省彩色油墨的用量。

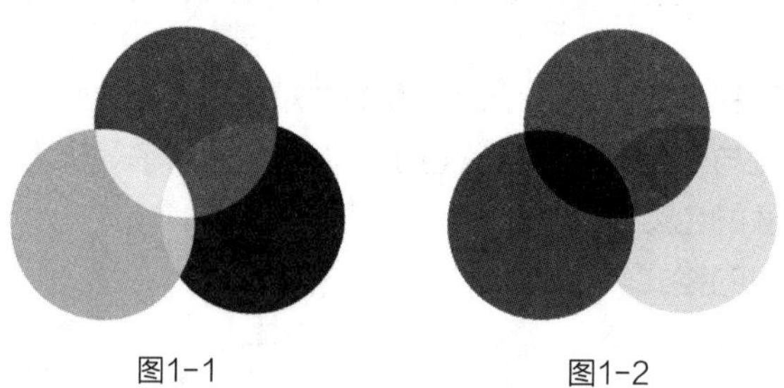

图1-1　　图1-2

1.1.2 色彩的属性

色彩的3个属性分别为色相、明度、饱和度。

1. 色相

色相是色彩所呈现出来的质地面貌，主要用于区分颜色。在0°~360°的标准色轮上，可按位置度量色相。通常情况下，色相是以颜色的名称来识别的，如红色、黄色、绿色等，如图1-3所示。

图1-3

2. 明度

明度是指色彩的明暗程度。通常情况下，明度的变化有两种情况，一是不同色相之间的明度变化，二是同色相的不同明度变化，如图1-4所示。要提高色彩的明度，可以加入白色，反之加入黑色。

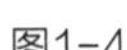

图1-4

3. 饱和度

饱和度是指色彩的鲜艳程度，也称色彩的纯度，是色彩感觉强弱的标志。其中，红（#FF0000）、橙（#FFA500）、黄（#FFFF00）、绿（#00FF00）、蓝（#0000FF）、紫（#800080）等颜色的纯度最高。图1-5所示为红色的不同饱和度。

图1-5

1.1.3 色彩的混合

色相环是理解和操作色彩混合的重要工具。它提供了一种直观的方式来查看颜色之间的关系，以及如何使用混合和匹配它们来创建新的颜色。

色相环是一个圆形的颜色序列，通常包含12~24种不同的颜色，每种颜色都按照它们在光谱中出现的顺序排列。以12色相为例，12色相由原色、间色（第二次色）、复色（第三次色）组合而成，如图1-6所示。

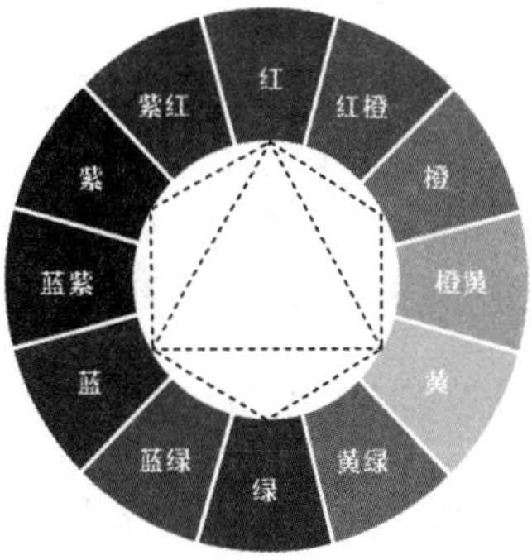

图1-6

（1）原色

原色是不能使用其他颜色的混合调配而得出的“基本色”，即红、黄、蓝。这3种原色彼此形成一个等边三角形。

（2）间色（第二次色）

间色是三原色中的任意两种原色相互混合而成的颜色。例如，红+黄=橙，黄+蓝=绿，红+蓝=紫，彼此形成一个等边三角形。

（3）复色（第三次色）

复色是任何两个间色或3个原色混合而产生出来的颜色。复色的名称一般由两种颜色组成，如橙黄、黄绿、蓝紫等，彼此形成一个等边三角形。

（4）同类色

同类色是在色相环中夹角在15° 以内的颜色。同类色的色相性质相同，但色度有深浅之分。同类色搭配可以理解为，使用不同明度或饱和度的单色进行色彩搭配，使用明暗可以体现出层次感，营造出协调、统一的画面。

（5）邻近色

邻近色是在色相环中夹角为30° ~60° 的颜色。邻近色色相近似，冷暖性质一致，色调和谐统一。邻近色搭配效果较为柔和，主要使用明度加强效果。

（6）类似色

类似色是在色相环中夹角为60° ~90° 的颜色，类似色有明显的色相变化。类似色搭配的画面色彩活泼，但又不失统一。

（7）中差色

中差色是在色相环中夹角为90° 的颜色，中差色的色彩对比效果较为明显。中差色搭配的画面比较轻快，有很强的视觉张力。

（8）对比色

对比色是在色相环中夹角为120°的颜色，对比色的色彩对比效果较为强烈。对比色搭配的画面具有矛盾感，矛盾越鲜明，对比越强烈。

（9）互补色

互补色是在色相环中夹角为180°的颜色，互补色的色彩对比最为强烈。互补色搭配的画面给人强烈的视觉冲击力。

1.2 图像的色彩模式

图像的色彩模式决定了图像中颜色的表现和呈现方式，不同的色彩模式适用于不同的输出环境。

1.2.1 RGB模式

RGB模式是一种加色模式。在RGB模式中，R（Red）表示红色，G（Green）表示绿色，B（Blue）表示蓝色。RGB模式几乎包括了人类视觉所能感知的所有颜色，是目前运用最广的颜色系统之一。使用RGB模式创建和编辑的图像文件适合在显示器、电视屏幕、投影仪等以光为基础显示颜色的设备上查看。

1.2.2 CMYK模式

CMYK模式是一种减色模式，也是InDesign默认色彩模式。在CMYK模式中，C（Cyan）表示青色，M（Magenta）表示品红色，Y（Yellow）表示黄色，K（Black）表示黑色。CMYK模式通过反射某些颜色的光并吸收另外颜色的光来产生各种不同的颜色。

从RGB模式转换到CMYK模式时，如果原图中的某些颜色超出了CMYK模式色域，这部分颜色在转换后可能会出现偏色或者饱和度下降的现象。图1-7、图1-8所示分别为RGB模式图像转换为CMYK模式图像前后的效果。

图1-7

图1-8

1.2.3 Lab模式

Lab模式是最接近真实世界颜色的一种色彩模式。其中，L表示亮度，亮度范围是0~100，a表示由绿色到红色的范围，b表示由蓝色到黄色的范围，ab范围是-128～+127。Lab模式解决了不同显示器和打印设备造成的颜色差异。Lab模式是一种独立于设备存在的色彩模式，不受任何硬件性能的影响。

1.2.4 位图模式

位图模式是一种只使用黑白两种颜色来表示图像的色彩模式，也称为黑白模式或二值模式。

在位图模式下，图像中的每个像素都表示为一个二进制位，0表示黑色，1表示白色。由于位图模式只使用黑白两种颜色，所以它可以表现出非常明显的黑白对比效果，常用于制作艺术样式或创作单色图形。

在将彩色图像转换为位图模式时，需要先将其转换为灰度模式（见图1-9），然后转换为位图模式（见图1-10）。位图模式下的图像文件较小，但无法进行颜色调整或处理。

图1-9

图1-10

1.2.5 灰度模式

灰度模式是一种只使用单一色调表现图像的色彩模式。在灰度模式下，图像的每个像素都由一个0（黑色）到255%（白色）的亮度值表示，形成256个不同的灰度级别，从而实现从黑到白的过渡。

灰度模式可以简化图像的颜色信息，使其更易于进行处理和分析。将彩色图像转换为灰度模式，可以去除颜色对图像的影响，使图像的处理更加集中于亮度、对比度和纹理等特征。

1.2.6 双色调模式

双色调模式是印刷业常用的一种色彩模式，使用1~4种自定油墨来渲染一个灰度图像，从而创建出单色调、双色调（两种颜色）、三色调（3种颜色）和四色调（4种颜色）的灰度图像。

1.2.7 索引模式

索引模式是用于网上和动画的一种图像模式，可以减小图像文件大小。在索引模式下，图像最多只能使用256种颜色，这些颜色被保存在一个颜色表中，每种颜色对应一个索引号。

1.3 色域与溢色

色域与溢色是理解和控制颜色在不同设备和材料上表现的关键概念。了解这两个概念可以更好地管理和调整图像的颜色，从而确保在各种场合下都能获得理想的颜色效果。

1.3.1 色域

色域是指一种设备能够产生或显示的颜色范围，也可以理解为设备所能表现的色彩空间。在色彩管理中，色域通常用一个特定的色彩空间来描述，如RGB、CMYK、Lab等。不同的设备，如数码相机、扫描仪、显示器、打印机等，都有各自特定的色域。

1.3.2 溢色

溢色是指当显示或打印的颜色超出了设备或材料所能表现的颜色范围时，所产生的颜色偏差或失真。换句话说，溢色是当颜色超出了设备或材料的色域范围时出现的。在RGB模式下，在图像窗口中将鼠标指针移动至任意位置，“信息”面板中会显示相应的颜色数值，如图1-11所示。当数值后出现感叹号时，表明该颜色为溢色，如图1-12所示。

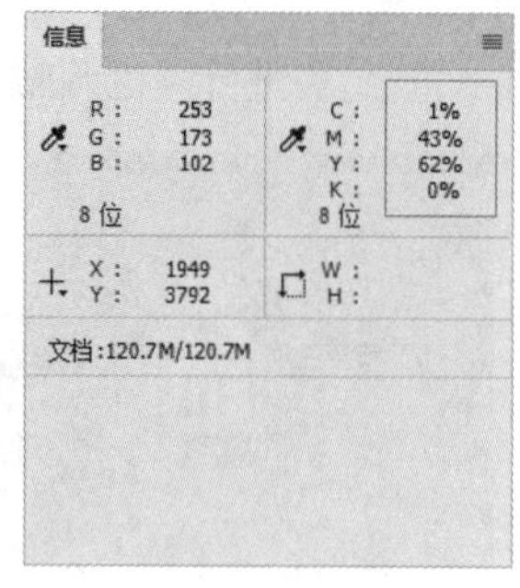

图1-11

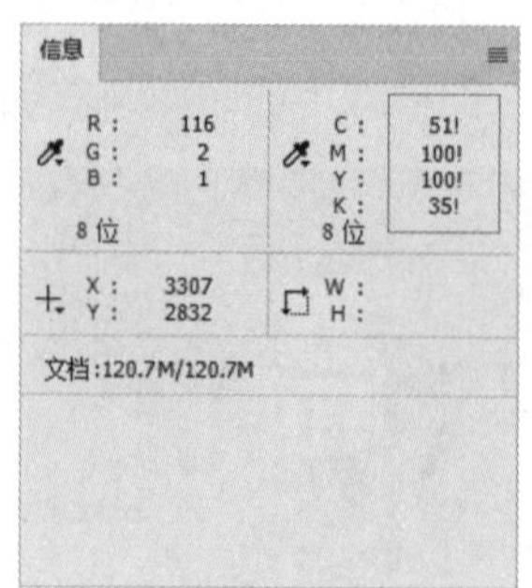

图1-12

1.3.3 查找溢色区域

大多数图像处理软件都有色域警告功能，可以帮助用户查找溢色区域。执行“视图 > 色域警告”命令，画面中被灰色覆盖的区域便是溢色区域，如图1-13、图1-14所示。再次执行该命令，可以关闭色域警告功能。

图1-13

图1-14

打开“拾色器”对话框后执行“视图 > 色域警告”命令，“拾色器”对话框中的溢色会显示为灰色，如图1-15所示。选择溢色时，右侧会出现一个三角形感叹号▲，同时色块中显示与当前颜色最接近的CMYK颜色，如图1-16所示。单击▲图标即可选定色块中的颜色。

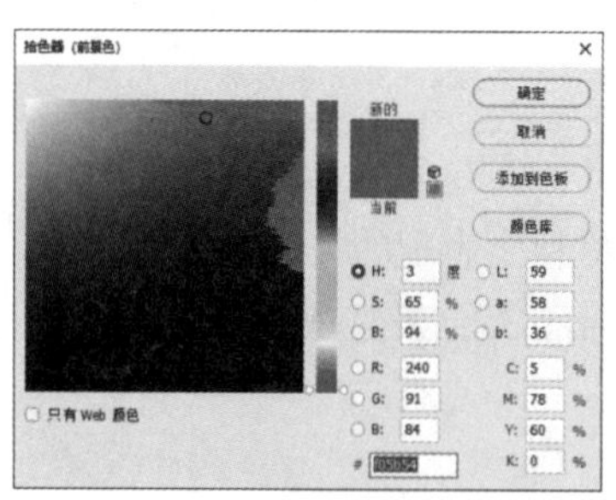

图1-15

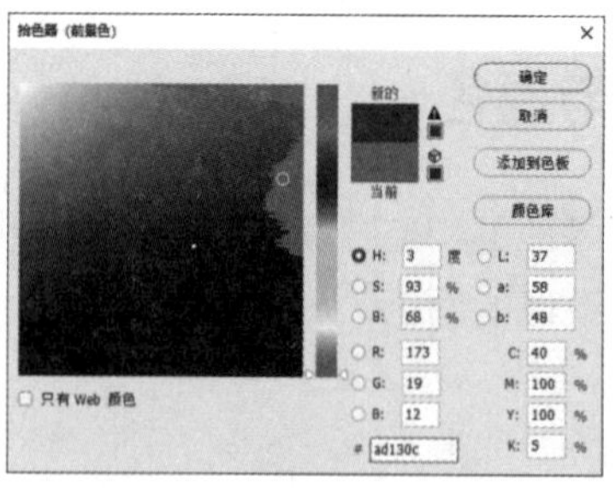

图1-16

1.3.4 自定义色域警告颜色

默认的色域警告颜色为灰色，若在暗调和高对比度的图像中，灰色不够明显，则可以自定义色域警告颜色，以便更好地识别溢色区域。

执行“编辑 > 首选项 > 透明度与色域”命令，在“色域警告”中单击颜色样本，如图1-17

所示。打开“拾色器（色域警告颜色）”对话框，从中选择较鲜艳的颜色作为新的色域警告颜色，如图1-18所示。

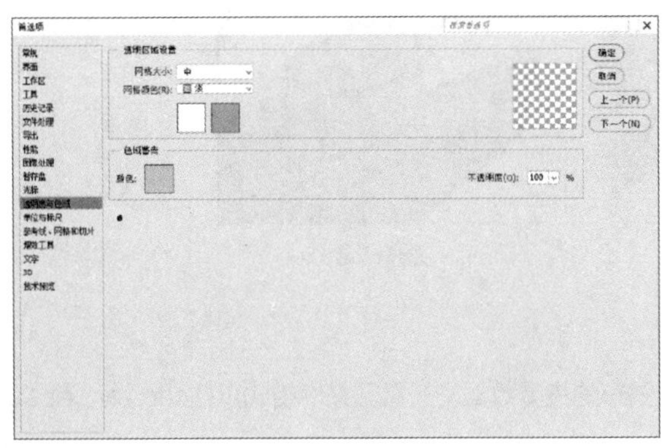

图1-17

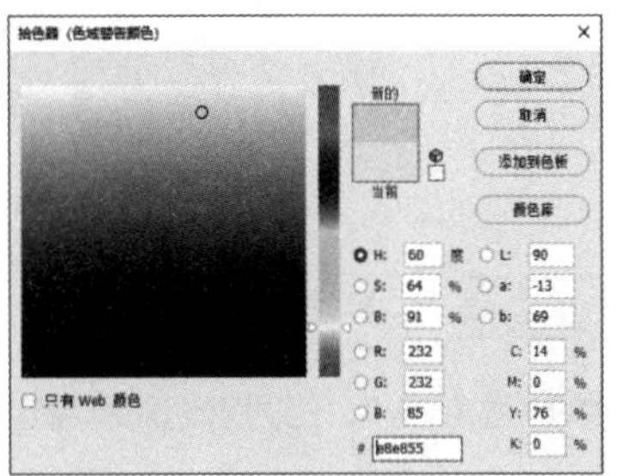

图1-18

1.4 位图与矢量图

位图与矢量图是两种不同的图像表示方法。在选择图像表示方法时，应考虑具体需求和目的，选择最适合的图像类型。

1.4.1 位图

位图也称为点阵图或像素图，是由像素组成的。每个像素都被分配一个特定位置和颜色值，并按一定顺序排列，就组成了色彩斑斓的图像，如图1-19所示。位图与分辨率紧密相关。当位图图像放大时，像素点也会放大，导致图像质量下降，出现锯齿状或马赛克状的边缘，如图1-20所示。

图1-19

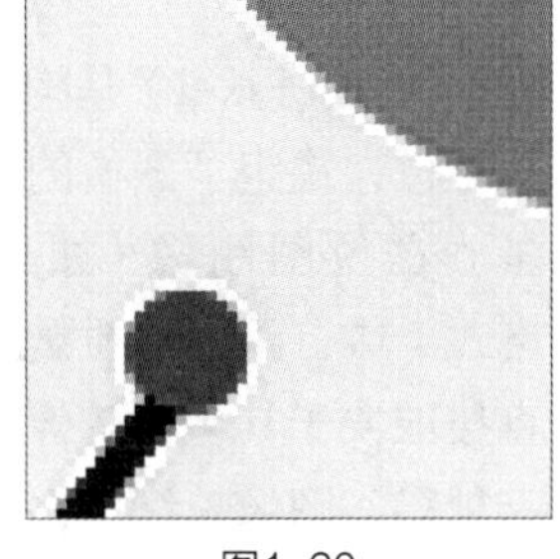

图1-20

位图非常适合表现连续色调和丰富色彩层次的图像，如照片、自然景色、细腻的纹理等。位图能够呈现出逼真的视觉效果，捕捉到细微的色彩变化和光影效果。因此，位图广泛应用于摄影、绘画、艺术和设计等领域。

知识链接

位图文件通常较大，因为它们包含大量的像素信息。位图文件格式包括bmp、gif、jpg、png、psd等。

1.4.2 矢量图

矢量图又称向量图，以线条、曲线和形状等矢量对象为主，如图1-21所示。由于其线条的形状、位置、曲率和粗细都是使用数学公式描述和记录的，因此矢量图与分辨率无关，能以任意大小输出，不会遗漏细节或降低清晰度，放大后更不会出现锯齿状的边缘，如图1-22所示。

矢量图的色彩表现相对有限，通常用于表示简单的图像和图形元素，如标识、图标和Logo等，适用于需要保持清晰度和一致性的场景，如图形设计、文字设计、标志设计和版式设计等。

图1-21

图1-22

矢量图文件通常较小，因为它们只包含定义图形的矢量数据。矢量图文件格式包括cdr、ai、eps、svg、dwg等。

1.5 像素与分辨率

像素是组成图像的基本元素，分辨率则是衡量这些像素在一定空间内密集程度的标准。了解和掌握像素与分辨率的概念及其关系在图像处理、摄影等方面都非常重要。

1.5.1 像素

像素（Pixel）是构成图像的最小单位，决定了图像的分辨率和质量。在位图图像（如jpeg、png等格式）中，图像的质量和细节程度直接取决于其包含的像素数量。像素越多，图像越细腻，表现的颜色层次和细节也越丰富。图1-23、图1-24所示分别为不同像素数量的图像效果。

图1-23

图1-24

1.5.2 分辨率

分辨率通常指的是单位长度内像素的数量，它可以是图像分辨率或屏幕分辨率。

（1）图像分辨率

图像分辨率通常以“像素/英寸”表示，是指图像中每单位长度含有的像素数量，如图1-25所示。分辨率高的图像比相同打印尺寸的低分辨率图像包含更多的像素，因而图像会更加清楚、细腻。分辨率越大，图像文件越大。

图1-25

（2）屏幕分辨率

屏幕分辨率又称显示分辨率，是指屏幕显示的分辨率，即屏幕上显示的像素数量。常见的屏幕分辨率有1920×1080、1600×1200、640×480。在屏幕尺寸一样的情况下，分辨率越高，显示效果越精细和细腻。计算机的显示设置中会显示推荐的显示分辨率，如图1-26所示。

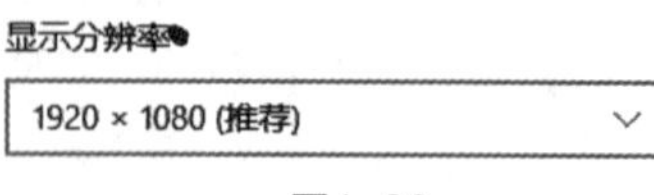

图1-26

1.6 文件格式

文件格式是指使用或创作的图形、图像的格式，不同的文件格式有不同的使用范围。平面设计软件中常用的文件格式有以下几种。

1. PSD格式

PSD格式是Photoshop内定和默认的格式。PSD格式是唯一支持所有色彩模式的格式，并且可以存储在Photoshop建立的所有图层、通道、参考线、注释和色彩模式等信息，这样下次继续编辑时会非常方便。因此，对于没有编辑完成、下次需要继续编辑的文件最好保存为PSD格式。

2. PDF格式

PDF格式是Adobe公司开发的一种跨平台的通用文件格式，能够保存任何源文档的字体、格式、颜色和图形，而不管创建该文档所使用的应用程序和平台。Adobe Illustrator、Adobe PageMaker和Adobe Photoshop都可直接将文件存储为PDF格式。

3. SVG格式

SVG格式是一种开放标准的矢量图形语言。使用SVG格式可以直接用代码来描绘图像，用任何文字处理工具打开SVG图像，通过改变部分代码使图像具有交互功能，并可以随时插入HTML中使用浏览器来观看。

4. TIFF格式

TIFF格式是一种灵活的位图格式，扩展名为tiff或tif。作为印刷行业标准的图像格式，TIFF格式的通用性很强，几乎所有的图像处理软件和排版软件都支持，因此广泛应用于程序之间和计算机平台之间进行图像数据交换。

5. GIF格式

GIF格式又称图像互换格式，是一种非常通用的图像格式。在将图像保存为该格式之前，需要先将图像转换为位图、灰度或索引颜色等色彩模式。GIF采用两种保存格式，一种为“正常”格式，可以支持透明背景和动画格式；另一种为“交错”格式，可以让图像在网络上以由模糊逐渐转为清晰的方式显示。

6. JPEG格式

JPEG格式是一种高压缩比的、有损压缩真彩色图像文件格式，其最大特点是文件比较小，可以进行高倍率的压缩，因而在注重文件大小的领域应用广泛。JPEG格式是压缩率最高的图像文件格式之一，这是由于该格式在压缩保存的过程中会以失真最小的方式丢掉一些肉眼不易察觉的数据，因此保存后的图像与原图像会有所差别，在印刷、出版等高要求的场合不宜使用。

7. PNG格式

PNG格式可以保存24位的真彩色图像，并且支持透明背景和消除锯齿边缘的功能，可以在不失真的情况下压缩保存图像。但由于并不是所有的浏览器都支持PNG格式，所以该格式的使用范围没有GIF格式和JPEG格式广泛。PNG格式在RGB和灰度色彩模式下支持Alpha通道，但在索引颜色和位图模式下不支持Alpha通道。

1.7 探索AIGC在平面设计中的应用

AIGC（Artificial Intelligence Generated Content）指人工智能生成内容，是一种利用机器学习、深度学习、自然语言处理、计算机视觉等先进AI技术来自动或半自动创建文本、图像、音频、视频等各种类型内容的新型生产方式。目前AIGC的应用范围广泛，包括但不限于以下方面。

- AI写作：新闻报道、文学作品、商业文案等。
- AI绘画：生成各种艺术风格的画作、插图甚至设计概念。
- AI音乐创作：制作歌曲、配乐及音效。
- AI视频编辑：自动生成短视频、剪辑片段及特效合成。
- AI语音合成：用于制作语音播报、有声读物等。

在平面设计环节中，AIGC有着多方面的实际应用。这些应用不仅提高了设计工作的效率，也拓展了设计的可能性与多样性。

1. 概念设计阶段

设计师可以输入关键词、描述或者参考样例，让AIGC系统生成一系列初始设计概念，如主题模板、Logo设计、广告创意等，从而迅速获取灵感并筛选出最符合项目需求的设计方向。以下内容是利用ChatGPT4.0为宠物店周年庆生成的活动文案。

Q 爱宠宠物店要迎来3周年庆典，想推出一系列活动，请列举3~5个方案

A 为了庆祝爱宠宠物店3周年庆典，可以策划一系列既吸引顾客又体现店铺特色的活动。以下是一些可能的活动方案。

1.“感恩回馈优惠周”活动

活动内容：在庆典期间，推出满额赠送活动，比如消费满一定金额赠送店内特色宠物用品或服务（如免费洗澡、美容服务等）。另外，设置会员专享折扣，对长期支持的老客户开展积分兑换优惠券或礼品活动，提高客户的参与度和黏性。

2. 萌宠生日派对

活动内容：举办一场主题为“爱宠同乐”的宠物生日会，邀请所有在近3个月内过生日的宠物及其主人来店参加。现场举办宠物蛋糕制作、趣味游戏、摄影留念等活动，并可设立最佳装扮、最萌瞬间等奖项，加强店铺与顾客的情感联系。

3. 寻宝大挑战

活动内容：在店铺内设置一场宠物寻宝游戏，隐藏宠物零食、玩具或其他小礼物在店内的各个角落，让宠物在主人的带领下寻找宝藏。参与宠物均可获得纪念品，找到特殊标记宝藏的宠物还可享受额外奖励。

4. 健康讲座及义诊日

活动内容：邀请知名兽医师到店开展关于宠物健康护理、营养知识的公益讲座，并在当天提供免费的基础体检和咨询服务。通过专业的医疗资源吸引顾客关注宠物健康，同时也提升店铺的专业形象。

5.“晒照赢大奖”线上活动

活动内容：在社交媒体平台上发起“我和我家毛孩子的故事”照片征集活动，鼓励顾客分享与自家宠物在店铺里的美好时光，投票选出最受欢迎的照片，获奖者可以获得由店铺提供的丰厚奖品，如一年份的宠物食品供应、高级宠物床铺等。

以上各活动可根据店铺实际情况灵活组合和调整，确保既能有效推广店铺，又能营造欢乐和谐的庆典氛围，同时加强与顾客之间的互动和情感连接。

2. 视觉元素创作

AIGC可以帮助设计师创建独特的图形元素、图案和图像。例如，根据描述或关键词生成特定风格的插画、图标和纹理，这些素材可以直接应用于海报、包装、VI系统等设计项目中。图1-27、图1-28为利用Midjourney绘制的柠檬效果。

图1-27

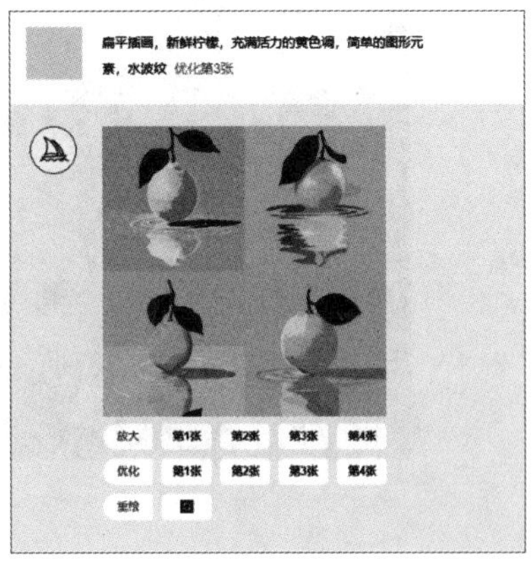

图1-28

3. 颜色搭配与调色

基于色彩理论和大量的数据训练，AIGC可以推荐或自动生成协调的颜色方案，使设计作品的整体色调更加和谐统一。图1-29所示为AI Colors创建的自定义颜色方案。

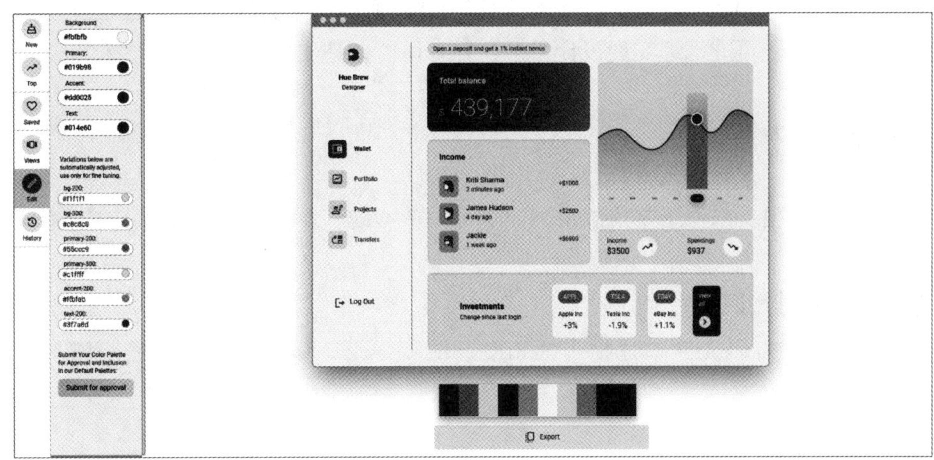

图1-29

4. 智能排版

AIGC技术能够通过算法对文字、图片等元素进行自动布局，实现动态、适应性强的版面设计，尤其是在多尺寸、多语言场景下的响应式设计。

5. 动态设计适应

在某些情况下，AIGC还可以用于动态内容生成。例如，针对不同尺寸和媒介自适应地调整设计布局，满足社交媒体、网页横幅、户外广告等多种展示环境的需求。

6. 图像编辑与优化

AIGC技术除了创造性地从文本描述生成图像（文生图）、依据已有图像生成新图像（图生图），还能利用深度学习、机器学习等技术实现修复、风格转换及自动化处理等多种功能。图1-30、图1-31所示分别为Hama无痕涂抹消除前后的效果。

图1-30

图1-31

7. 批量设计与定制化设计

对于需要大量制作相似设计的场景，如品牌VI系统中的名片、信纸、社交媒体帖子等，AIGC能按照预设规则快速生成成百上千种变体；同时，结合用户数据，它还能实现针对不同用户的个性化定制设计。

AIGC在平面设计领域的应用正在不断深化，越来越多的设计工具和平台正逐步集成AI功能，赋能设计师更快、更准确地实现设计目标，并有可能创造出前所未有的视觉体验。

1.8 拓展练习

在了解了色彩知识之后，为了巩固学习成果并深化理解，在课后可以执行以下步骤来绘制色相环。

1. 复习色彩基础知识

绘制色相环前，可以先回顾色相、饱和度、明度等基本概念，确保对色彩体系有清晰的认识。

2. 准备绘画工具

准备彩色铅笔、马克笔、水彩笔或其他绘画工具，以及一个圆形模板和A4大小的纸。

3. 规划布局

将纸张中心确定为圆心，以该点为基础，规划出等角度分布的12个或更多的扇形区域，代表色相的主要划分。

4. 填充色相

使用水彩笔或彩铅，按照色相环的顺序（通常是红、黄、绿、蓝、紫等），在每个等分的区域内涂上相应的颜色，确保每个颜色区域之间的边界清晰。

5. 标注与调整

对各色块进行标注，注明相应的颜色名称或色相角。观察整体效果，确保颜色过渡自然，如有需要可微调色彩饱和度和亮度。

PS

第2章 基础：新手学PS轻松入门

内容导读

本章将对Photoshop的基础知识进行讲解，包括Photoshop的工作界面、图像辅助工具的使用、文档的基本操作、图像与画布的调整、操作的恢复与重做，以及颜色的设置与应用。了解并掌握这些基础知识，新手可以轻松入门，并高效地进行图像编辑和设计工作。

学习目标

- 了解Photoshop的工作界面
- 了解图像辅助工具的功能
- 掌握文档的创建与图像的调整
- 掌握颜色的设置与应用

素养目标

- 培养设计师扎实的软件实操技能，为后续更复杂的设计工作打下坚实的基础。
- 掌握图像调整与颜色设置等技巧，培养创作独特视觉效果的基本能力。

案例展示

导出PNG格式图像

调整图像显示比例

制作径向头像效果

2.1 Photoshop工作界面

Adobe Photoshop简称“PS”，是由Adobe Systems开发和发行的图像处理软件，广泛应用于数字图像处理、编辑、合成等方面。Photoshop具有强大的功能和直观的工作界面，能够轻松完成各种复杂的图像处理任务。图2-1所示为Photoshop 2024工作界面。

菜单栏
选项栏
浮动面板组
工具箱
图像编辑窗口
状态栏
上下文任务栏

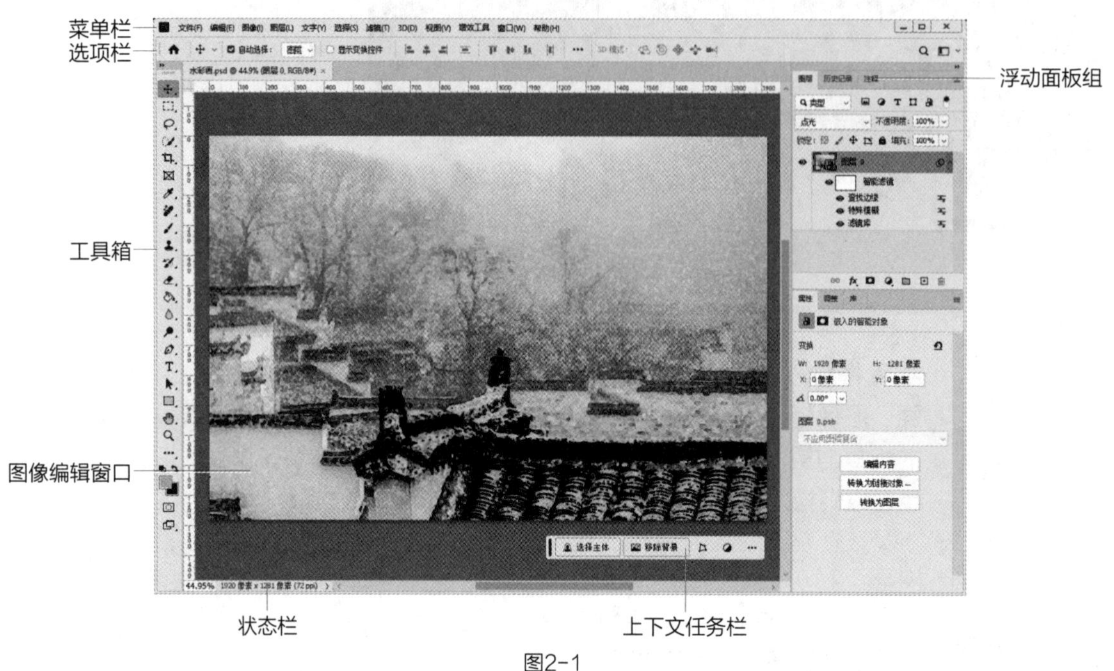

图2-1

2.1.1 菜单栏

菜单栏包括文件、编辑、图像、图层、文字、窗口等11个菜单，如图2-2所示。单击相应的菜单按钮，即可在下拉菜单中单击某一项命令执行该操作。

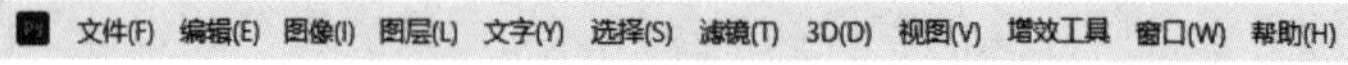

文件(F) 编辑(E) 图像(I) 图层(L) 文字(Y) 选择(S) 滤镜(T) 3D(D) 视图(V) 增效工具 窗口(W) 帮助(H)

图2-2

2.1.2 选项栏

选项栏显示在菜单栏下方，主要用来设置工具的参数，不同工具的选项栏也不同。图2-3所示为画笔工具的选项栏。

模式: 正常
不透明度: 100%
流量: 100%
平滑: 10%
0°

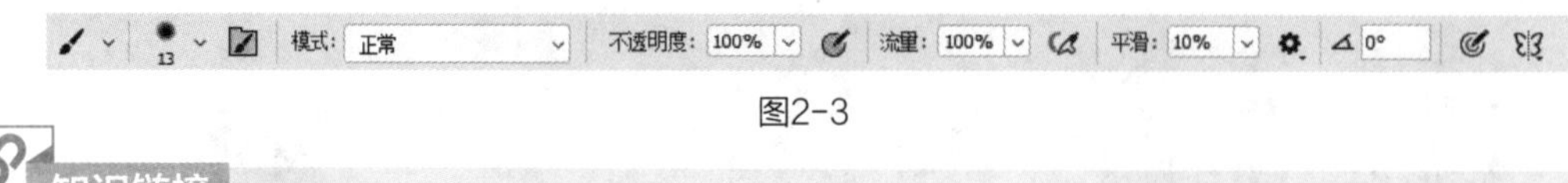

图2-3

知识链接

选项栏中的某些设置（如绘画模式和不透明度）是几种工具共有的，而有些设置则是某一种工具特有的。

2.1.3 工具箱

默认情况下，工具箱位于工作界面左侧，包含用于创建和编辑图像、图稿、页面元素等的工具，如图2-4所示。部分工具图标右下角有小三角，表示这是一个工具组，右击该图标可完整显示出隐藏的工具，如图2-5所示。将鼠标指针指向某一工具时，会以文本提示框的形式说明该工具的使用方法。图2-6所示为橡皮擦工具的介绍。

图2-4　　图2-5　　图2-6

2.1.4 图像编辑窗口

图像编辑窗口是用来绘制、编辑图像的区域。其灰色区域是工作区，上方是标题栏，左侧是工具箱，右侧是浮动面板组（默认），下方是状态栏。

2.1.5 上下文任务栏

上下文任务栏是一个永久菜单，显示工作流程中最相关的后续步骤。例如，当选择了一个对象时，上下文任务栏会显示在画布上，并根据潜在的下一步骤提供更多策划选项，如选择主体、移除背景、转换对象、创建新的调整图层等，如图2-7所示。单击 ··· 图标，在弹出的菜单中可访问更多选项。

图2-7

上下文任务栏默认处于打开状态，执行“窗口 > 上下文任务栏”命令可将其关闭。

2.1.6 浮动面板组

图2-8

面板是以面板组的形式停靠在工作界面最右侧的，在面板中可设置数值和调节功能，每个面板都可以自行组合。图2-8所示为“图层”面板与“历史记录”面板的组合。执行“窗口”菜单下的命令可显示对应面板。按住鼠标左键拖曳可将面板与面板组分离。单击 ◂◂ 、▸▸ 按钮或面板名称可以显示或隐藏面板内容。

2.1.7 状态栏

状态栏位于工作界面底部，用于显示当前文档缩放比例、文档尺寸大小信息。单击状态栏中的 › 图标，可以设置要显示的内容，如图2-9所示。

执行“编辑 > 首选项 > 界面”命令，或按Ctrl+K组合键，在弹出的“首选项”对话框中可以设置工作界面的外观，如图2-10所示。

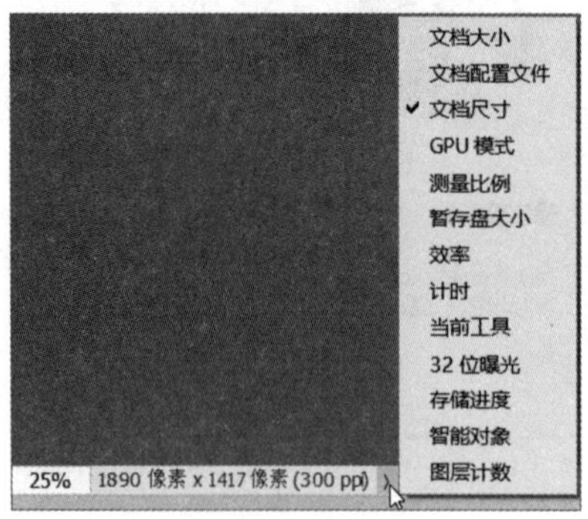

图2-9

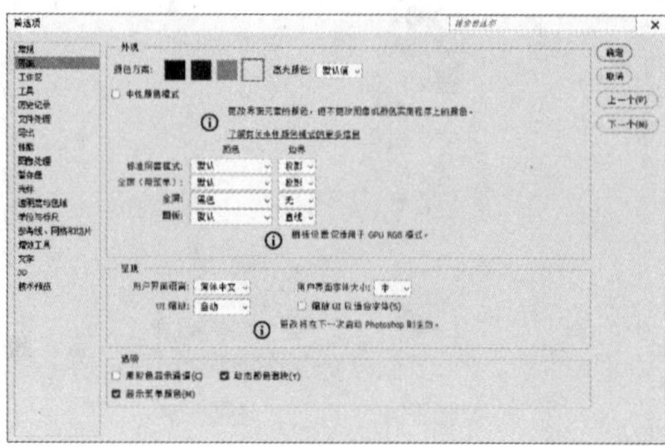

图2-10

2.2 图像辅助工具

Photoshop图像辅助工具提供了精确的定位、对齐、排列和计数功能，可帮助用户更高效、更准确地处理图像。

2.2.1 标尺

默认情况下，启动Photoshop后，执行“视图>标尺”命令，或按Ctrl+R组合键，图像编辑窗口上边缘和左边缘即出现标尺。在默认状态下，标尺的原点位于图像编辑窗口左上角，其坐标值为（0，0）。单击左上角标尺相交的位置并向右下方拖曳，会拖出两条十字交叉的虚线。释放鼠标，可设置新的零点位置，如图2-11、图2-12所示。双击左上角标尺相交的位置，可恢复到原始状态。

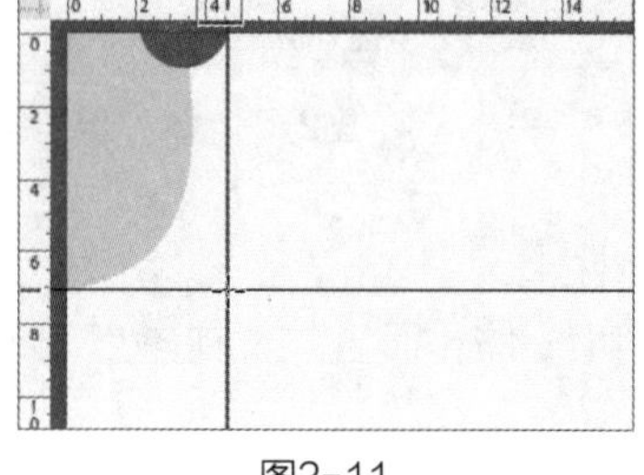

图2-11

图2-12

知识链接

右击标尺，在弹出的快捷菜单中可更改标尺单位，如图2-13所示。

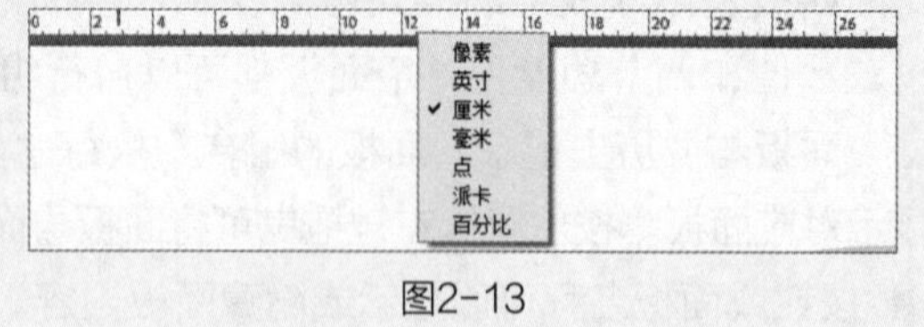

图2-13

2.2.2 参考线

参考线和智能参考线是Photoshop中两种重要的图像辅助工具，具有独特的功能和应用场景。

1. 参考线

参考线显示为浮动在图像上的非打印线，可以进行移动、移除和锁定。将鼠标指针放置在左侧垂直标尺上向右拖曳鼠标，即可创建垂直参考线，如图2-14所示；将鼠标指针放置在上侧水平标尺上向下拖曳鼠标，即可创建水平参考线，如图2-15所示。

选择"选择工具"，将鼠标指针放置在参考线上，当鼠标指针变为双箭头形状时，拖曳参考线可对其进行移动，如图2-16所示。在拖曳参考线的同时按住Alt键，可将参考线从水平改为垂直，或从垂直改为水平，如图2-17所示。

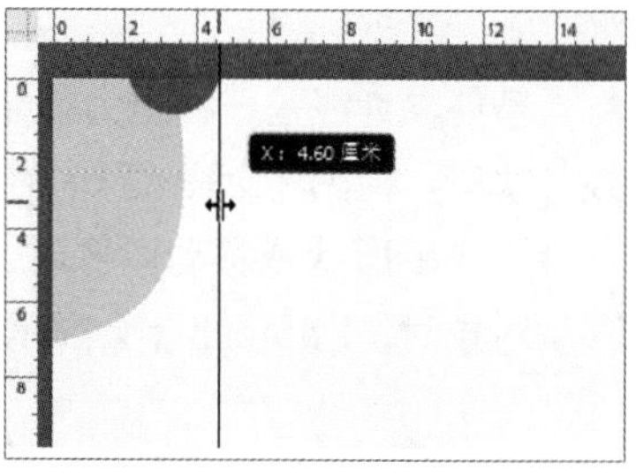

图2-14

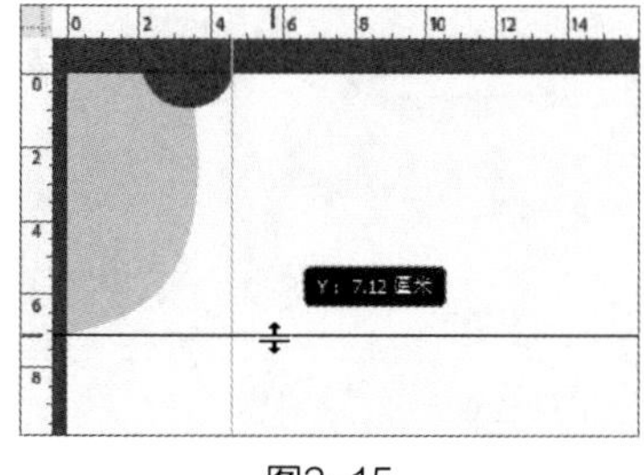

图2-15

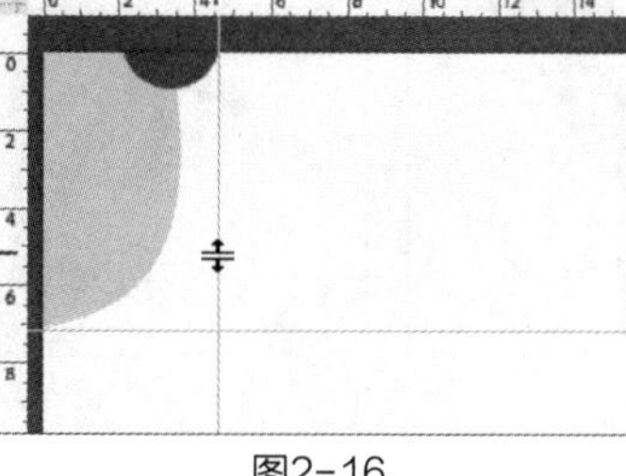

图2-16

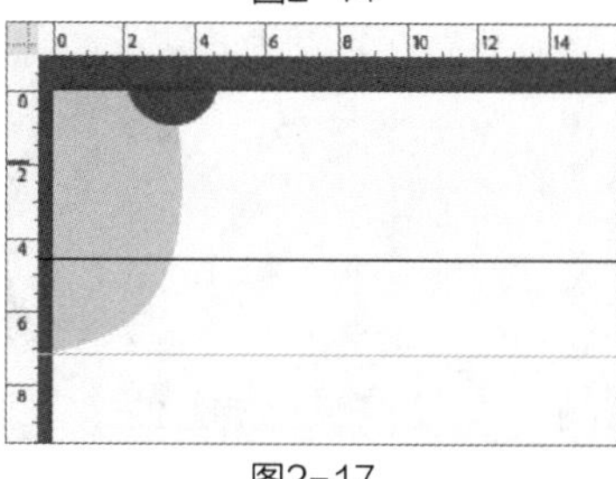

图2-17

除了手动创建参考线，还可以执行相关命令创建参考线和参考线版面。

（1）"新建参考线"命令

执行"视图 > 新建参考线"命令，在弹出的"新建参考线"对话框中可以设置水平、垂直参考线的位置和颜色，如图2-18、图2-19所示。创建的参考线效果如图2-20所示。

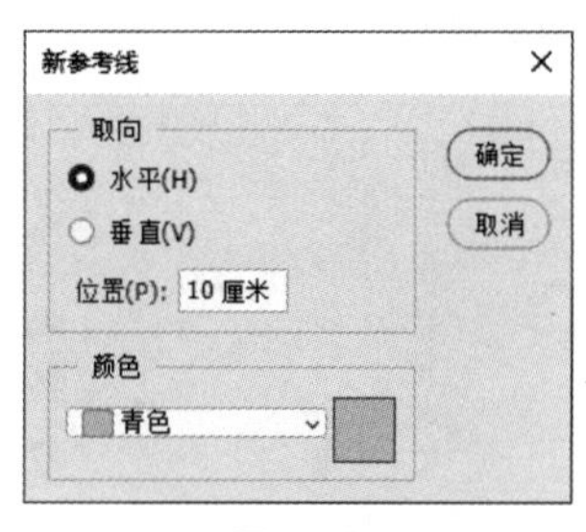

图2-18

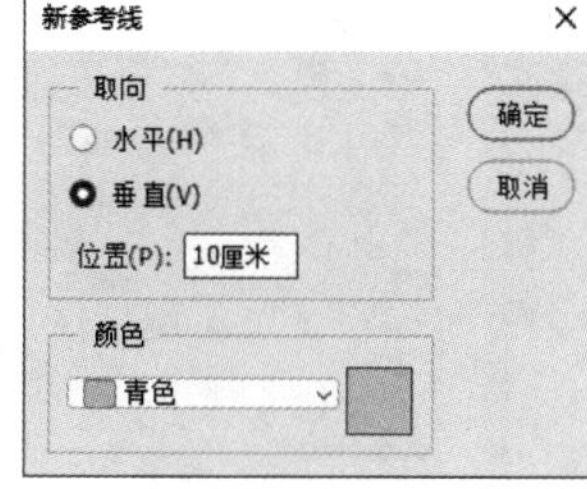

图2-19

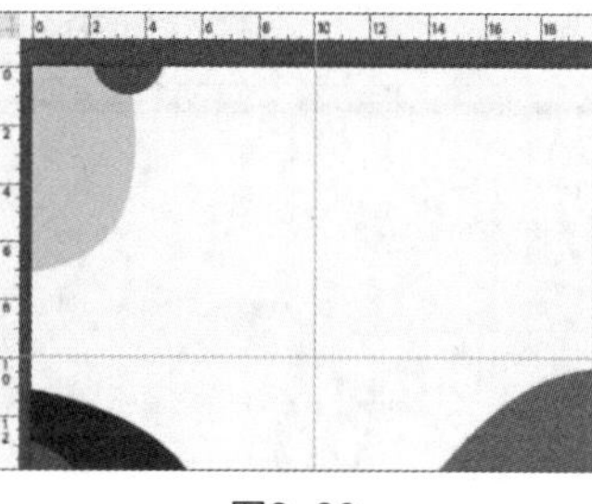

图2-20

（2）"新建参考线版面"命令

执行"视图>新建参考线版面"命令，在弹出的"新建参考线版面"对话框中可以选择预设版面参数，也可以自定义颜色、列、行数和边距等参数，如图2-21所示。单击"确定"按钮即可显示参考线版面，如图2-22所示。

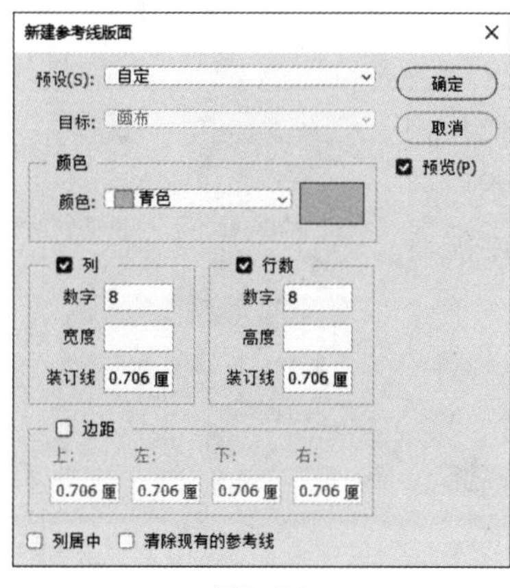

图2-21

图2-22

2. 智能参考线

智能参考线是一种更为智能的辅助工具，可以根据图像中的形状、切片和选区自动呈现参考线。执行“视图>显示>智能参考线”命令，即可启用智能参考线。

当绘制形状或移动图像时，智能参考线便会自动出现在画面中，如图2-23所示；当复制或移动对象时，Photoshop会显示测量参考线，以及所选对象与其他对象的间距，如图2-24所示。

图2-23

图2-24

2.2.3 网格

网格主要用于对齐参考线，以便用户在编辑操作中对齐对象。执行“视图 > 显示 >网格”命令可在画面中显示网格，如图2-25所示。再次执行该命令，将取消网格的显示。

执行“编辑 > 首选项 > 参考线、网格和切片”命令，在打开的“首选项”对话框中可设置网格的颜色、样式、网格线间距、子网格数量等参数，如图2-26所示。

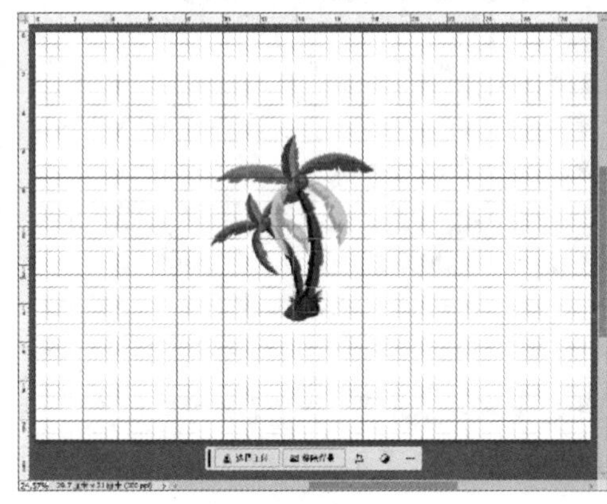

图2-25

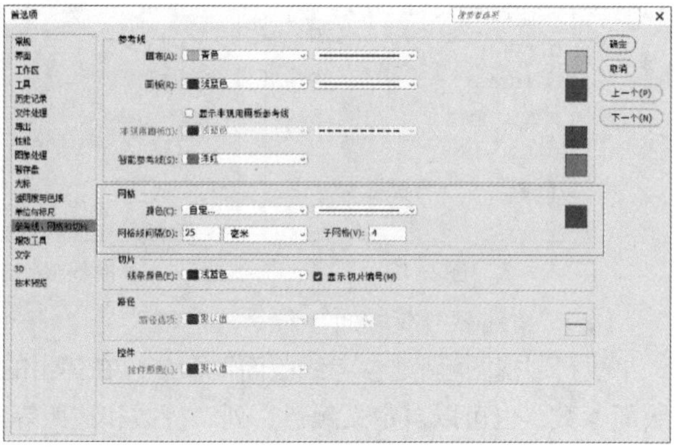

图2-26

2.2.4 对齐

对齐功能有助于精确放置选区，裁剪选框、切片、形状和路径等。执行“视图>对齐”命令，出现复选标记，表示已启用对齐功能。执行“视图>对齐到”命令，在其子菜单中能看到可对齐的选项，如图2-27所示。

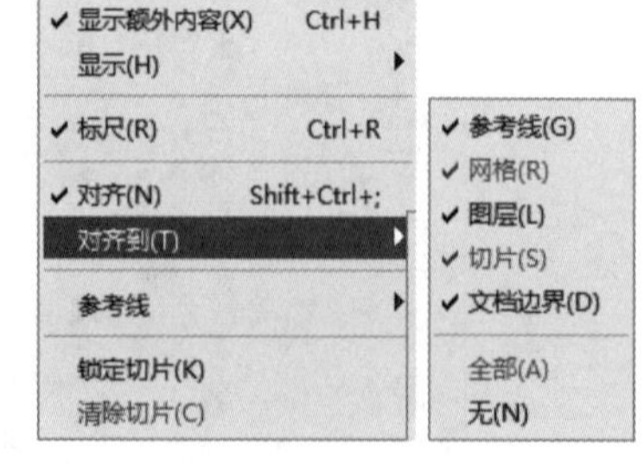

图2-27

该子菜单中主要选项的功能如下。

- 参考线：用于与参考线对齐。
- 网格：用于与网格对齐。在网格隐藏时不能选择该选项。
- 图层：用于与图层中的内容对齐。
- 切片：用于与切片边界对齐。在切片隐藏时不能选择该选项。

- 文档边界：用于与文档的边缘对齐。
- 全部：选择所有“对齐到”选项。
- 无：取消选择所有“对齐到”选项。

2.2.5 图像缩放

使用“缩放工具”，每单击一次都会将图像放大或缩小到下一个预设百分比，并以单击的点为中心将显示区域居中。在缩放工具选项栏中直接单击相关按钮可以快速缩放图像，如图2-28所示。

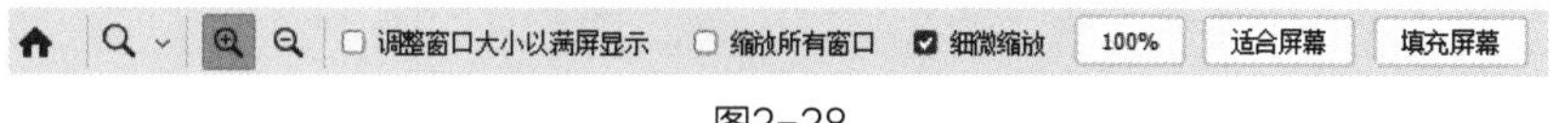

图2-28

该选项栏中主要选项的功能如下。

- 放大或缩小：用于切换缩放方式。单击放大按钮切换为放大模式，在画布中单击可缩小图像；单击缩小按钮切换为缩小模式，在画布中单击可放大图像。按住Alt键可在放大和缩小模式间切换。
- 调整窗口大小以满屏显示：勾选此复选框，当放大或缩小图像视图时，窗口的大小也会随之调整。
- 缩放所有窗口：勾选此复选框，同时缩放所有打开的文档窗口。
- 细微缩放：勾选此复选框，在画面中单击并向左侧或右侧拖曳鼠标，可以平滑方式快速放大或缩小窗口。
- 100%：单击该按钮或按Ctrl+1组合键，图像以实际像素的比例进行显示。
- 适合屏幕：单击该按钮或按Ctrl+0组合键，可以在窗口中最大化显示完整图像。
- 填充屏幕：单击该按钮，可以在整个屏幕范围内最大化显示完整图像。

按Ctrl+0（数字0）组合键可根据屏幕大小缩放图像，如图2-29所示。选择“缩放工具”，默认为放大模式，直接单击图像或按Ctrl++组合键可放大图像，如图2-30所示。按住Alt键切换至缩小模式，单击图像或按Ctrl+-组合键可缩小图像，如图2-31所示。

图2-29

图2-30

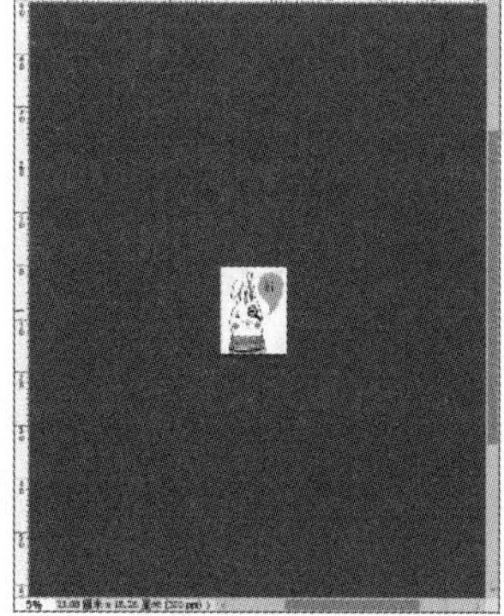

图2-31

2.3 文档的基本操作

Photoshop文档的基本操作涵盖了新建、打开、保存、关闭和存储为等核心功能。通过这些操作，用户可以轻松管理自己的图像文件，并进行各种图像的处理。

2.3.1 新建文档

新建文档有以下3种方法。

- 启动Photoshop，单击Photoshop启动界面“新建”按钮。
- 执行“文件 > 新建”命令。
- 按Ctrl+N组合键。

通过以上操作均可以打开“新建文档”对话框，如图2-32所示。从该对话框中可选择多种类别的文档，如照片、打印、图稿和插图、Web、移动设备及胶片和视频。设置完成后，单击“创建”按钮，即可创建一个新文档。

该对话框中主要选项的功能如下。

- 预设详细信息：用于设置新建文档的名称，默认为“未标题-1”。
- 宽度/高度：用于设置文档的大小，可以从左边的下拉列表框中选择单位。
- 方向：用于设置文档的方向，可以选择竖版或横版。

图2-32

- 画板：选择该选项，Photoshop会在创建文档时添加一个画板。
- 分辨率：用于设置图像中细节的精细度，以像素/英寸或像素/厘米为单位。
- 颜色模式：用于设置文档的颜色模式。通过更改颜色模式，可以更改选定的文档的颜色。
- 背景内容：用于设置文档的背景颜色，该下拉列表框中有白色、黑色、背景色、透明及自定义。
- 颜色配置文件：用于为文档指定颜色配置文件。
- 像素长宽比：用于指定单个像素的宽度与高度的比例。

2.3.2 打开与置入文件

要编辑已有图像，可以直接将图像拖曳至Photoshop中，也可以执行“文件 > 打开”命令或按Ctrl+O组合键，在弹出的“打开”对话框中选择目标图像文件，如图2-33所示。

置入文件可以将照片、图片或任何Photoshop支持的文件作为智能对象添加到文档中。置入图像文件可直接将其拖曳至文档中，也可以执行“文件 > 置入嵌入对象”命令，在弹出的“置入嵌入对象”对话框中选择需要置入的文件。置入的文件默认放置在画布中间，且文件会保持原始长宽比，如图2-34所示。在上下文任务栏中单击“完成”按钮，或按Enter键完成置入，如图2-35所示。

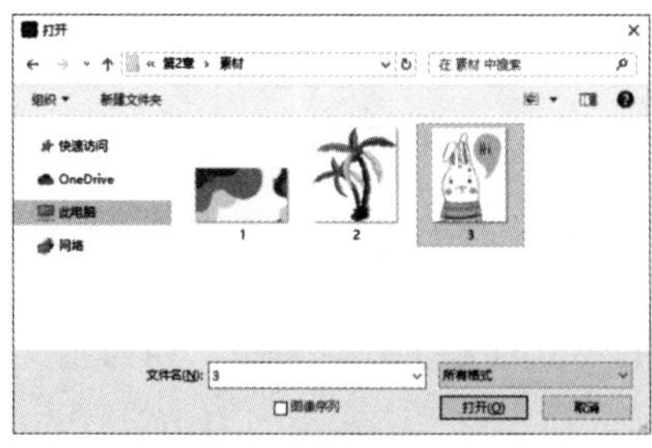

图2-33

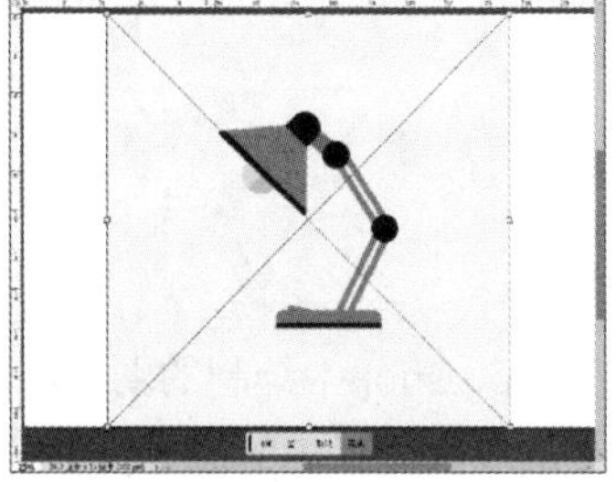

图2-34

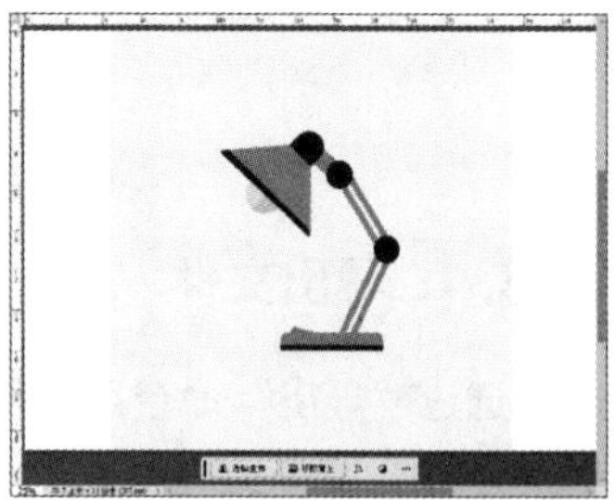

图2-35

2.3.3 存储与关闭文件

执行“文件 > 存储”命令，或按Ctrl+S组合键保存当前文档。要使用其他名称、位置或格式存储文件，可以执行“文件 > 存储为”命令或按Ctrl+Shift+S组合键。使用两种方法都可弹出“另存为”对话框，在该对话框中可以为文件指定保存位置和文件名。在“保存类型”下拉列表中选择需要的文件格式，如图2-36所示。

存储为
没有与搜索条件匹配的项。
快速访问
OneDrive
此电脑
网络
文件名(N): 未标题-1
保存类型(T):
Photoshop (*.PSD;*.PDD;*.PSDT)
大型文档格式 (*.PSB)
Photoshop PDF (*.PDF;*.PDP)
TIFF (*.TIF;*.TIFF)
存储选项
颜色:
sRGB IEC61966-2.1
存储副本...
信息
隐藏文件夹
保存(S)
取消

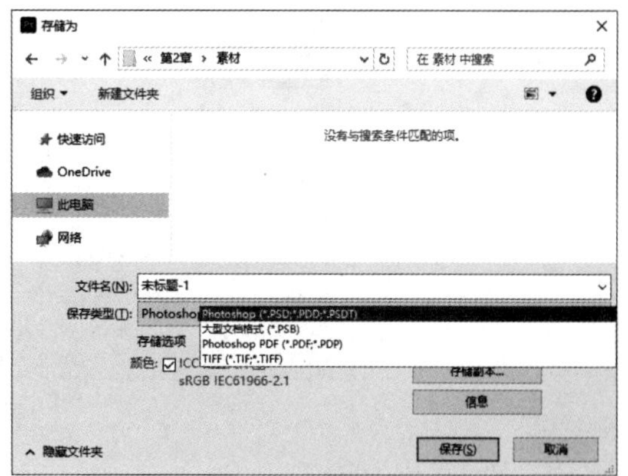

图2-36

要存储为JPG或PNG等格式，可以在“存储为”对话框中单击“存储副本”按钮，打开图2-37所示的“存储副本”对话框，在“保存类型”下拉列表中可以选择GIF、JPG、PNG等格式，如图2-38所示。

存储副本
在 素材 中搜索
组织
新建文件夹
没有与搜索条件匹配的项。
快速访问
OneDrive
此电脑
网络
文件名(N): 未标题-1
保存类型(T): Photoshop (*.PSD;*.PDD;*.PSDT)
存储选项
存储:
注释(N)
Alpha 通道(E)
专色(P)
图层(L)
颜色:
使用校样设置(O): 工作中的 CMYK
ICC 配置文件(C): sRGB IEC61966-2.1
其它:
缩览图(T)
隐藏文件夹
保存(S)
取消

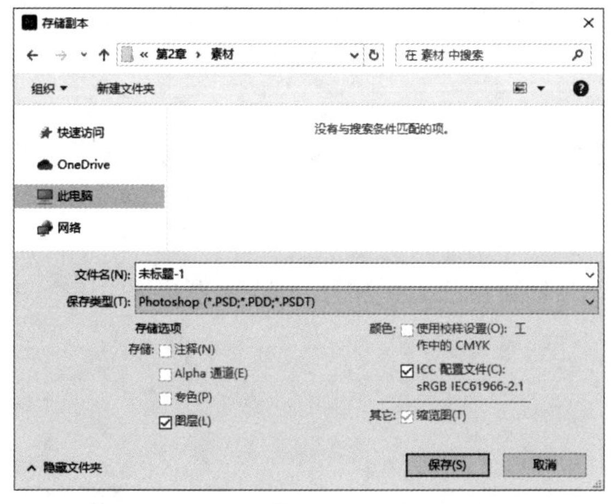

图2-37

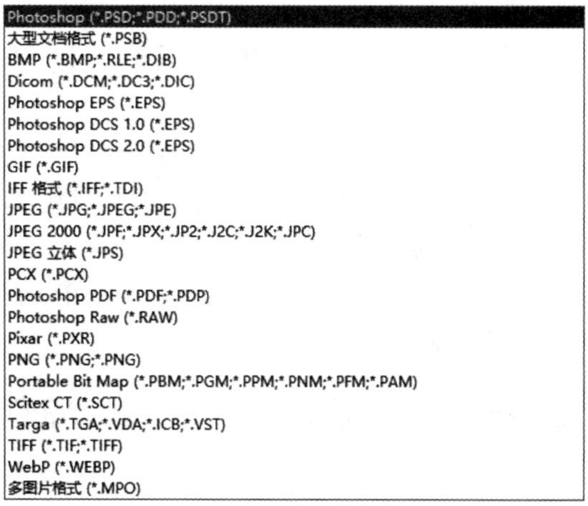

Photoshop (*.PSD;*.PDD;*.PSDT)
大型文档格式 (*.PSB)
BMP (*.BMP;*.RLE;*.DIB)
Dicom (*.DCM;*.DC3;*.DIC)
Photoshop EPS (*.EPS)
Photoshop DCS 1.0 (*.EPS)
Photoshop DCS 2.0 (*.EPS)
GIF (*.GIF)
IFF 格式 (*.IFF;*.TDI)
JPEG (*.JPG;*.JPEG;*.JPE)
JPEG 2000 (*.JPF;*.JPX;*.JP2;*.J2C;*.J2K;*.JPC)
JPEG 立体 (*.JPS)
PCX (*.PCX)
Photoshop PDF (*.PDF;*.PDP)
Photoshop Raw (*.RAW)
Pixar (*.PXR)
PNG (*.PNG;*.PNG)
Portable Bit Map (*.PBM;*.PGM;*.PPM;*.PNM;*.PFM;*.PAM)
Scitex CT (*.SCT)
Targa (*.TGA;*.VDA;*.ICB;*.VST)
TIFF (*.TIF;*.TIFF)
WebP (*.WEBP)
多图片格式 (*.MPO)

图2-38

关闭文档有以下几种方法。

- 执行“文件 > 关闭”命令，或按Ctrl+W组合键关闭当前文件。
- 执行“文件 > 关闭全部”命令，或按Alt+Ctrl+W组合键关闭全部打开的文件。
- 单击状态栏中的“关闭” × 按钮快速关闭当前文件。

- 按Ctrl+Q组合键退出程序。

若有未保存的文件，则系统会弹出对话框询问是否保存更改，如图2-39所示。

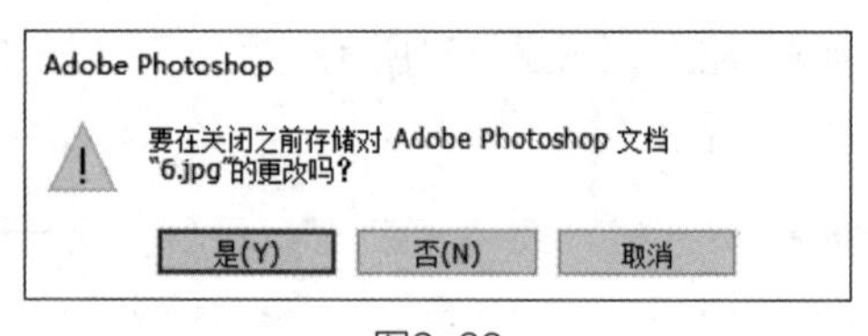

图2-39

2.3.4 导出文件

通过“导出”命令可以将在Photoshop中绘制的图像或路径导出至相应的软件中。执行“文件 > 导出”命令，在其子菜单中可以执行相应的命令，如图2-40所示。

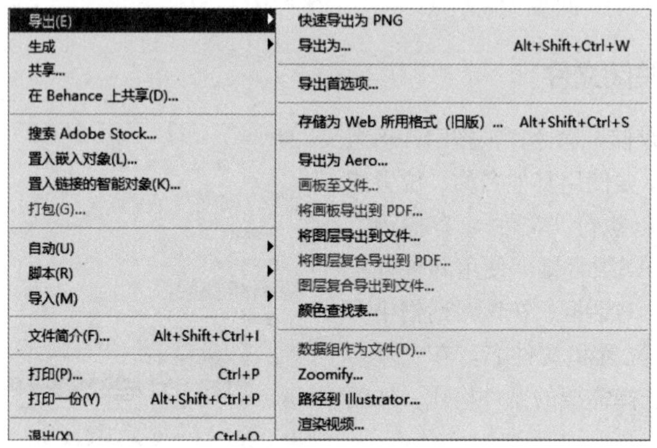

图2-40

1. 快速导出为PNG

默认情况下，快速导出会将资源生成为透明的 PNG 文件，并且每次都会提示选择导出位置。

2. 导出为

每次将图层、图层组、画板或Photoshop文档导出为图像时，如果需要微调设置，则可以使用“导出为”命令。选择的每个图层、图层组或画板都会被导出为单独的图像资源。

3. 存储为Web所用格式

将图像存储为Web所用格式是一种优化的过程，旨在减小图像的文件大小，同时保持其质量和清晰度，使其更适合在网络上发布或共享。

4. 将图层导出到文件

可以使用多种格式（包括 PSD、BMP、JPEG、PDF、Targa 和 TIFF）将图层作为单个文件导出和存储。

2.3.5 课堂实操：导出PNG格式图像

实操2-1 导出PNG格式图像

实例资源 ▸ \第2章\导出PNG格式图像\插画.psd

本案例将PSD格式图像导出为PNG格式，涉及的知识点有文档的打开和文档的导出。具体操作方法如下。

Step 01 执行“文件＞打开”命令，在弹出的“打开”对话框中选择素材图像，如图2-41所示。

Step 02 单击“打开”按钮，素材图像如图2-42所示。

图2-41

图2-42

Step 03 执行“文件＞导出＞存储为Web所用格式（旧版）”命令，在弹出的“存储为Web所用格式”对话框中选择格式为“PNG-24”选项，如图2-43所示。

Step 04 单击“存储”按钮，在弹出的“将优化结果存储为”对话框中设置文件路径与文件名，如图2-44所示。

Step 05 导出文件的图标效果如图2-45所示。

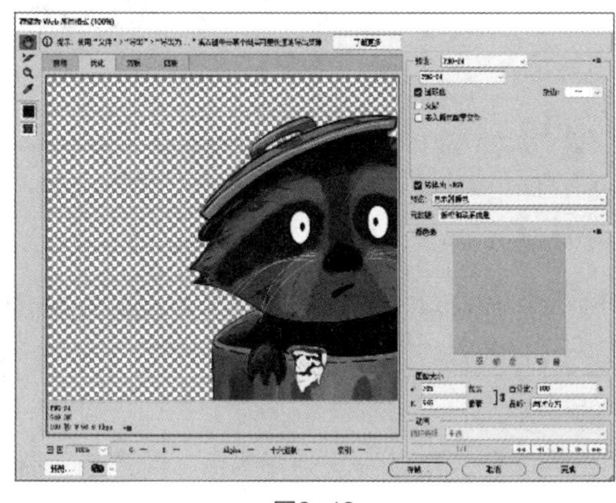

图2-43

图2-44

图2-45

2.4 调整图像与画布大小

当图像的大小不满足要求时，可根据需要在操作过程中调整图像与画布大小。

2.4.1 图像大小

通过“图像大小”命令可以优化图像的质量和性能，以满足不同的需求和场景。执行“图像＞图像大小”命令，或按Ctrl+Alt+I组合键，打开“图像大小”对话框，在其中可对图像的尺寸进行设置，单击“确定”按钮，如图2-46所示。

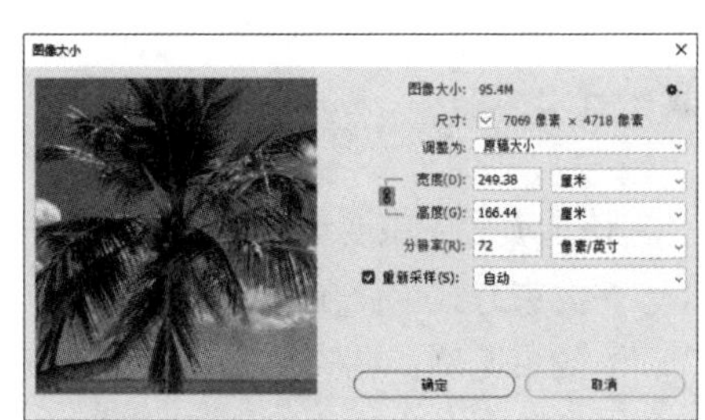

图2-46

该对话框中主要选项的功能如下。

• 图像大小：单击⚙按钮，勾选“缩放样式”复选框，可以在调整图像大小时自动缩放样式效果。

• 尺寸：用于显示图像当前尺寸。单击尺寸右边的 按钮可以从尺寸列表中选择尺寸单位，如百分比、像素、英寸、厘米、毫米、点、派卡。

• 调整为：在该下拉列表中，可以选择预设尺寸调整图像大小。

• 宽度/高度/分辨率：用于设置文档的高度、宽度、分辨率，以确定图像的大小。要保持最初的宽高比例，单击“约束比例” 按钮，再次单击“约束比例” 按钮取消链接。

• 重新采样：用于选择重新取样的方式。取消勾选“重新采样”复选框，可以重新分配现有像素调整图像大小或更改图像分辨率。勾选“重新采样”复选框，可以从宽度和高度增减像素调整图像的尺寸。

2.4.2 画布大小

画布是图像的完全可编辑区域。“画布大小”命令可以增大或减小图像的画布大小。增大图像的画布大小会在现有图像周围增加空间。减小图像的画布大小会裁剪图像。执行“图像 > 画布大小”命令，或按Ctrl+Alt+C组合键，打开“画布大小”对话框，如图2-47所示。

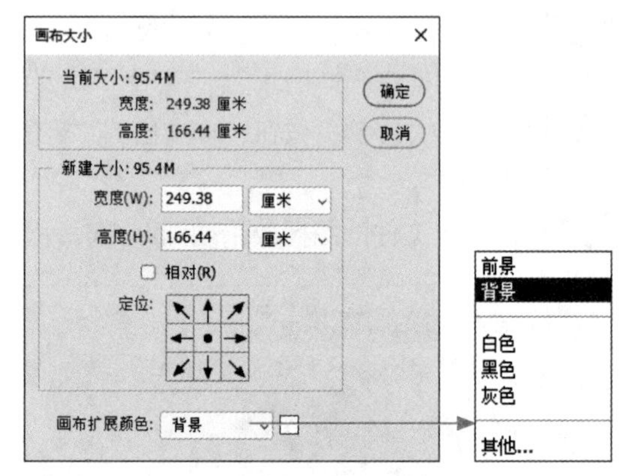

图2-47

该对话框中主要选项的功能如下。

• 当前大小：用于显示文档的实际大小、图像的宽度和高度的实际尺寸。

• 新建大小：用于修改画布尺寸后的大小。

• 宽度/高度：用于设置画布的尺寸。

• 相对：勾选此复选框，输入从图像的当前画布大小添加或减去的数量。输入正数将为画布添加一部分，输入负数将从画布中减去一部分。

• 定位：单击此按钮，可以设置图像相对于画布的位置。

• 画布扩展颜色：在该下拉列表框中选择画布的扩展颜色，可以设置为背景色、前景色、白色、黑色、灰色或其他颜色。

2.4.3 裁剪图像

裁剪是移除图像的某些部分，以形成焦点或加强构图效果的过程。针对不同的图像裁剪需求，可以使用不同的裁剪工具。

1. 裁剪工具

裁剪工具主要用于去除图像中多余的部分，可以按照指定的比例或尺寸进行裁剪。选择“裁剪工具” ，显示其选项栏，如图2-48所示。

图2-48

该选项栏中主要选项的功能如下。

• 约束方式 ：在该下拉列表框中可以选择一些预设的裁切约束比例。

• 约束比例：在该文本框中可以直接输入自定约束比例数值。

• 清除：单击该按钮，可以删除约束比例方式与数值。

• 拉直 ：用于调整倾斜的图片或物体，使其恢复正常。单击该按钮，可以沿水平线绘制直线作为参考线，如图2-49所示。释放鼠标后，系统将自动对图像进行旋转和校正，如图2-50所示。按Enter键应用拉直效果，如图2-51所示。

图2-49

图2-50

图2-51

- 视图：在该下拉列表中可以选择裁剪区域的参考线，包括三等分、黄金分割、金色螺旋线等常用构图线。
- 删除裁剪的像素：勾选该复选框，多余的画面将会被删除；取消勾选该复选框，对画面的裁剪将是无损的，即被裁剪掉的画面部分并没有被删除，可以随时改变裁剪范围。
- 填充：用于设置裁剪区域的填充样式，可填充背景颜色或识别的内容。

选择裁剪工具后，画面中将显示裁剪框。裁剪框周围有8个控制点，裁剪框内是要保留的区域，裁剪框外为需要删除的区域，拖曳裁剪框至合适大小，如图2-52所示。按Enter键完成裁剪，效果如图2-53所示。

图2-52

图2-53

知识链接

除了拖曳裁剪框调整裁剪范围，还可以在裁剪框内拖曳鼠标绘制裁剪区域，如图2-54所示。释放鼠标后，将自动生成新的裁剪区域，如图2-55所示。

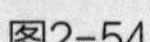
图2-54

图2-55

2. 透视裁剪工具

透视裁剪工具适用于处理具有透视效果的图像。选择“透视裁剪工具”，当鼠标指针变成形状时，在图像上拖曳裁剪区域即可绘制透视裁剪框，如图2-56所示。按Enter键完成裁剪，效果如图2-57所示。

图2-56

图2-57

2.4.4 课堂实操：调整图像显示比例

实操2-2 调整图像显示比例

实例资源 ▸ \第2章\调整图像显示比例\起重机.jpg

本案例将调整图像显示比例，涉及的知识点有文档的打开、裁剪工具的使用，以及文档的存储。具体操作方法如下。

Step 01 在Photoshop中打开素材图像，如图2-58所示。

Step 02 选择“裁剪工具”，在选项栏中设置参数，如图2-59所示。

Step 03 调整裁剪范围，如图2-60所示。

图2-58

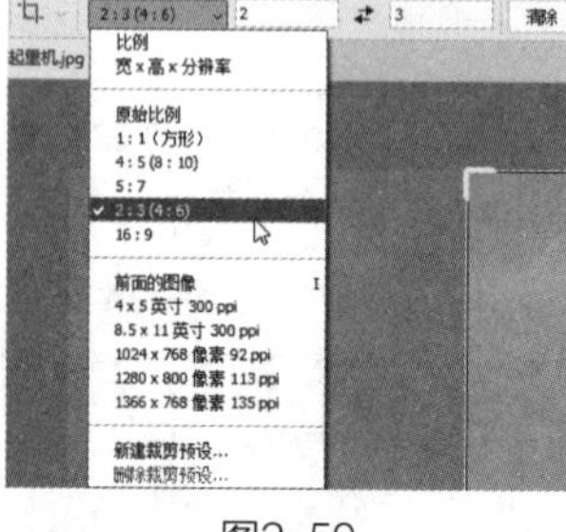

图2-59

图2-60

Step 04 在上下文任务栏中单击“完成”按钮应用裁剪，效果如图2-61所示。

Step 05 按Ctrl+Shift+S组合键，在弹出的“存储为”对话框中设置文件名，如图2-62所示。

Step 06 单击“保存”按钮，弹出“JPEG选项”对话框，设置图像品质为“最佳”，如图2-63所示。

图2-61

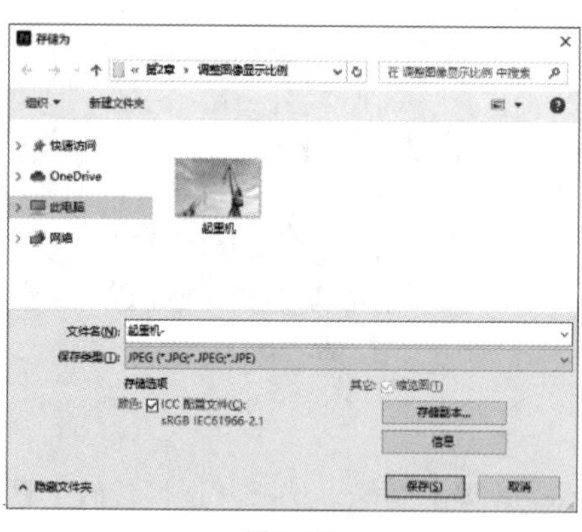

图2-62

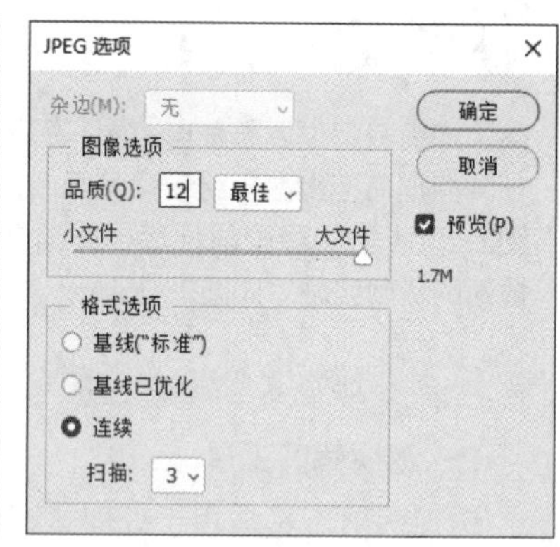

图2-63

2.5 操作的恢复与重做

Photoshop中的恢复操作可以撤销或重做对图像所做的编辑，保持对编辑过程的控制，避免误操作或出现不满意的结果。

2.5.1 恢复与重做

恢复与重做可以帮助用户撤销或重新应用对图像所做的编辑。

1. 恢复操作

恢复操作主要用于撤销对图像所做的最近一次编辑，可以使用以下方法实现。

- 执行“编辑 > 还原”命令，撤销最近一次编辑。
- 按Ctrl+Z组合键，快速撤销最近一次编辑。

2. 重做操作

重做操作用于重新应用最近一次撤销的编辑。在撤销操作后，可以使用以下方法实现重做操作。

- 执行“编辑 > 重做”命令，重新应用最近撤销的一次编辑操作。
- 按Shift+Ctrl+Z组合键，快速重新应用最近撤销的操作。

知识链接

“编辑”菜单中的“还原”和“重做”命令旁会显示将要还原的步骤名称，如“编辑 > 还原总体不透明度更改”，如图2-64所示。

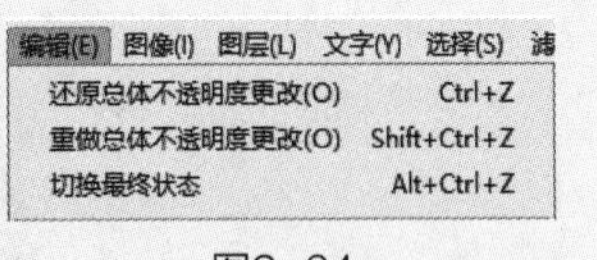

图2-64

2.5.2 恢复到任意操作

恢复与重做操作只能撤销或重做最近一次编辑，如果想撤销或重做多步操作，则可以使用“历史记录”面板或多次按恢复操作的快捷键。

执行“窗口 > 历史记录”命令，打开“历史记录”面板，如图2-65所示。在该面板中，每一个编辑步骤都将被记录为一个状态，并且按时间顺序排列。此外，还可以使用面板菜单中的选项设置历史记录的状态数量、清除历史记录和新建快照等，如图2-66所示。

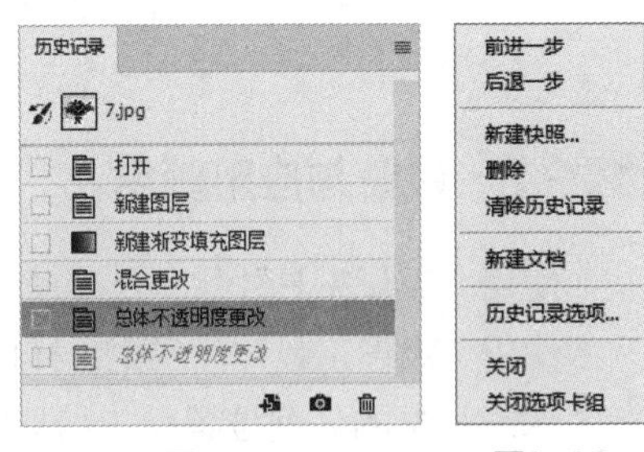

图2-65　　图2-66

2.6 颜色的设置与应用

在Photoshop中可以使用前景色和背景色、拾色器、“颜色”面板、吸管工具、油漆桶工具、渐变工具和“渐变”面板填充颜色。

2.6.1 前景色与背景色

在Photoshop中可以使用前景色来绘画、填充和描边选区，可以使用背景色来生成渐变填充和在图像已抹除的区域中填充。一些特殊效果滤镜也可以使用前景色和背景色。当前的前景色显示在工具箱上面的颜色选择框中，当前的背景色显示在工具箱下面的颜色选择框中，如图2-67所示。

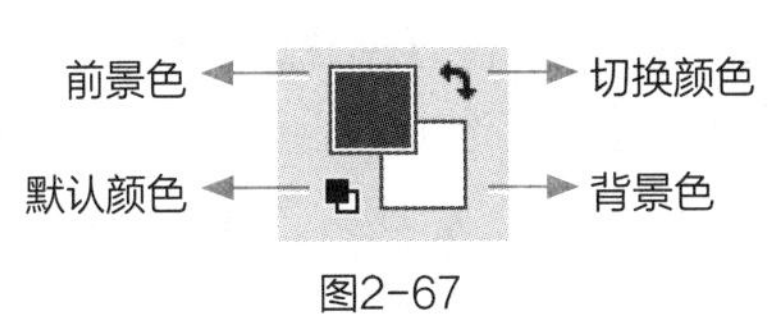

图2-67

- 前景色：单击该按钮，在弹出的“拾色器”对话框中选取一种颜色作为前景色。
- 背景色：单击该按钮，在弹出的“拾色器”对话框中选取一种颜色作为背景色。
- 切换颜色：单击该按钮或按X键，切换前景色和背景色。
- 默认颜色：单击该按钮或按D键，恢复默认前景色和背景色。

2.6.2 拾色器

在工具箱中单击前景色或背景色选择框，会弹出“拾色器（前景色）”对话框，如图2-68所示。使用拾色器可以设置前景色、背景色和文本颜色，也可以为不同的工具、命令和选项设置目标颜色。

拾色器中的色域显示HSB颜色模式、RGB颜色模式和Lab颜色模式中的颜色分量。在“#”文本框中可以输入数值，也可以使用颜色滑块和色域来预览要选取的颜色。在使用色域和颜色滑块调整颜色时，对应的数值会得到相应调整。颜色滑块右侧的颜色框中的上半部分显示调整后的颜色，下半部分显示原始颜色。

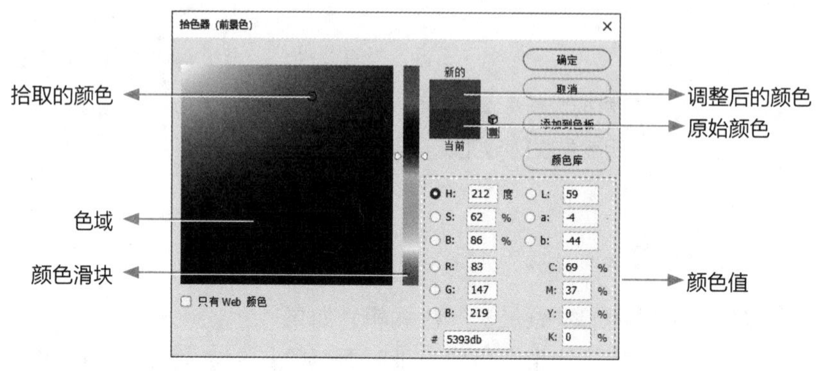

图2-68

2.6.3 吸管与应用颜色

使用“吸管工具”与“油漆桶工具”可以快速设置与填充颜色。

使用“吸管工具”可采集色样以指定新的前景色或背景色。选择“吸管工具”，可以在现有图像或屏幕的任何位置单击拾取颜色，如图2-69所示。此时“信息”面板中会显示吸取的颜色信息，如图2-70所示。

使用工具箱中的任意一种工具在图像上移动，“信息”面板中也会实时显示颜色信息。

图2-69　图2-70

使用“油漆桶”工具可以在图像中填充前景色和图案。若创建了选区，则填充的区域为当前区域；若没有创建选区，则填充的是与鼠标指针吸取处颜色相近的区域。选择“油漆桶工具”，显示其选项栏，如图2-71所示。

图2-71

该选项栏中主要选项的功能如下。

- 填充：可选择填充前景色或图案。当选择图案填充时，可在右边的下拉列表框中选择相应的图案。
- 不透明度：用于设置填充的颜色或图案的不透明度。
- 容差：用于设置“油漆桶”工具填充的图像区域。

- 消除锯齿：用于消除填充区域边缘的锯齿。
- 连续的：勾选此复选框，填充的区域是和鼠标单击点相似并连续的部分；取消勾选此复选框，填充的区域是所有和鼠标单击点相似的像素，无论是否和鼠标单击点连续。
- 所有图层：勾选此复选框，表示作用于所有图层。

新建图层/选区后填充的效果如图2-72所示；直接使用“油漆桶工具”填充的效果如图2-73所示。

图2-72

图2-73

2.6.4 “色板”面板

“色板”面板可存储经常使用的颜色，并显示一个默认色板集供用户使用。用户可以在该面板中添加或删除颜色，或者为不同的项目显示不同的颜色库。

执行“窗口 > 色板”命令，弹出“色板”面板，如图2-74所示。单击相应的颜色即可将其设置为前景色，按住Alt键即可将其设置为背景色，如图2-75所示。

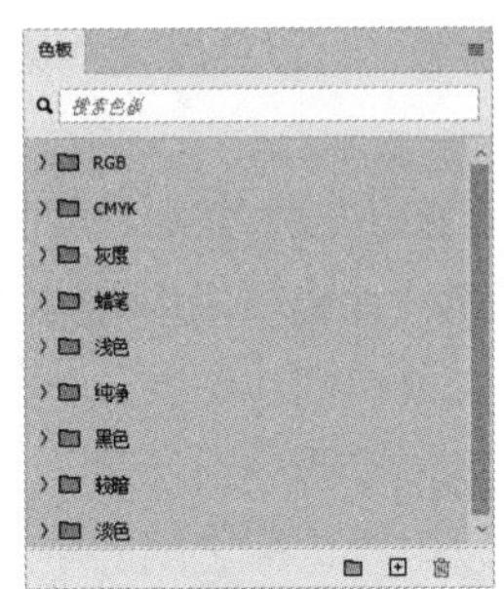

图2-74

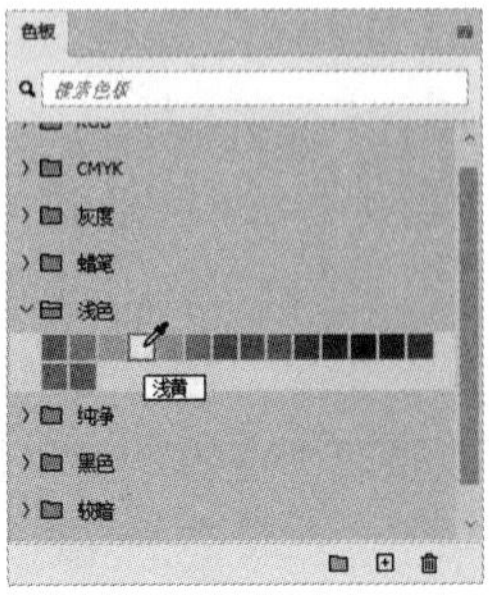

图2-75

2.6.5 “颜色”面板

“颜色”面板显示当前前景色和背景色的颜色值。执行“窗口>颜色”命令，在“颜色”面板中直接拖曳滑块可设置色值，如图2-76所示。从“颜色”面板底部的四色曲线图的色谱中也可以选取前景色或背景色，如图2-77所示。

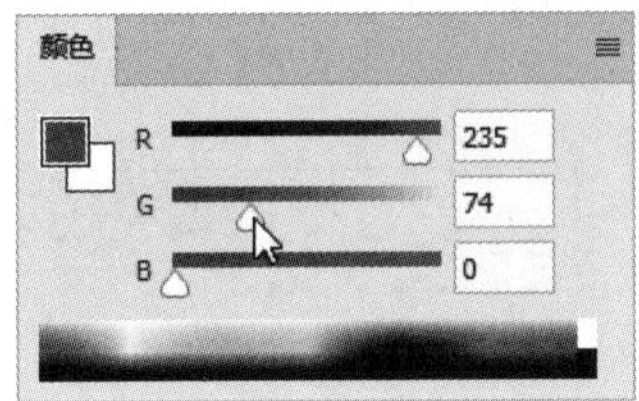

图2-76

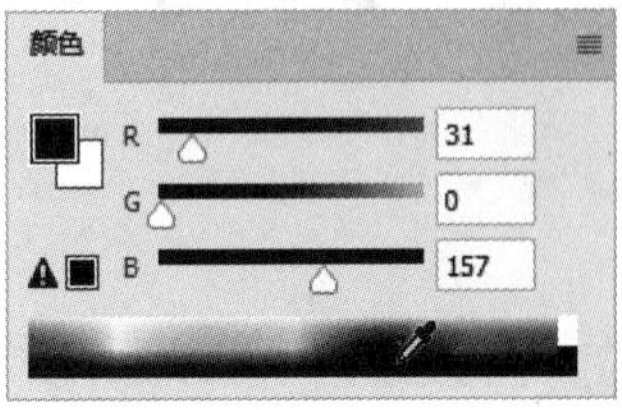

图2-77

单击“菜单”按钮，可在弹出的菜单中切换不同模式的滑块与色谱。

2.6.6 渐变工具与“渐变”面板

渐变工具可以创建平滑的颜色过渡，增强图像或设计的视觉效果，创建特别适用于背景、按钮、标题和其他需要平滑颜色过渡的元素。选择“渐变工具”，显示其选项栏，如图2-78所示。

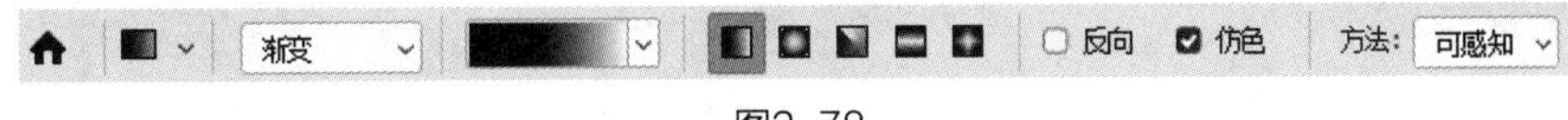

图2-78

该选项栏中主要选项的功能如下。

- 渐变颜色条：用于显示当前渐变颜色。单击右侧的下拉按钮，可以选择和管理渐变预设，如图2-79、图2-80所示。

图2-79

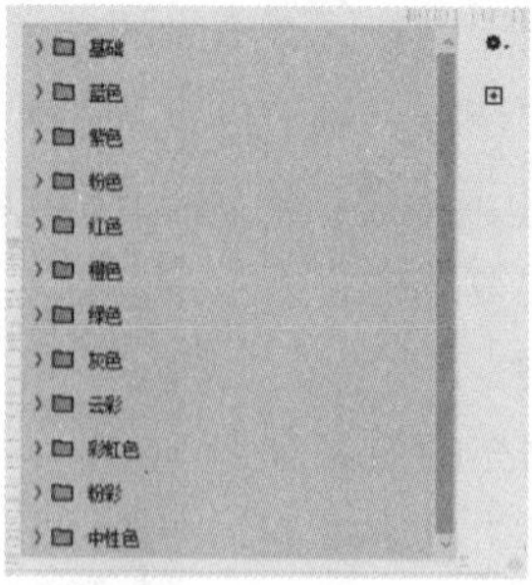

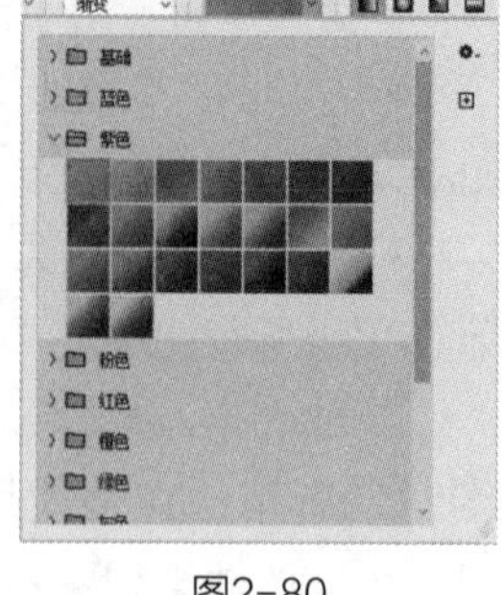
图2-80

• 线性渐变■：单击该按钮，可以以直线方式从不同方向创建起点到终点的渐变。

• 径向渐变■：单击该按钮，可以以圆形方式创建起点到终点的渐变。

• 角度渐变■：单击该按钮，可以创建围绕起点以逆时针方式扫描的渐变。

• 对称渐变■：单击该按钮，可以使用均衡的线性渐变在起点的任意一侧创建渐变。

• 菱形渐变■：单击该按钮，可以以菱形方式从起点向外产生渐变，终点定义菱形的一个角。

• 反向：勾选该复选框，可以得到反方向的渐变效果。

• 仿色：勾选该复选框，可以使渐变效果更加平滑，防止打印时出现条带化现象，但在显示屏上不会明显地显示出来。

• 方法：用于选择渐变填充的方法，包括可感知、线性和古典。

选择“渐变工具”■，在选项栏中设置渐变参数，在画面中拖曳鼠标创建渐变，可以更改渐变的角度和长度，如图2-81所示。单击并拖曳菱形图标可以更改色标之间的中点，如图2-82所示。双击色标（圆形区域），在弹出的“拾色器”对话框中可更改颜色。

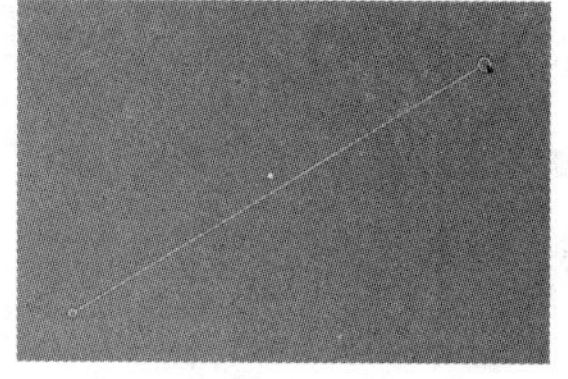
图2-81

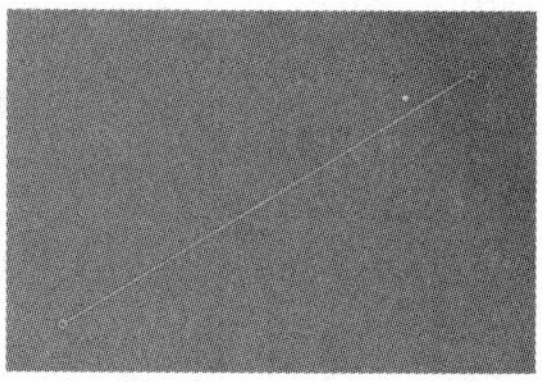

图2-82

2.6.7 课堂实操：填充线稿图像

实操2-3 填充线稿图像

实例资源 ▶ \第2章\填充线稿图像\线稿.jpg

本案例将为线稿图像填充颜色，涉及的知识点有文档的打开、吸管工具和油漆桶工具的应用，以及文档的存储。具体操作方法如下。

Step 01 在Photoshop中打开线稿图像，如图2-83所示。

Step 02 置入参考图像并调整大小，放置在画面右上角，如图2-84所示。

Step 03 选择背景图层，使用“吸管工具”吸取参考图像上的颜色，如图2-85所示。

图2-83

图2-84

图2-85

Step 04 选择“油漆桶工具”，在屋顶处单击填充，如图2-86所示。

Step 05 使用相同的方法，借助“吸管工具”和“油漆桶工具”填充画面，如图2-87所示。

Step 06 按Ctrl+S组合键保存为PSD格式，删除参考图层，按Ctrl+S组合键另存为JPG格式。根据保存的图像，利用AIGC工具（如即梦AI），可以生成更多的配色方案，如图2-88所示。

图2-86

图2-87

图2-88

2.7 实战演练：制作径向头像效果

实操2-4 制作径向头像效果

实例资源 ▸ \第2章\制作径向头像效果\头像.jpg

本章实战演练将制作径向头像效果，综合运用本章的知识点，以熟练掌握和巩固文档的打开、保存，图像的裁剪及渐变工具的使用等操作。操作思路如下。

Step 01 打开素材图像，如图2-89所示。

Step 02 选择“裁剪工具”，在选项栏中设置约束方式为“1：1（方形）”，如图2-90所示。

Step 03 拖曳裁剪框调整裁剪范围，如图2-91所示。

图2-89

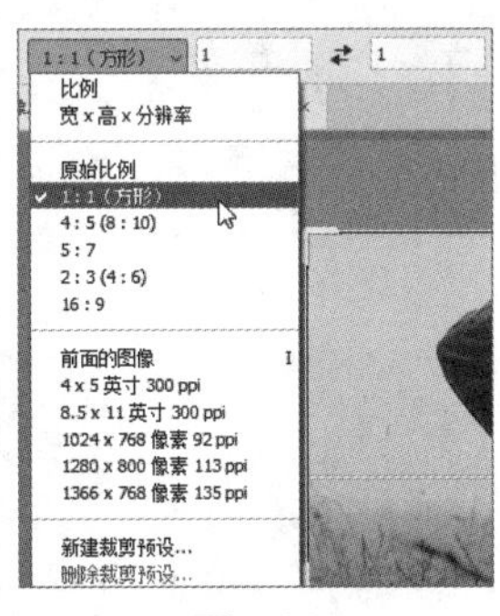

图2-90

图2-91

Step 04 在上下文任务栏中单击“完成”按钮，应用裁剪效果，如图2-92所示。

Step 05 在“图层”面板中解锁背景图层，新建透明图层，使用“油漆桶工具”进行填充，如图2-93所示。

Step 06 调整图层顺序，将“图层0”置于顶层。选中“图层0”，单击“图层蒙版”按钮创建图层蒙版，如图2-94所示。

图2-92

图2-93

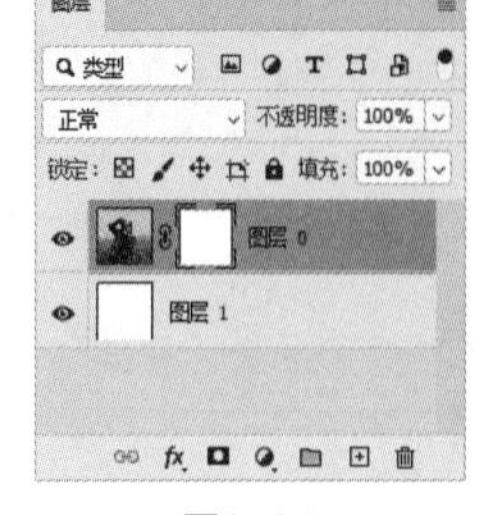

图2-94

Step 07 选择“渐变工具”，在选项栏中设置参数，如图2-95所示。

Step 08 自中心点向右拖曳鼠标创建渐变，如图2-96所示。

Step 09 按Ctrl+S组合键存储为JPG格式，最终效果如图2-97所示。

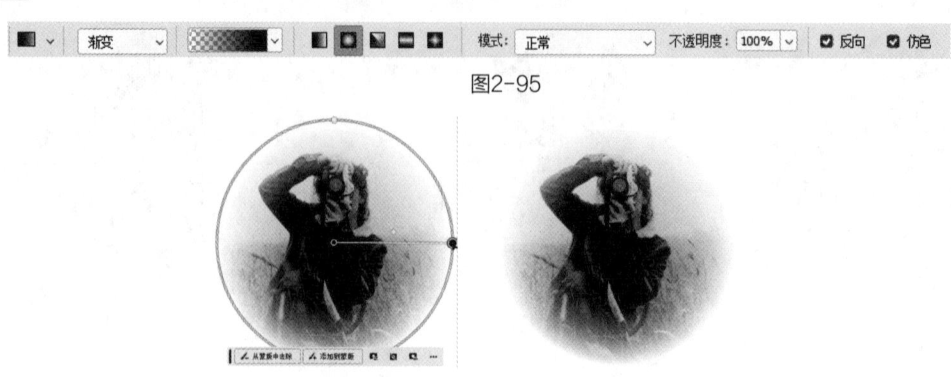

图2-95

图2-96　　图2-97

2.8 拓展练习

实操2-5 调整并裁剪倾斜图像

实例资源 ▸ \第2章\调整并裁剪倾斜图像\墙.jpg

下面使用裁剪工具调整并裁剪倾斜对象，裁剪前后的效果分别如图2-98、图2-99所示。

技术要点：

- 打开素材文档，选择“裁剪工具”，调整裁剪比例；
- 调整图像的旋转角度校正倾斜效果。

分步演示：

①打开素材文档；

②选择“裁剪工具”，调整裁剪比例为3：2；

③将鼠标指针移动至右上角处，出现图标后，按住鼠标左键调整旋转角度；

④调整裁剪范围并应用。

图2-98　　图2-99

第 3 章

图层：揭开层次设计的奥秘

PS

内容导读

本章将对图层的相关知识进行讲解，包括“图层”面板、图层的类型、图层的编辑、图层的不透明度与混合模式，以及图层样式的应用。了解并掌握这些基础知识，设计师可以更有效地组织和管理图像，提高编辑的效率和灵活性。

学习目标

- 了解“图层”面板与图层的类型
- 掌握图层的编辑方法
- 掌握图层不透明度与混合模式的设置
- 掌握图层样式的设置与应用

素养目标

- 调整图层元素，可以精确控制颜色、形状、不透明度和其他属性，以获得所需的视觉效果。
- 通过尝试不同的图层组合、混合模式和效果创造出新的、独特的设计，有效培养设计师的创新思维能力。

案例展示

制作标准照

隐藏式融图效果

制作故障幻影海报效果

3.1 认识图层

在Photoshop中，每个图层都包含图像的一部分。这些图层可以单独进行编辑、移动、隐藏和修改，而不会影响其他图层。

3.1.1 “图层”面板

“图层”面板是Photoshop中用于管理和编辑图层的工具。执行“窗口 > 图层”命令，打开“图层”面板，如图3-1所示。在该面板中可以查看所有打开的图层，并对它们进行各种操作，如新建、删除、复制、合并等。

图3-1

该面板中主要选项的功能如下。

- 菜单按钮：单击该按钮，可以打开“图层”面板的设置菜单。
- 图层滤镜：用于选择滤镜选项来查找复杂文档中的关键图层，可以选择类型、名称、效果、模式和画板等选项显示图层的子集。
- 混合模式：用于设置图层的混合模式。
- 不透明度：用于设置图层的不透明度。
- 图层锁定：用于对图层进行不同的锁定，包括锁定透明像素、锁定图像像素、锁定位置、防止在画板内外自动嵌套和锁定全部。
- 填充不透明度：用于在当前图层中调整某个区域的不透明度。
- 指示图层可见性：用于控制图层显示或者隐藏，不能编辑隐藏状态下的图层。
- 图层缩览图：是图层图像的缩小图，可方便确定调整的图层。
- 图层名称：用于设置图层的名称。双击图层可自定义图层名称。
- 图层按钮组：分别是链接图层、添加图层样式、图层蒙版、创建新的填充或调整图层、创建新组、创建新图层和删除图层。

3.1.2 图层的类型

Photoshop中常见的图层类型包括背景图层、常规图层、智能对象图层、形状图层、文本图层、蒙版图层和调整图层等。

1. 背景图层

背景图层是一个不透明的图层，以背景色为底色，通常在新建图像时自动产生，如图3-2所示。若按住Alt键的同时双击背景图层，则可将背景图层转换为常规图层，如图3-3所示。背景图层无法更改顺序、混合模式和不透明度，并且会被强行锁定。如果是新建包含透明内容的新图像，则没有背景图层，如图3-4所示。

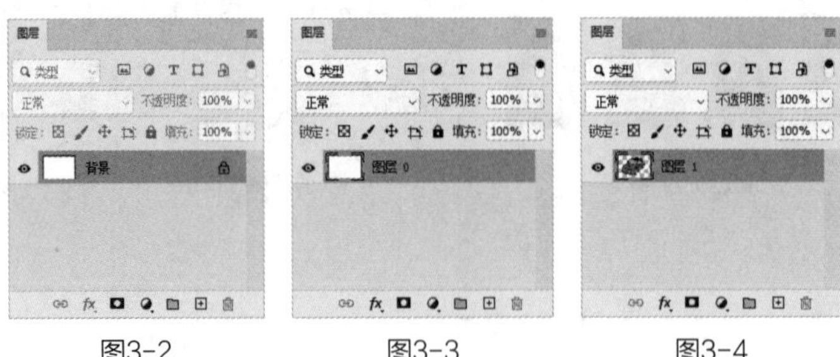

图3-2　　图3-3　　图3-4

2. 常规图层

常规图层是最普通的一种图层，在Photoshop中显示为透明。用户可以根据需要在普通图层上随意添加与编辑图像。选中常规图层，执行“图层 > 新建 > 背景图层”命令，可将所选图层转换为背景图层。

3. 智能对象图层

智能对象图层可保留图像的源内容及其所有原始特性，对图层执行非破坏性编辑。选中图层后右击，在弹出的快捷菜单中选择“转换为智能对象”选项，即可将图层转换为智能对象图层，如图3-5所示。

4. 蒙版图层

蒙版图层是一种特殊的图层，用于遮盖或显示图像图层的部分内容。蒙版图层上的白色区域会显示图像图层上的内容，黑色区域会隐藏图像图层上的内容，而灰色区域则会以不同程度的透明度显示图像图层上的内容，如图3-6所示。

5. 形状图层

形状图层是用来绘制矢量图形的图层。在形状图层上可以使用各种形状工具绘制形状，并且这些形状是矢量的，进行缩放、旋转等变换都不会失真，如图3-7所示。

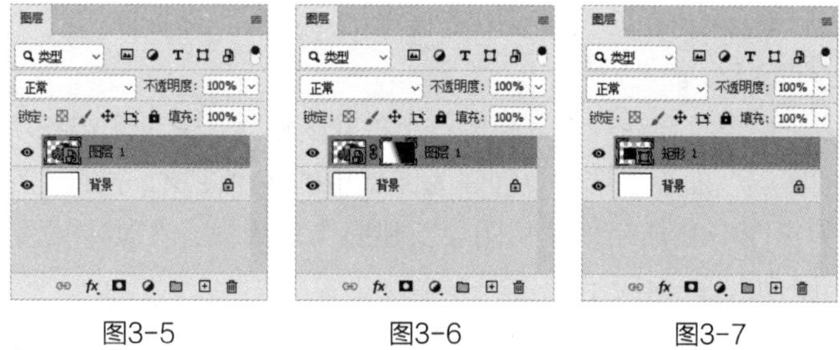

图3-5　　图3-6　　图3-7

6. 文本图层

使用“文字工具”在图像中输入文字时，系统会自动创建一个文字图层，如图3-8所示。若执行“文字变形”命令，则会生成变形文字图层。

7. 调整图层

调整图层用于对图像进行色彩、亮度、对比度等调整。调整图层不会直接修改图像图层的内容，而是在调整图层上应用各种调整效果来影响图像图层的显示效果，如图3-9所示。

8. 填充图层

填充图层是一种包含纯色、渐变或图案的图层，可以转换为调整图层，如图3-10所示。它可以用来覆盖图像图层的内容，或者与其他图层进行混合以达到特定的效果。

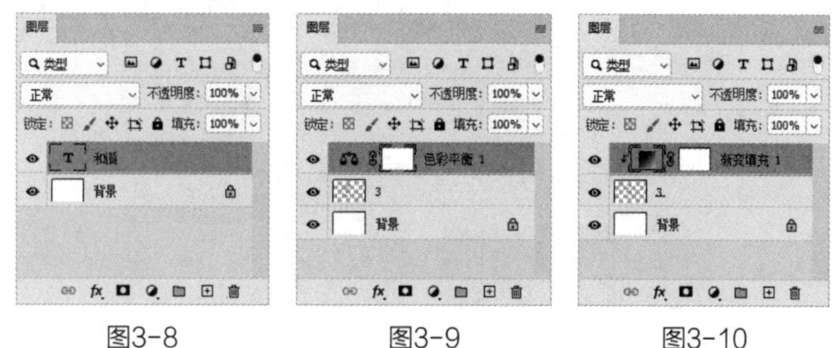

图3-8　　图3-9　　图3-10

9. 图层组

图层组是一种将多个图层组合在一起的图层类型。创建图层组，可以方便用户管理和组织图层，并对它们进行统一操作。

知识链接

执行“栅格化图层”命令可以将智能对象图层、蒙版图层、形状图层、文字图层等图层转换为常规图层。

3.2 图层的编辑

图层的编辑是图像处理中不可或缺的一部分。掌握图层的编辑技巧，设计师可以更加高效地进行设计和编辑工作，创作出更具创意和吸引力的作品。

3.2.1 创建图层与图层组

在当前图像中绘制新的对象时，通常需要创建新的图层。新图层将出现在“图层”面板中选定图层的上方，或出现在选定图层组内。

执行“图层 > 新建 > 图层”命令，或按Ctrl+Shift+N组合键，弹出“新建图层”对话框，如图3-11所示。设置参数后，单击“确定”按钮即可生成新的图层，新建的图层会自动成为当前图层，如图3-12所示。除此之外，还可以直接单击“图层”面板底部的“创建新图层”⊞按钮，快速创建一个透明图层。

图层组可以将多个图层组合在一起，形成一个独立的单元，有助于组织项目并保持“图层”面板整洁有序。在“图层”面板中选中要创建为图层组的多个图层，执行“图层 > 新建 > 从图层建立组”命令，弹出图3-13所示的“从图层新建组”对话框，在其中设置参数，即可将选定的图层创建为图层组，如图3-14所示。

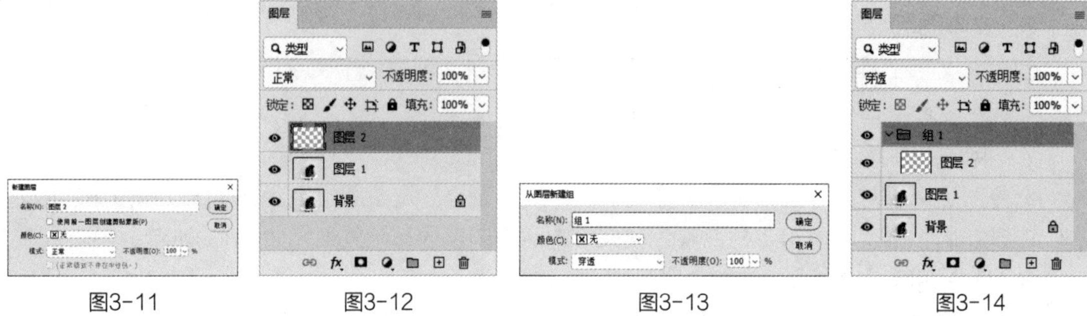

图3-11　　图3-12　　图3-13　　图3-14

执行“图层 > 新建 > 组”命令创建组，新建的图层会显示在该组内，如图3-15所示。选中图层，单击“图层”面板底部的“创建新组”▭按钮快速创建图层组，如图3-16所示。

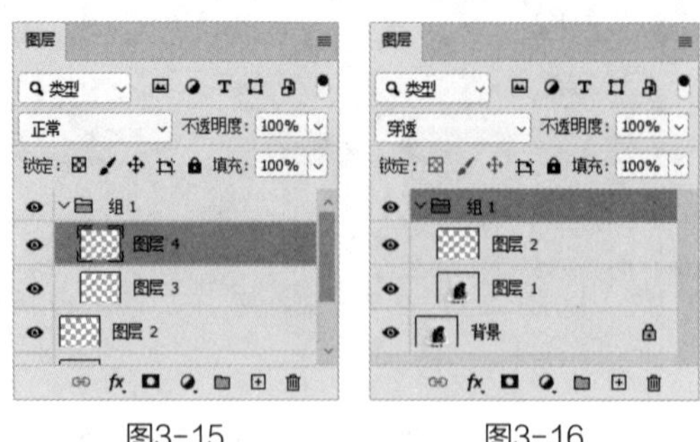

图3-15　　图3-16

3.2.2 图层的选择

在对图像进行编辑之前，需要选择相应图层作为当前工作图层。图层可以直接在图像编辑窗口中选择，也可以在“图层”面板中选择。

1. 在图像编辑窗口中选择图层

使用“移动工具”，在选项栏中勾选“自动选择”复选框，从下拉列表框中选择“图层”，单击图像即可选中该图层，如图3-17所示。按住Shift键可加选图层，再次单击可取消加选。在图像上右击，在弹出的快捷菜单中选择相应的图层名称选择该图层，如图3-18所示。

2. 在“图层”面板中选择图层

单击第一个图层的同时按住Shift键单击最后一个图层，即可选中之间的所有图层，如图3-19所示。按住Ctrl键的同时单击需要选择的图层，可以选择非连续的多个图层，如图3-20所示。

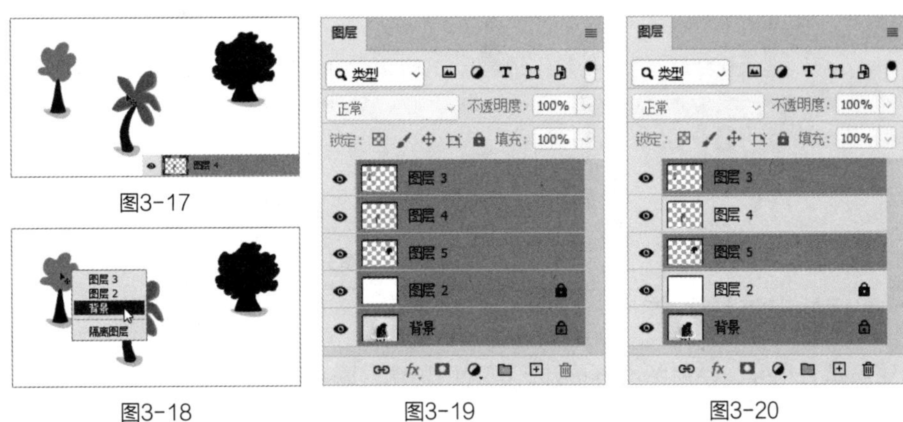

图3-17

图3-18

图3-19

图3-20

3.2.3 图层的复制与删除

可以在同一文档中复制图层，也可以在不同文档中移动复制图层。

1. 在同一文档中复制图层

- 选中目标图层，按Ctrl+J组合键，如图3-21所示。
- 将选中图层拖曳至“创建新图层”按钮上，即可复制图层，如图3-22所示。
- 按住Alt键，当鼠标指针变为双箭头形状时，移动复制图层。

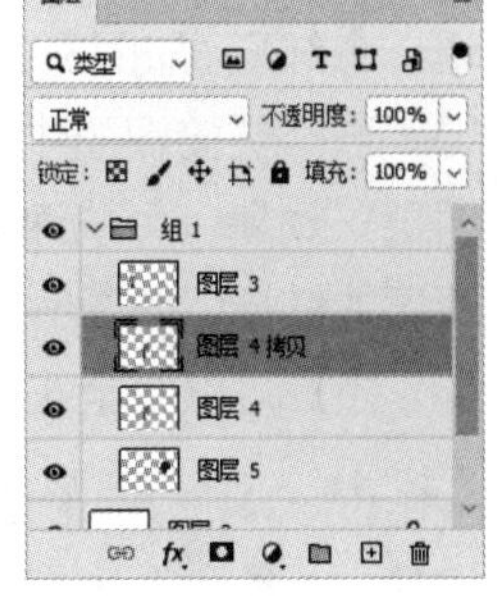

图3-21

图3-22

2. 在不同文档中移动复制图层

- 在源文档中使用“选择工具”，将图像拖曳至目标文档中。
- 在源文档中的“图层”面板中选中图像图层，将其拖曳至目标文档中。
- 在源文档中按Ctrl+C组合键复制图层，在目标文档中按Ctrl+V组合键粘贴图层。

对于不需要的图层，可将其删除。删除图层主要有以下3种方法。

- 选中目标图层，按Delete键。

• 选中目标图层，将其拖曳至“删除图层” 按钮上，或选中目标图层后直接单击“删除图层” 按钮。

• 选中目标图层后右击，在弹出的快捷菜单中选择“删除图层”选项，随后弹出提示框，单击“是”按钮即可，如图3-23所示。

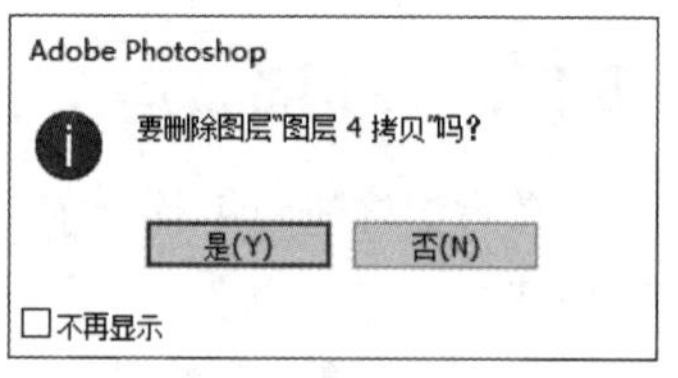

图3-23

3.2.4 图层的显示与隐藏

显示或隐藏图层可以隔离或只查看图像的特定部分，以便进行编辑。单击图层左侧的图层可见状态 图标，便可将该图层隐藏，此时图标变为 状态，如图3-24、图3-25所示。再次单击，即可将该图层显示。

图3-24

图3-25

3.2.5 图层的链接与锁定

无论图层是否相邻，使用图层链接都可以为图层建立联系。链接两个或多个图层或图层组，可以对链接图层进行移动或应用变换。

选择多个需要链接的图层，在“图层”面板中单击“链接图层” 按钮，如图3-26所示。也可以右击，在弹出的快捷菜单中选择“链接图层”选项。

若要临时停用链接的图层，则可以按住 Shift 键并单击链接图层的链接图标，图层右侧将出现一个红X，如图3-27、图3-28所示。按住Shift键再次单击链接图标，可再次启用链接。

选择链接图层中的一个图层，如图3-29所示。右击，在弹出的快捷菜单中选择“选择链接图层”选项，可快速选择所有链接图层，如图3-30所示。选择“取消链接图层”选项，可取消图层的链接，如图3-31所示。

用户可以完全或部分锁定图层以保护其内容。“图层”面板中常用的锁定按钮功能如下。

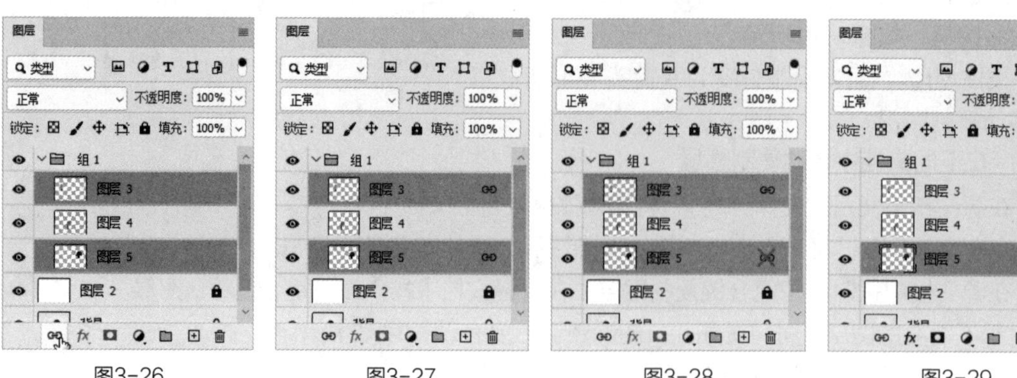

图3-26 图3-27 图3-28 图3-29

• 锁定透明像素：单击该按钮，可将编辑范围限制在图层的不透明部分。

• 锁定图像像素：单击该按钮，可防止使用绘画工具修改图层的像素。

• 锁定位置：单击该按钮，可防止图层的像素移动。

• 锁定全部：单击该按钮，该图层或图层组将不能进行任何操作。锁定组中的图层将显示一个灰色的锁定图标，如图3-32所示。锁定组中的图层不可单独解锁，单击已锁定的锁定图层，会弹出提示框，如图3-33所示。直接单击组名称后的锁定图标可进行解锁。

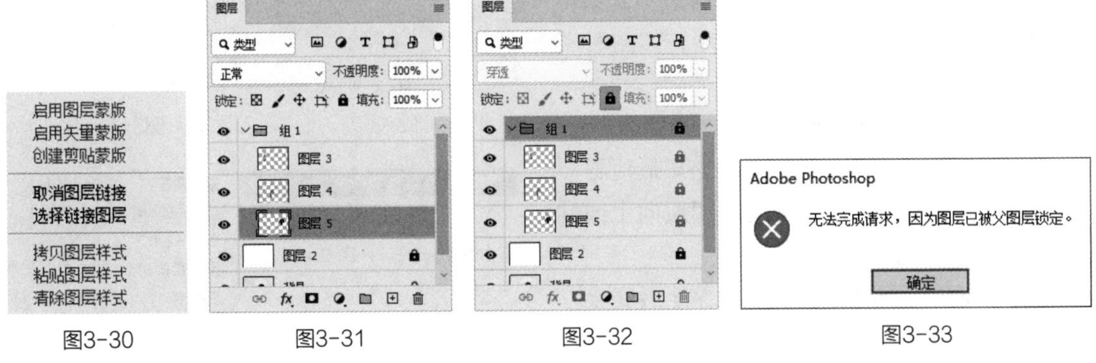

图3-30　图3-31　图3-32　图3-33

3.2.6 图层的合并与盖印

合并与盖印图层可以帮助用户整理和组织图层，并实现一些特殊的效果。

1. 合并图层

在合并图层时，顶部图层上的数据会替换它所覆盖的底部图层上的任何数据。在合并后的图层中，所有透明区域的交迭部分都会保持透明。需要注意的是，合并后的图层将不再保留原有的图层信息，因此在进行合并操作前，可以先备份好图层。

用户可以在图层上应用以下任一合并操作。

• 向下合并：合并两个相邻的可见图层。执行“图层 > 向下合并层”命令，或按Ctrl+E组合键。

• 合并可见图层：将图层中可见的图像合并到一个图层中，而隐藏的图像则保持不动。执行“图层 > 合并可见图层”命令，或按Shift+Ctrl+E组合键。

• 拼合图像：将所有可见图层合并，而丢弃隐藏的图层。执行“图层 > 拼合图像”命令，Photoshop会将所有处于显示状态的图层合并到背景图层中。

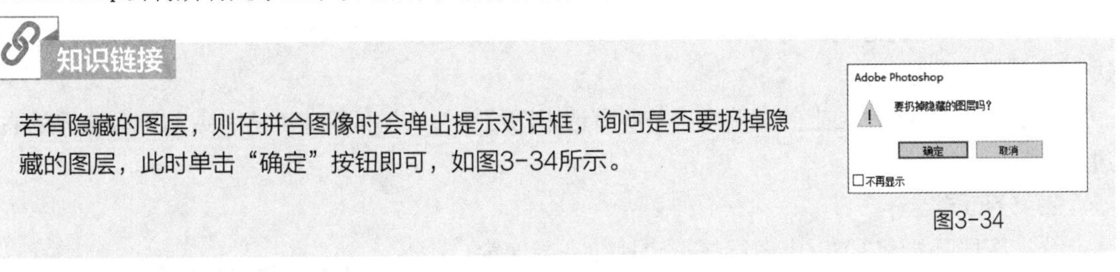

知识链接

若有隐藏的图层，则在拼合图像时会弹出提示对话框，询问是否要扔掉隐藏的图层，此时单击“确定”按钮即可，如图3-34所示。

图3-34

2. 盖印图层

盖印图层是一种特殊的合并方式，可以将多个图层的图像内容合并到一个新的图层中，同时保留原有图层的完整性。按Alt+Shift+Ctrl+E组合键即可盖印所有可见图层。

3.2.7 图层顺序的调整

图层的顺序会影响图像最终的呈现效果。调整图层顺序主要有以下两种方法。

1. 使用“图层”面板

在“图层”面板中，将图层或图层组向上或向下拖曳，当显示高亮双线条时（见图3-35），释放鼠标，即可完成图层顺序的调整，如图3-36所示。

图3-35

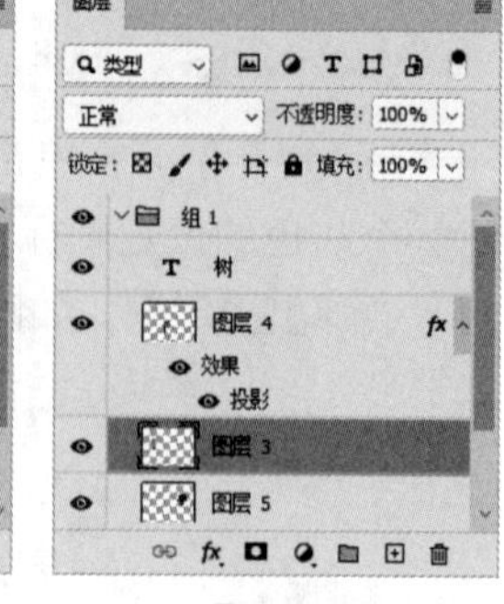

图3-36

2. 执行“排列”命令

选择目标图层，执行“图层>排列”子菜单中的相应命令，即可调整图层顺序，如图3-37所示。

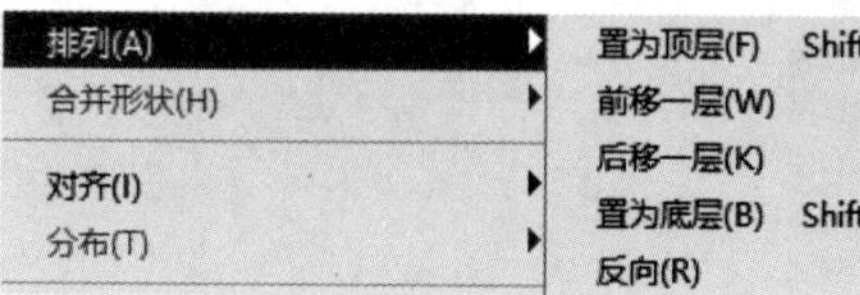

图3-37

“排列”子菜单中主要选项的功能如下。

- 置为顶层：可将所选图层调整至最顶层。
- 前移/后移一层：可将所选图层向上或向下移动一个图层顺序。
- 置为底层：可将所选图层调整至最底层。
- 反向：可将选中的多个图层的顺序反向。

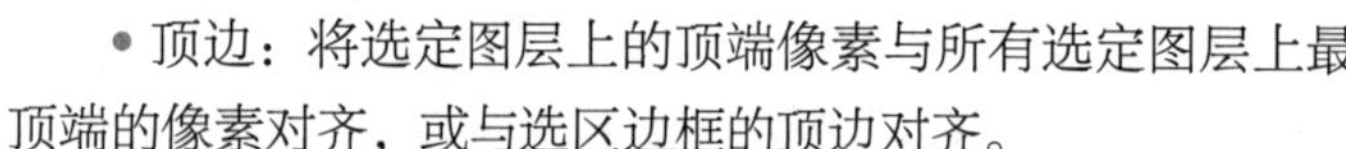

3.2.8 图层的对齐与分布

在编辑图像的过程中，常常需要将多个图层对齐或分布排列。

1. 对齐图层

对齐图层是指将两个或两个以上图层按一定规律进行对齐排列，以当前图层或选区为基础，在相应方向上对齐。执行“图层 > 对齐”子菜单中的相应命令，如图3-38所示。

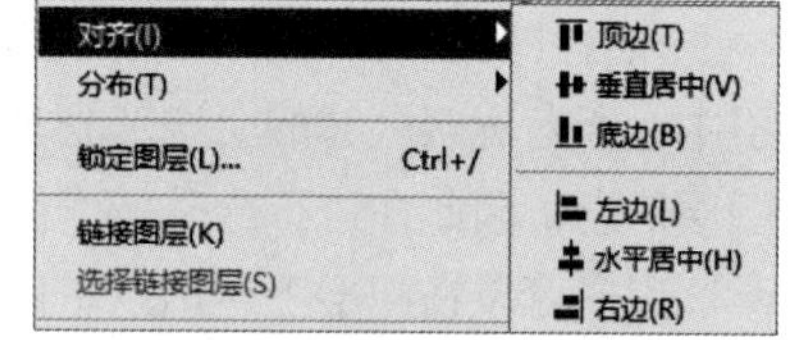

图3-38

- 顶边：将选定图层上的顶端像素与所有选定图层上最顶端的像素对齐，或与选区边框的顶边对齐。
- 垂直居中：将每个选定图层上的垂直中心像素与所有选定图层的垂直中心像素对齐，或与选区边框的垂直中心对齐。
- 底边：将选定图层上的底端像素与选定图层上最底端的像素对齐，或与选区边界的底边对齐。
- 左边：将选定图层上的左端像素与最左端图层的左端像素对齐，或与选区边界的左边对齐。
- 水平居中：将选定图层上的水平中心像素与所有选定图层的水平中心像素对齐，或与选区边界的水平中心对齐。
- 右边：将链接图层上的右端像素与所有选定图层上最右端的像素对齐，或与选区边界的右边对齐。

2. 分布图层

分布图层是指将3个以上图层按一定规律在图像窗口中分布。选中多个图层，执行“图层 > 分布”子菜单中的相应命令，如图3-39所示。

图3-39

- 顶边：从每个图层的顶端像素开始，间隔均匀地分布图层。
- 垂直居中：从每个图层的垂直中心像素开始，间隔均匀地分布图层。

- 底边：从每个图层的底端像素开始，间隔匀均地分布图层。
- 左边：从每个图层的左端像素开始，间隔均匀地分布图层。
- 水平居中：从每个图层的水平中心开始，间隔均匀地分布图层。
- 右边：从每个图层的右端像素开始，间隔均匀地分布图层。
- 水平：在图层之间均匀分布水平间距。
- 垂直：在图层之间均匀分布垂直间距。

知识链接

使用“选择工具”选择需要调整的图层后，即可激活选项栏中的对齐与分布按钮，如图3-40所示。单击相应的按钮，可快速对图层进行对齐和分布。

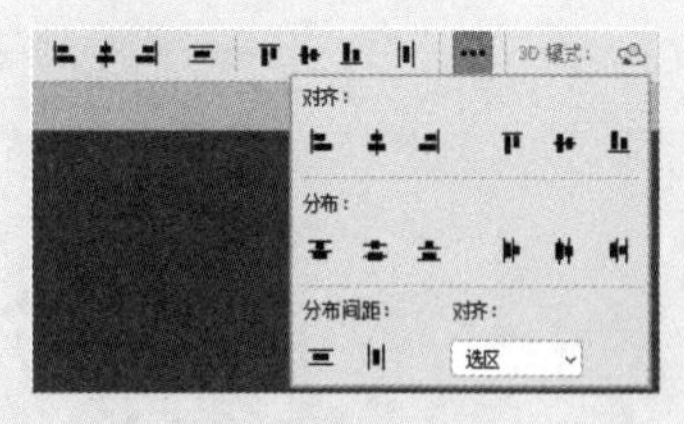

图3-40

3.2.9 课堂实操：制作标准照

实操3-1 制作标准照

实例资源 ▶ \第3章\制作标准照\凯丽.jpg

本案例将制作标准照，涉及的知识点有文档的新建、图像的置入、图层的复制、图层组的创建及图层的对齐分布等。具体操作方法如下。

Step 01 新建宽为5英寸、高为3.5英寸的文档，如图3-41所示。

Step 02 置入素材图像，调整至画面左上方，如图3-42所示。

Step 03 按住Alt键移动复制素材图像3次，如图3-43所示。

图3-41

图3-42

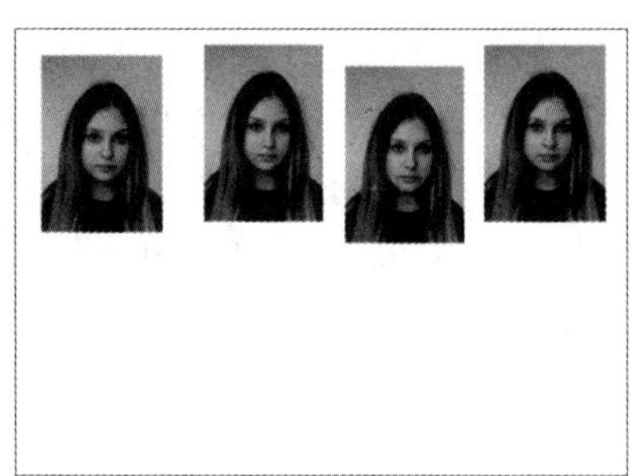
图3-43

Step 04 框选4个图像，在选项栏中单击“水平分布”按钮，效果如图3-44所示。

Step 05 继续单击“垂直居中对齐”按钮，效果如图3-45所示。

Step 06 按住Alt键向下移动复制4个图像，如图3-46所示。

Step 07 按Ctrl+G组合键创建组，如图3-47所示。

Step 08 按住Shift键加选背景图层，分别单击选项栏中的“水平居中对齐”按钮和“垂直居中对齐”，效果如图3-48所示。

图3-44

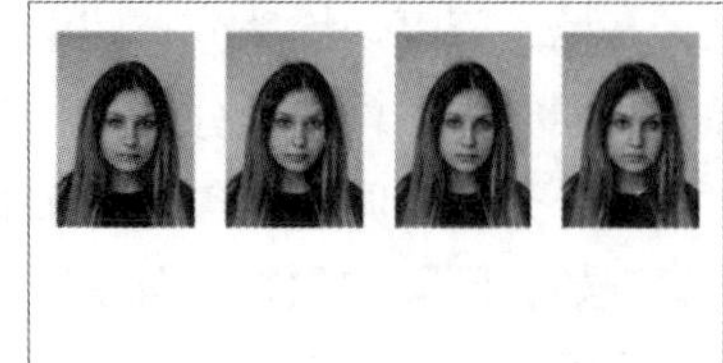
图3-45

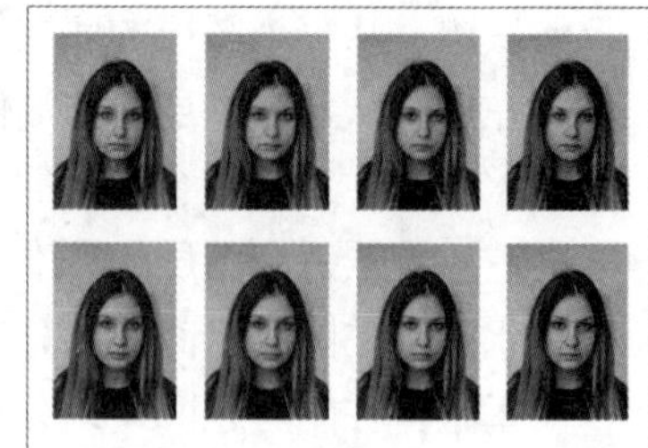
图3-46

图3-47

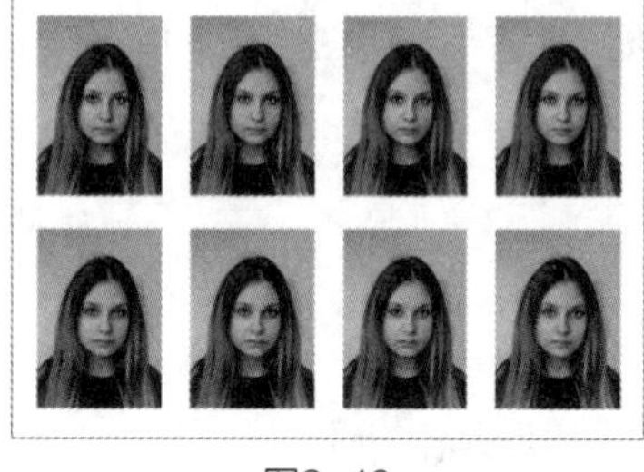
图3-48

3.3 图层的不透明度与混合模式

图层的不透明度与混合模式共同影响着多个图层之间的视觉效果。通过不同透明度图层的组合，可以创建出复杂且富有创意的图像合成效果。

3.3.1 图层的不透明度

不透明度控制着整个图层的透明属性，包括图层中的形状、像素及图层样式。图层不透明度的范围为0%~100%。在默认状态下，图层的不透明度为100%，这时图层的内容完全可见，没有任何透明效果，如图3-49所示。图层的不透明度为0%时，图层将完全透明，其内容不可见，但图层蒙版和矢量形状等内容仍然存在，如图3-50所示。

图3-49

填充不透明度是针对图层内容的一个特定属性。不同于整个图层的不透明度设置，填充不透明度主要影响图层内的填充颜色或图案的可见性，对添加到图层的外部效果（如投影）不起作用，如图3-51、图3-52所示。

图3-50

图3-51

图3-52

3.3.2 图层的混合模式

在“图层”面板中选择不同的混合模式，会得到不同的效果。在选择混合模式时，首先要了解以下3种颜色。

- 基色：图像中的原稿颜色。
- 混合色：使用绘画或编辑工具得到的颜色。
- 结果色：混合后得到的颜色。

图层混合模式可分为6组，共计27种。

模式类型	混合模式	功能描述
组合模式	正常	默认的混合模式
	溶解	编辑或绘制每个像素，使其成为结果色。调整图层的不透明度，显示为像素颗粒化效果
加深模式	变暗	查看每个通道中的颜色信息，并选择基色或混合色中较暗的颜色作为结果色
	正片叠底	查看每个通道中的颜色信息，并将基色与混合色进行正片叠底
	颜色加深	查看每个通道中的颜色信息，并通过提高二者之间的对比度使基色变暗以反映混合色
	线性加深	查看每个通道中的颜色信息，并通过降低亮度使基色变暗以反映混合色
	深色	比较混合色和基色的所有通道值的总和并显示值较小的颜色，不会产生第三种颜色
减淡模式	变亮	查看每个通道中的颜色信息，并选择基色或混合色中较亮的颜色作为结果色
	滤色	查看每个通道中的颜色信息，并将混合色的互补色与基色进行正片叠底
	颜色减淡	查看每个通道中的颜色信息，并通过降低二者之间的对比度使基色变亮以反映混合色
	线性减淡（添加）	查看每个通道中的颜色信息，并通过提高亮度使基色变亮以反映混合色
	浅色	比较混合色和基色的所有通道值的总和并显示值较大的颜色
对比模式	叠加	对颜色进行正片叠底或过滤，具体取决于基色。图案或颜色在现有像素上叠加，同时保留基色的明暗对比
	柔光	使颜色变暗或变亮，具体取决于混合色。若混合色（光源）比50%灰色亮，则图像变亮；若混合色（光源）比50%灰色暗，则图像加深
	强光	该模式的应用效果与柔光类似，但其加亮与变暗的程度比柔光模式强很多
	亮光	通过提高或降低对比度来加深或减淡颜色，具体取决于混合色。若混合色（光源）比50%灰色亮，则通过降低对比度使图像变亮，相反则变暗
	线性光	通过降低或提高亮度来加深或减淡颜色，具体取决于混合色。若混合色（光源）比50%灰色亮，则通过提高亮度使图像变亮，相反则变暗
	点光	根据混合色替换颜色。若混合色（光源）比50%灰色亮，则替换比混合色暗的像素，而不改变比混合色亮的像素，相反则保持不变
	实色混合	将所有像素更改为主要的加色（红、绿或蓝）、白色或黑色
比较模式	差值	查看每个通道中的颜色信息，并从基色中减去混合色，或从混合色中减去基色，具体取决于哪一种颜色的亮度值更大

<table>
<tr><th>模式类型</th><th>混合模式</th><th>功能描述</th></tr>
<tr><td rowspan="3">比较模式</td><td>排除</td><td>创建一种与“差值”模式相似但对比度更低的效果。与白色混合将反转基色值，与黑色混合则不发生变化</td></tr>
<tr><td>减去</td><td>查看每个通道中的颜色信息，并从基色中减去混合色</td></tr>
<tr><td>划分</td><td>查看每个通道中的颜色信息，并从基色中划分混合色</td></tr>
<tr><td rowspan="4">色彩模式</td><td>色相</td><td>用基色的明亮度和饱和度及混合色的色相创建结果色</td></tr>
<tr><td>饱和度</td><td>用基色的明亮度和色相及混合色的饱和度创建结果色</td></tr>
<tr><td>颜色</td><td>用基色的明亮度及混合色的色相和饱和度创建结果色</td></tr>
<tr><td>明度</td><td>用基色的色相和饱和度及混合色的明亮度创建结果色</td></tr>
</table>

打开素材图像，按Ctrl+J组合键复制图层，更改混合模式为“线性减淡(添加)”，如图3-53所示。效果如图3-54所示。

图3-53

图3-54

3.3.3 课堂实操：隐藏式融图效果

实操3-2 隐藏式融图效果

实例资源 ▸ \第3章\隐藏式融图效果\墙.jpg、涂鸦.jpg

本案例将在不破坏原图的情况下，将素材融于背景，涉及的知识点有图像的置入、混合模式的设置等。具体操作方法如下。

图3-55

Step 01 打开素材图像，如图3-55所示。

Step 02 置入素材图像，调整至和文档等高，并移动至画面左侧，如图3-56所示。

Step 03 按住Alt键移动复制图层，调整图层中图像的位置，如图3-57所示。

Step 04 按住Shift键加选图层，更改混合模式为“正片叠底”，如图3-58所示。

图3-56

图3-57

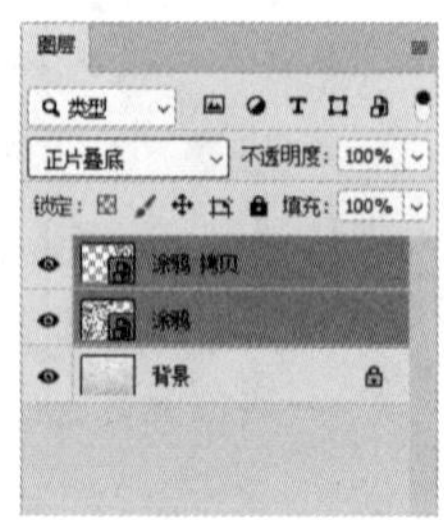

图3-58

Step 05 按住Alt键移动复制图层，调整图层中图像的显示位置，如图3-59所示。

Step 06 创建“色阶”调整图层，如图3-60所示。

Step 07 滑动滑块设置“色阶”的属性值，如图3-61所示。

Step 08 调整后的图像效果如图3-62所示。

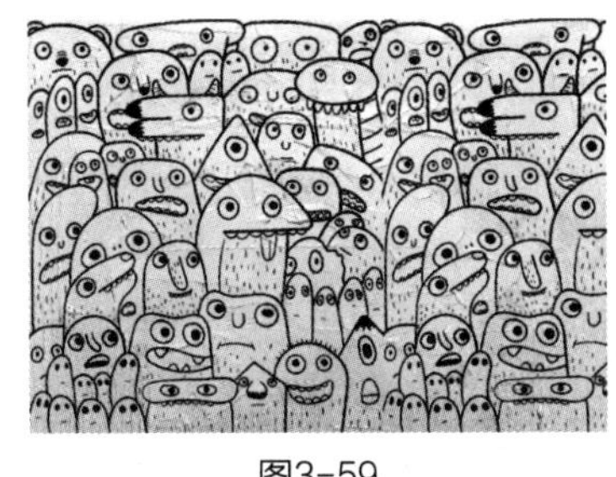

图3-59

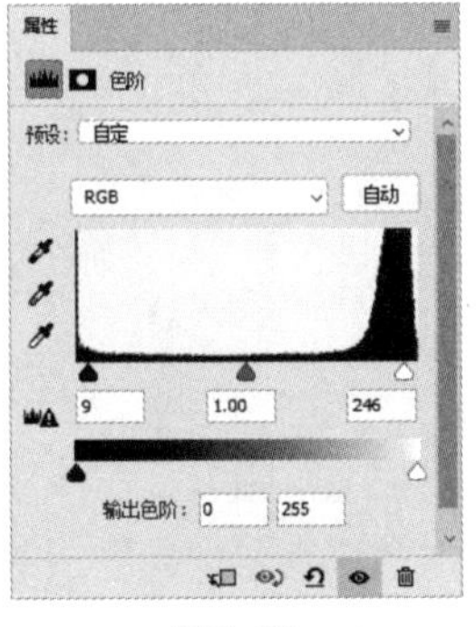

图3-60 图3-61 图3-62

3.4 图层样式的应用

图层样式是一种强大的非破坏性编辑功能，允许用户为文本、形状和其他图像元素添加一系列视觉特效，而无须直接修改图层内容的像素。使用图层样式可以快速创建出具有深度感、光照效果、纹理和质感的复杂效果。

3.4.1 添加图层样式

添加图层样式主要有以下3种方法。

- 执行“图层 > 图层样式”菜单中的相应命令，如图3-63所示。
- 单击“图层”面板底部的“添加图层样式” fx 按钮，从弹出的下拉菜单中选择任意一种样式，如图3-64所示。

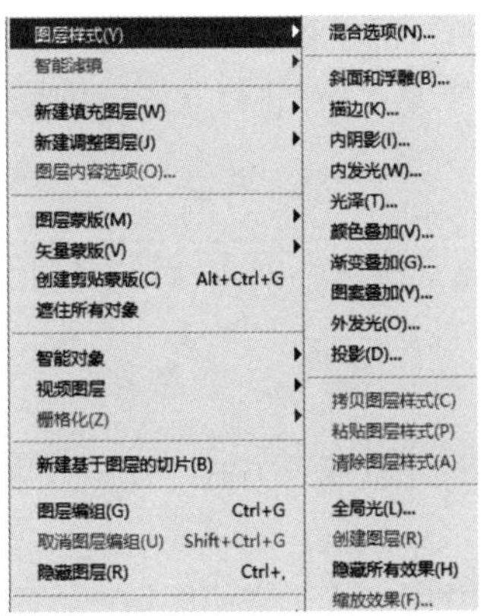

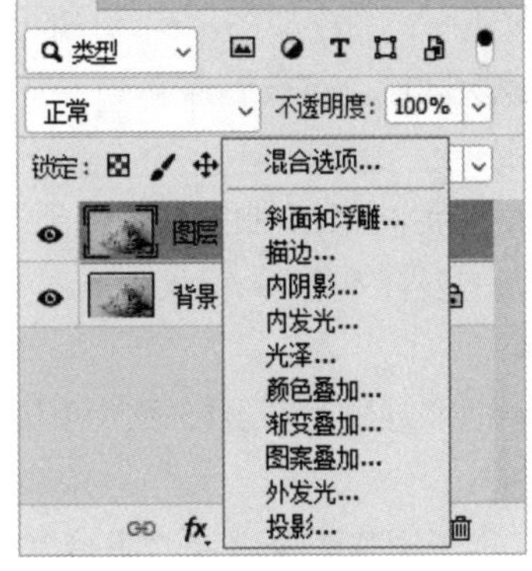

图3-63 图3-64

- 双击需要添加图层样式的图层缩览图或图层。

3.4.2 图层样式详解

"图层样式"对话框中各主要选项的含义如下。

1. 混合选项

混合选项主要影响图层样式本身（如阴影、发光、斜面和浮雕等）与底层或相邻图层之间的混合方式。混合选项分为常规混合、高级混合和混合颜色带，如图3-65所示。其中"高级混合"与"混合颜色带"选项组中各选项的作用如下。

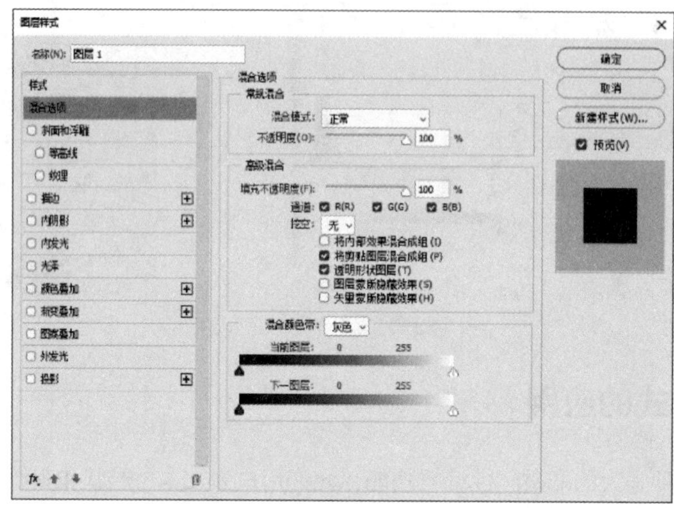

图3-65

（1）高级混合

• 将内部效果混合成组：勾选该复选框，可控制添加内发光、光泽、颜色叠加、图案叠加、渐变叠加图层样式的图层的挖空效果。

• 将剪贴图层混合成组：勾选该复选框，将只对裁切组图层执行挖空效果。

• 透明形状图层：当添加图层样式的图层中有透明区域时，若勾选该复选框，则透明区域相当于蒙版。生成的效果若延伸到透明区域，则将被遮盖。

• 图层蒙版隐藏效果：当添加图层样式的图层中有图层蒙版时，若勾选该复选框，则生成的效果若延伸到蒙版区域，将被遮盖。

• 矢量蒙版隐藏效果：当添加图层样式的图层中有矢量蒙版时，若勾选该复选框，则生成的效果若延伸到矢量蒙版区域，将被遮盖。

（2）颜色混合带

允许通过调整颜色滑块来控制图层的混合效果。可以分别调整本图层和下一图层的颜色滑块，从而实现更复杂的混合效果。

2. 斜面和浮雕

为图层添加"斜面和浮雕"图层样式，可以添加不同组合方式的浮雕效果，从而增加图像的立体感。

• 斜面和浮雕：用于调整图像边缘的明暗度，并增加投影来使图像产生不同的立体感，如图3-66所示。

• 等高线：用于在浮雕中创建凹凸起伏的效果，如图3-67所示。

• 纹理：用于在浮雕中创建不同的纹理效果，如图3-68所示。

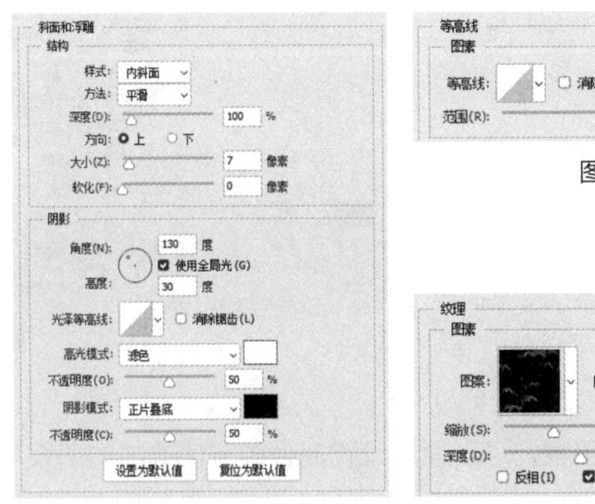

图3-67

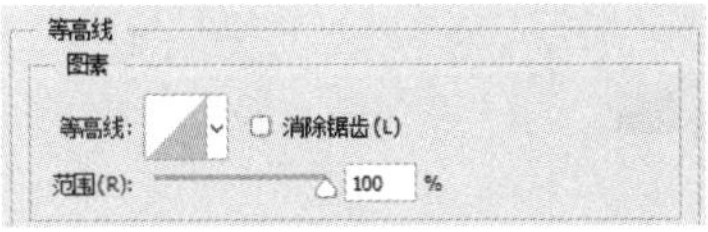

图3-66

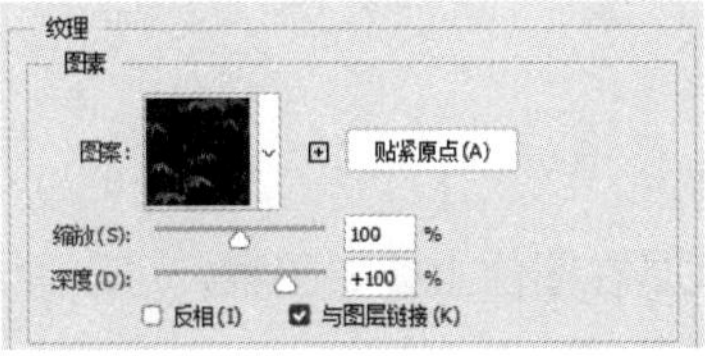

图3-68

3. 描边

描边样式是使用颜色、渐变及图案来描绘图像的轮廓边缘，如图3-69所示。

4. 内阴影

内阴影样式是在紧靠图层内容的边缘向内添加阴影，使图像呈现凹陷效果，如图3-70所示。

5. 内发光

内发光样式是沿图层内容的边缘向内创建发光效果，使图像出现些许“凸起感”，如图3-71所示。

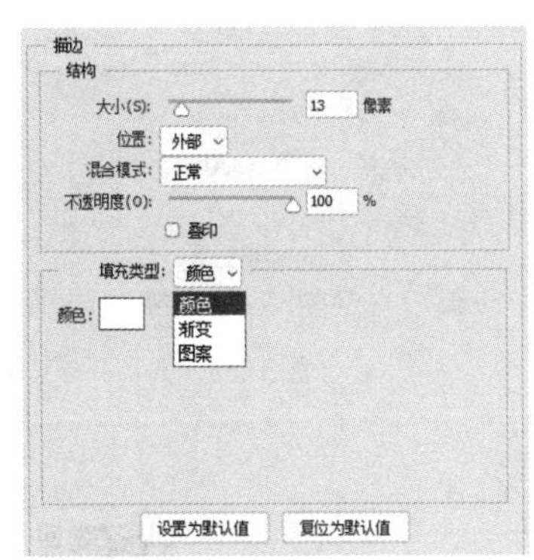

图3-69

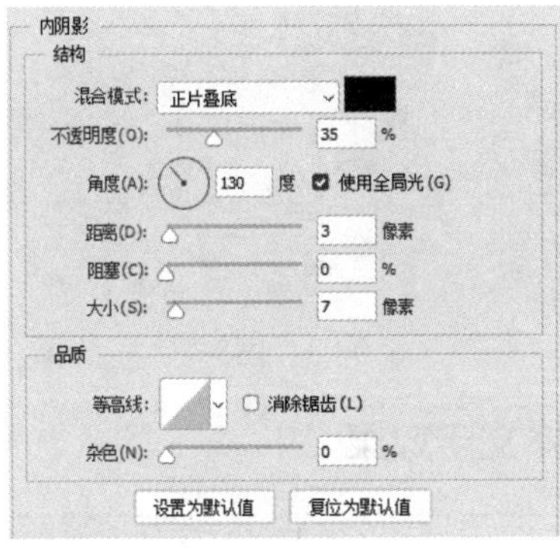

图3-70

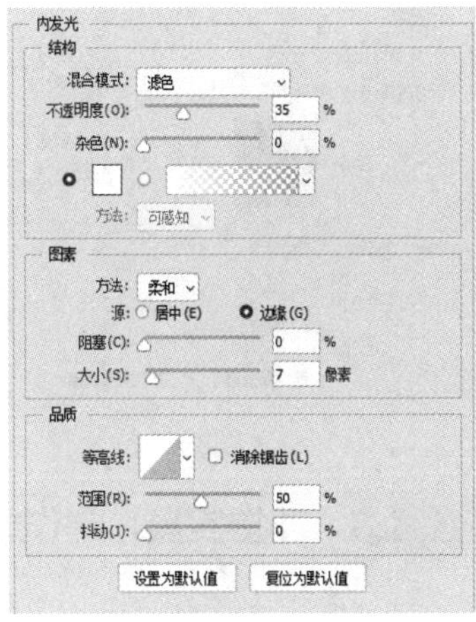

图3-71

6. 光泽

光泽样式是为图像添加光滑的具有光泽的内部阴影，通常用来制作具有光泽质感的按钮和金属，如图3-72所示。

7. 颜色叠加

颜色叠加样式是在图像上叠加指定的颜色，可以通过修改混合模式调整图像与颜色的混合效果，如图3-73所示。

8. 渐变叠加

渐变叠加样式是在图像上叠加指定的渐变色，不仅能制作出带有多种颜色的对象，还能通过巧妙的渐变颜色设置制作出凸起、凹陷等三维效果及带有反光质感的效果，如图3-74所示。

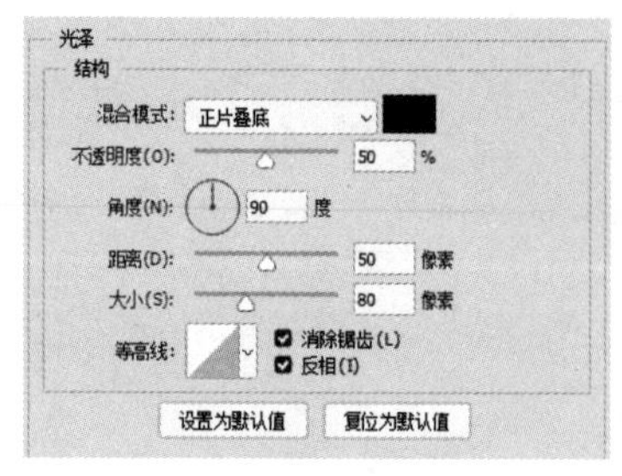

图3-72

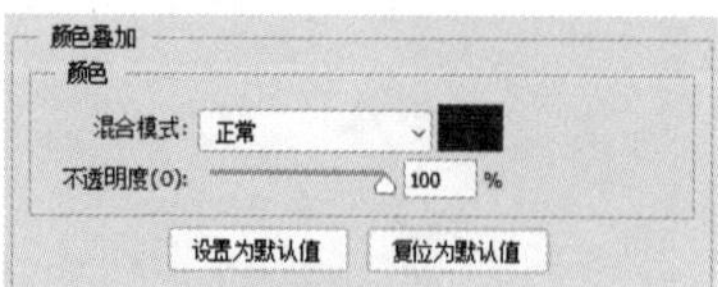

图3-73

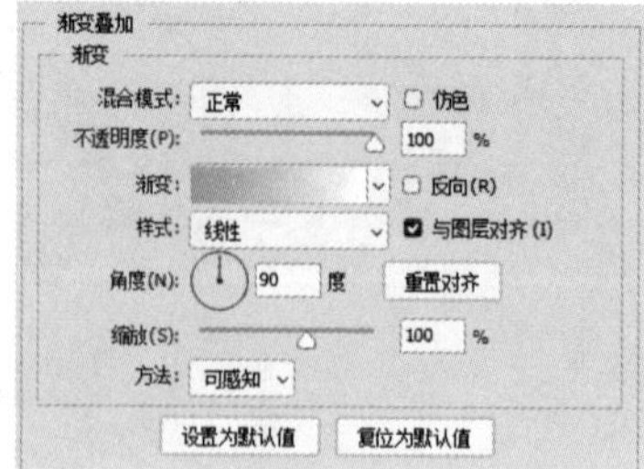

图3-74

9. 图案叠加

图案叠加样式是在图像上叠加图案，可以通过设置混合模式使叠加的图案与原图混合，如图3-75所示。

10. 外发光

外发光样式是沿图层内容的边缘向外创建发光效果，主要用于制作自发光效果，以及人像或其他对象梦幻般的光晕效果，如图3-76所示。

11. 投影

投影样式可以为图层模拟投影效果，增加某部分的层次感和立体感，如图3-77所示。

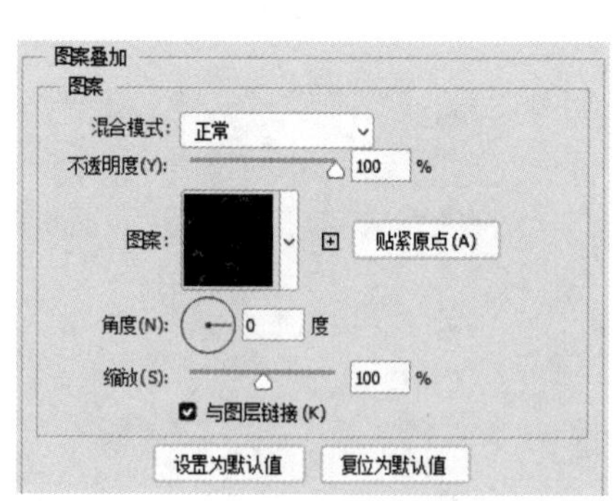

图3-75

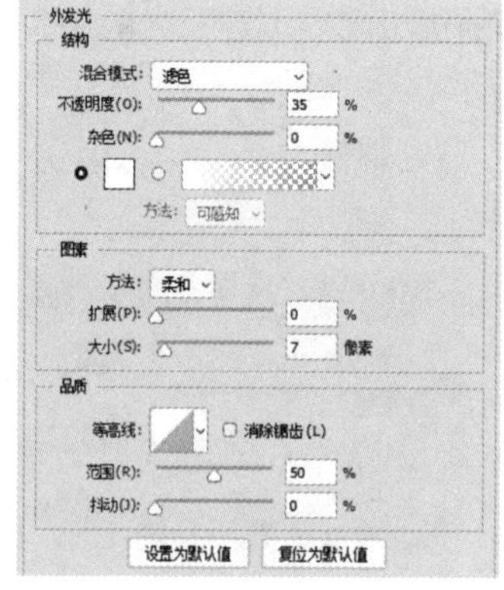

图3-76

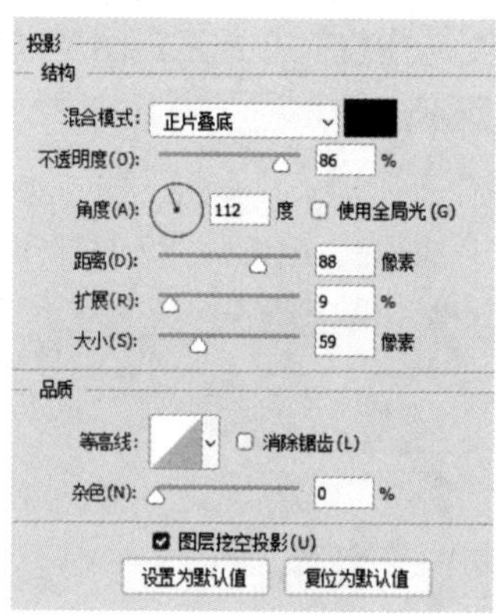

图3-77

3.4.3 课堂实操：制作立体文字效果

实操3-3 制作立体文字效果

实例资源 ▸ \第3章\制作立体文字效果\背景.jpg

本案例将制作立体文字效果，涉及的知识点有文字的输入、填充不透明度和图层样式的设置。具体操作方法如下。

Step 01 打开素材图像，输入文字并设置参数，如图3-78所示。

Step 02 设置该图层填充不透明度为0%，如图3-79所示。

Step 03 双击该图层，在弹出的“图层样式”对话框中勾选“斜面和浮雕”选项，设置参数，如图3-80所示。效果如

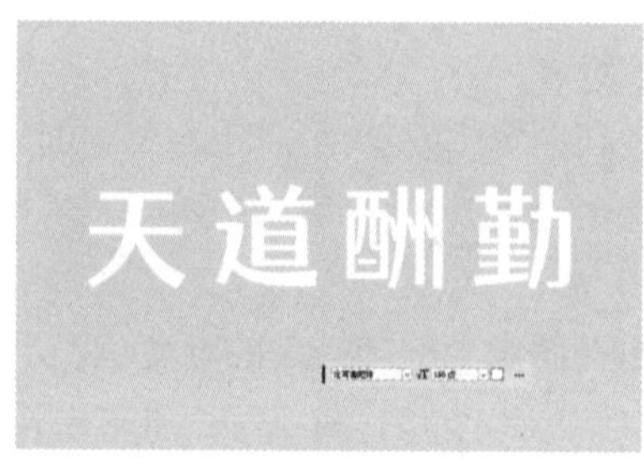

图3-78

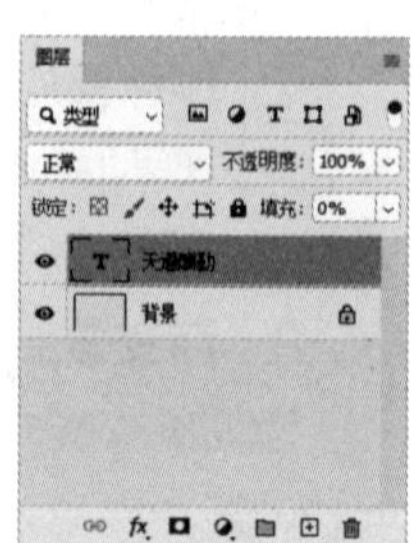

图3-79

图3-81所示。

Step 04 勾选“内阴影”选项，设置参数，如图3-82所示。效果如图3-83所示。

Step 05 勾选“投影”选项，设置参数，如图3-84所示。效果如图3-85所示。

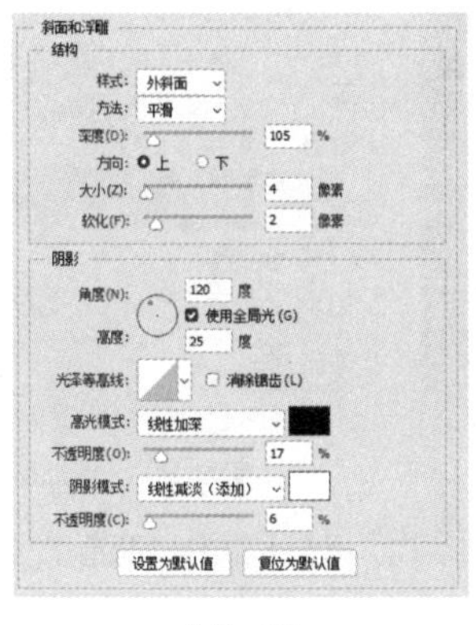

图3-80

图3-81

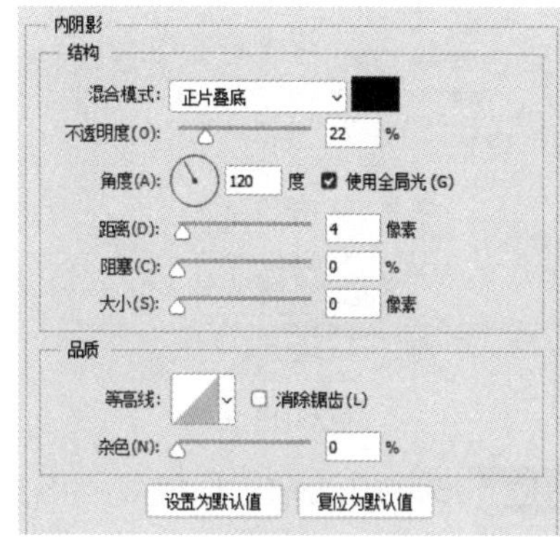

图3-82

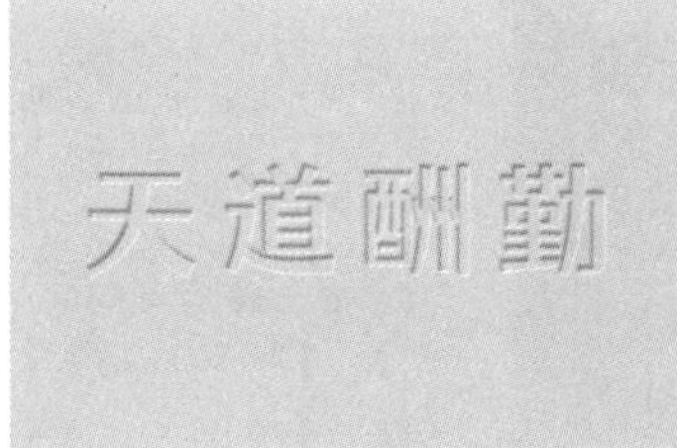

图3-83

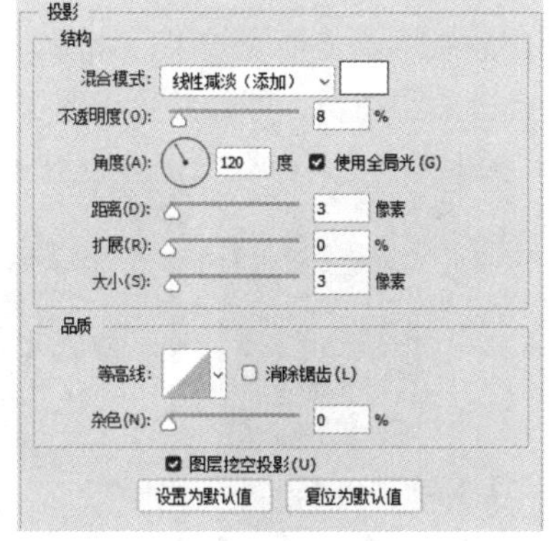

图3-84

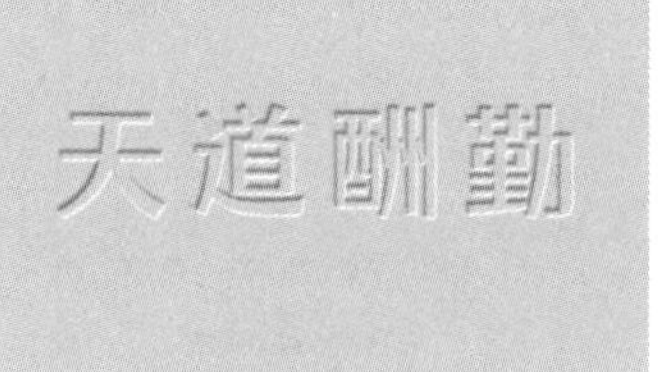

图3-85

3.5 实战演练：制作故障幻影海报效果

实操3-4 制作故障幻影海报效果

实例资源 ▸ \第3章\制作故障幻影海报效果\花.jpg

本章实战演练将制作故障幻影海报效果，涉及的知识点有图像的打开，图层的复制、盖印，图层样式、图层不透明度及图层混合模式的设置等。具体操作方法如下。

Step 01 打开素材图像，如图3-86所示。按Shift+Ctrl+U组合键将图像去色，如图3-87所示。

图3-86

图3-87

Step 02 按Ctrl+J组合键复制图层，并双击该图层，在弹出的“图层样式”对话框中取消勾选“B（B）”通道，如图3-88所示。

Step 03 向左移动图像，如图3-89所示。

Step 04 添加图层蒙版，使用“渐变工具”创建渐变渐隐边缘，如图3-90、图3-91所示。

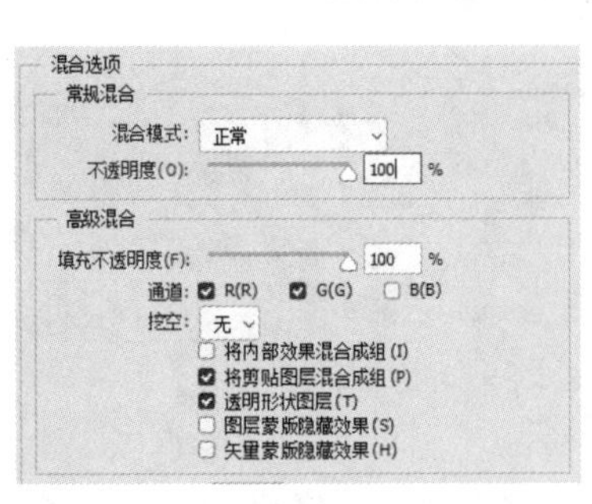

图3-88

图3-89

图3-90

图3-91

Step 05 按Ctrl+J组合键复制图层，并双击该图层，在弹出的“图层样式”对话框中勾选“B（B）”通道，取消勾选“R（R）”通道，如图3-92所示。

Step 06 向左移动图像，如图3-93所示。

Step 07 使用“渐变工具”在图层蒙版中调整渐变效果，如图3-94所示。

Step 08 按Alt+Shift+Ctrl+E组合键盖印图层，即合并可见图层，如图3-95所示。

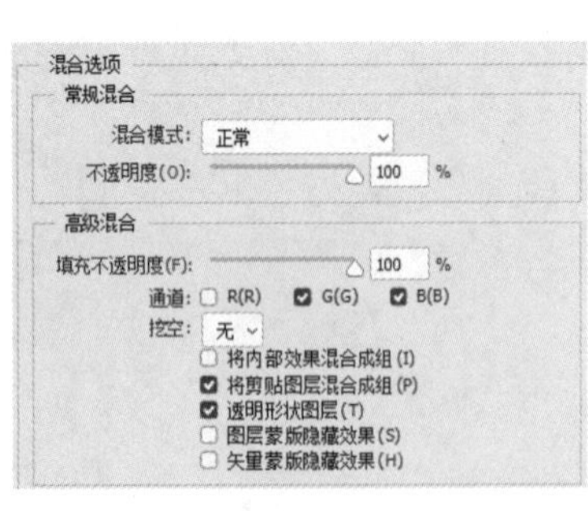

图3-92

图3-93

图3-94

图3-95

Step 09 执行“滤镜 > 风格化 > 风”命令，在弹出的“风”对话框中设置参数，如图3-96所示。

Step 10 按Ctrl+T组合键自由变换图像的大小和位置，如图3-97所示。

Step 11 添加图层蒙版，使用“渐变工具”创建渐变渐隐边缘，如图3-98所示。

Step 12 使用“矩形工具”绘制竖向矩形，吸取红色填充，设置图层不透明度为50%，效果如图3-99所示。

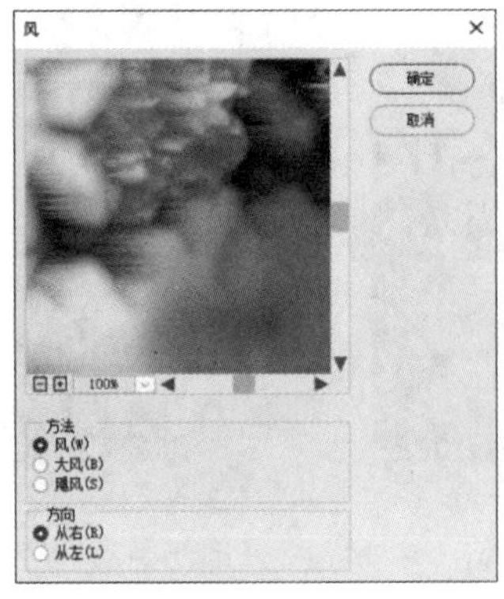

图3-96

图3-97

图3-98

图3-99

Step 13 绘制竖向矩形，吸取蓝色填充，设置图层混合模式为“叠加”，效果如图3-100所示。

Step 14 使用“横排文字工具”输入文字，调整图层不透明度为20%，效果如图3-101所示。

Step 15 分别选择右侧两个文字图层，使用“矩形选框工具”沿红色矩形创建选区，按住Alt键单击“图层蒙版”按钮，以隐藏部分文字显示，如图3-102、图3-103所示。

图3-100

图3-101

图3-102

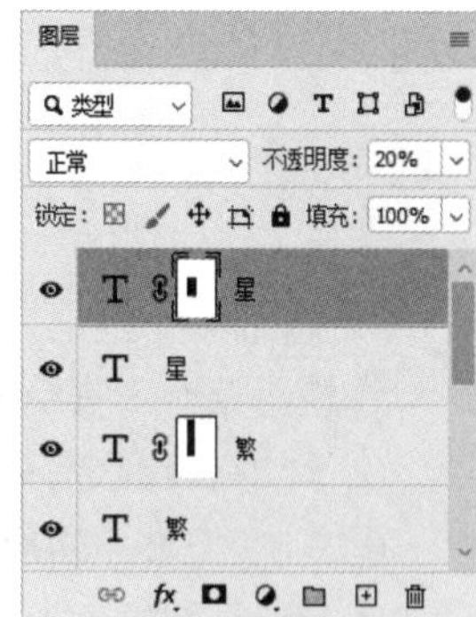

图3-103

Step 16 选择“横排文字工具”，创建段落文字并设置参数，如图3-104所示。

Step 17 选择“矩形工具”，绘制矩形并输入文字，最终效果如图3-105所示。

Step 18 利用AIGC工具（如即梦AI），可以生成不同的背景效果，如图3-106所示。效果图可进一步修改和优化，本例仅为参考。

图3-104

图3-105

图3-106

3.6 拓展练习

实操3-5 / 制作创意镂空图像

实例资源 ▶ \第3章\制作创意镂空图像\雪花.indd

下面使用矩形工具、图层混合模式、图层样式及滤镜制作创意镂空图像，效果如图3-107所示。

技术要点：

- 设置矩形的不透明度；
- 描边、投影等图层样式的应用及滤镜的设置。

图3-107

分步演示：

①使用矩形工具绘制矩形；

②添加高级混合、描边和投影图层样式；

③复制5组镂空矩形效果，设置水平分布；

④为背景图层添加风滤镜效果，选择矩形并分别调整其高度。

第 4 章

文字：布局有道显真章

PS

内容导读

本章将对文字的相关知识进行讲解，包括文本的创建、文本样式的设置及文本的编辑处理。了解并掌握这些基础知识，设计师可以更加精细地处理文本的细节，如字距、行距、字体等，使作品更加精致、完美。

学习目标

- 掌握各种文本的创建
- 掌握“字符”面板与“段落”面板的参数设置方法
- 掌握文字变形与栅格化的方法
- 掌握文字转换为形状的方法

素养目标

- 能够根据设计需求，灵活运用不同的字体、字号、颜色、行距等文字样式，创造出符合主题和氛围的文本效果。
- 理解并能运用“字符”面板和“段落”面板进行更精细的文本格式调整，如首行缩进、文字变形、段落对齐等。

案例展示

制作印章效果

制作遮罩文字效果

制作镂空文字海报

4.1 文本的创建

Photoshop中的文字工具为设计师提供了极大的灵活性和创造性空间来实现丰富的图文混排效果和高质量的文字设计。选择“横排文字工具”T，显示其选项栏，如图4-1所示。

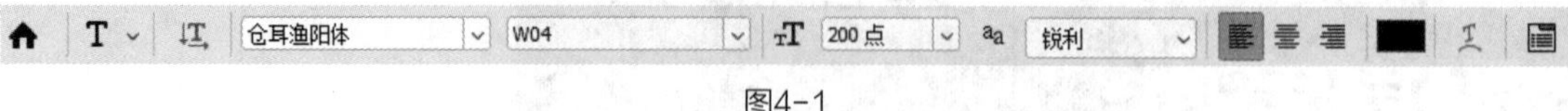

图4-1

该选项栏中主要选项的功能如下。

- 切换文本取向：单击该按钮，可实现文字横排和直排的转换。
- 更改字体样式：用于设置文字字体和字体样式。
- 字体大小：用于设置文字的字体大小。默认单位为点，即像素。
- 设置消除锯齿的方法选项：用于设置消除文字锯齿的模式。
- 对齐按钮组：用于快速设置文字对齐方式。从左到右依次为“左对齐”“居中对齐”“右对齐”。
- 设置文本颜色：单击色块，将弹出“拾色器”对话框，在其中可设置文本颜色。
- 文字变形：单击该按钮，将弹出“变形文字”对话框，在其中可设置文字变形样式。
- 切换字符和段落面板：单击该按钮，将弹出“字符”面板和“段落”面板。

知识链接

使用“直排文字工具”创建文字时，选项栏中的对齐按钮将变为“顶对齐”“居中对齐”“底对齐”。

4.1.1 创建点文字

点文字是一个水平或垂直文本行，在图像中单击的位置开始输入，输入的文字会随着输入不断延展，且不受预先设定的边界限制，按Enter键可换行。点文字适合处理较少的文字，可以精确控制每个字符的位置和对齐。

选择“横排文字工具”T，在图像中单击以确定一个插入点，如图4-2所示。按Ctrl+Enter组合键完成输入，如图4-3所示。

在选项栏中单击“切换文本取向”按钮，或执行“文字 > 垂直”命令，即可实现文字横排和直排之间的转换，如图4-4所示。

图4-2

图4-3

图4-4

结束文本输入主要有以下4种方法。

- 按Ctrl+Enter组合键。
- 在小键盘（数字键盘）中按Enter键。
- 单击选项栏右侧的“提交当前编辑”✓按钮。
- 单击工具箱中的任意工具。

4.1.2 创建段落文字

段落文字也称“区域文本”或“框式文本”，是一种限定在特定区域内、具有自动换行和对齐功能的文本类型。不同于点文字，段落文字始终位于一个预设的矩形框内，并且当内容增加时会自动换行以适应文本框的大小。段落文字适用于大量文字的排版输入，如文章、宣传手册等。

选择“横排文字工具”**T**，按住鼠标左键不放拖曳，可创建出文本框，如图4-5所示。文本插入点会自动插入文本框前端，在文本框中输入文字，当文字到达文本框的边界时会自动换行。调整文本框四周的控制点，可以重新调整文本框的大小，效果如图4-6所示。

当需要灵活添加单行或多行不规则分布的文字，或者不需要固定文本框时，可以将段落文字转换为点文字。执行“文字 > 转换为点文本”命令完成转换，使用“横排文字工具”单击文字的任意位置可查看效果，如图4-7所示。

当需要对多行文本进行更精细的格式控制时，如设置固定的文本框大小、自动换行、调整行间距、列宽等，可以执行“文字 > 转换为段落文本”命令，将点文字转换为段落文字，如图4-8所示。

图4-5

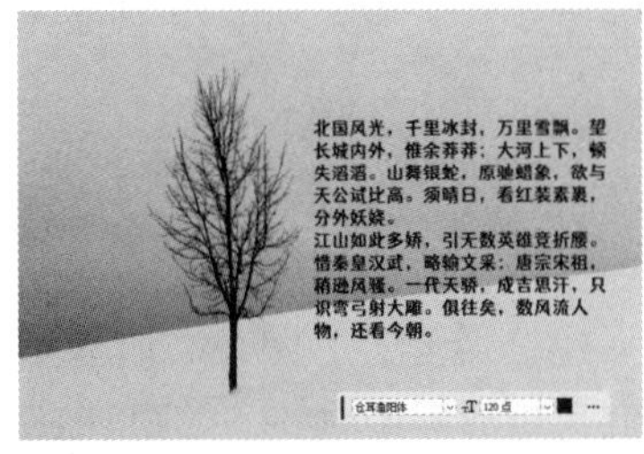

图4-6

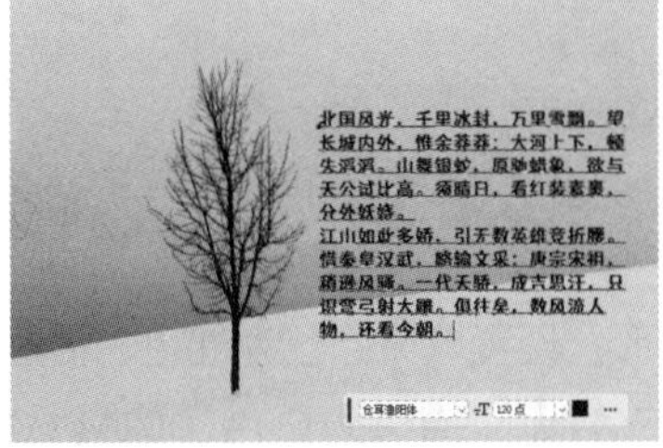

图4-7

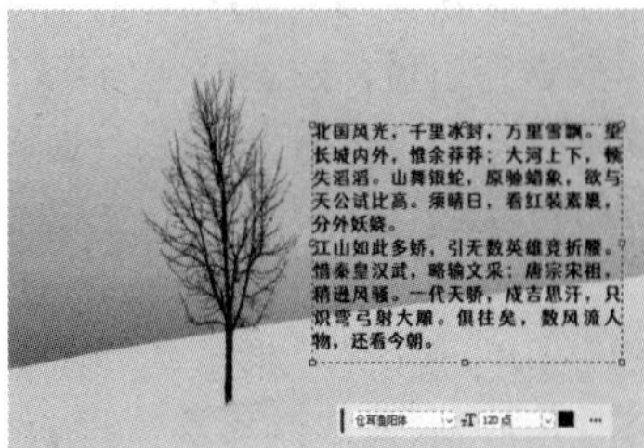

图4-8

4.1.3 创建路径文字

路径文字是指沿着指定路径流动的文本。用户可以按照自定义的路径形状来排列文字，从而制作出更加独特和吸引人的文本效果。

图4-9

图4-10

使用“钢笔工具”绘制路径，选择“横排文字工具”**T**，将鼠标指针移至路径上方，当鼠标指针变为形状时，单击鼠标指针会自动吸附到路径上，如图4-9所示。输入文字后按Ctrl+Enter组合键，可根据显示调整文字大小，如图4-10所示。

4.1.4 课堂实操：制作印章效果

实操4-1 制作印章效果

实例资源 ▶ \第4章\制作印章效果\印章.psd

本案例将制作印章效果，涉及的知识点有文档的新建、正圆的绘制、图层样式的设置，以及文字的创建与设置等。具体操作方法如下。

Step 01 新建宽高各为20厘米的文档，按Ctrl+’组合键显示网格，如图4-11所示。

Step 02 选择“椭圆工具”，按住Shift键绘制正圆，在选项栏中设置填充为无、描边为红色25像素，居中对齐，如图4-12所示。

Step 03 继续绘制两个正圆，分别更改描边大小为10、20像素，并使其水平垂直居中对齐，如图4-13所示。

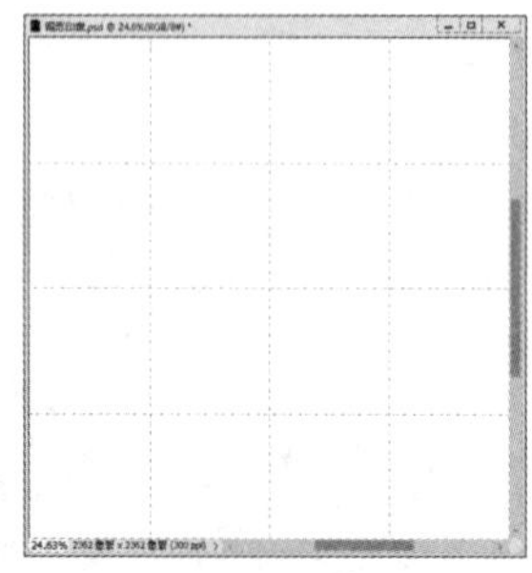

图4-11

图4-12

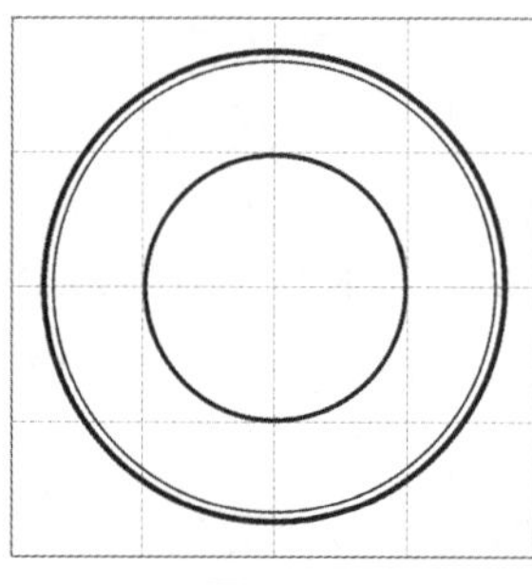

图4-13

知识链接

在“首选项”对话框中可对网格的参数进行设置，如图4-14所示。设置网格参数可方便用户在设计过程中进行对齐操作。

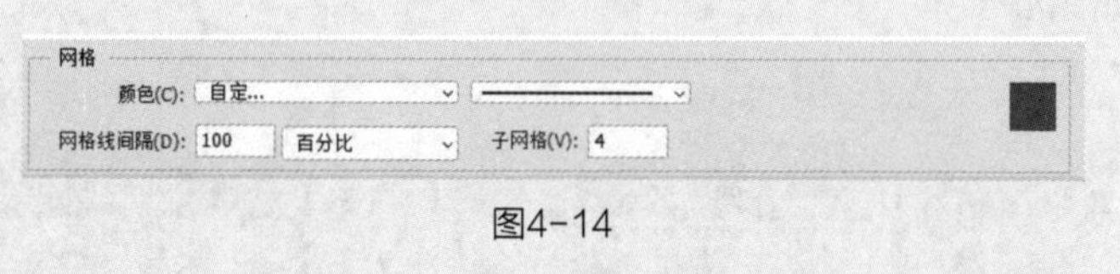

图4-14

Step 04 使用“矩形工具”绘制矩形，设置填充颜色为红色、描边为白色25像素，如图4-15所示。

Step 05 继续绘制矩形，设置填充为无、描边为白色10像素，与红色矩形居中对齐，如图4-16所示。

Step 06 使用“横排文字工具”输入文字，如图4-17所示。

Step 07 使用“椭圆工具”，在选项栏中设置为“路径”模式，按住Alt+Shift组合键从中心向外绘制正圆，如图4-18所示。

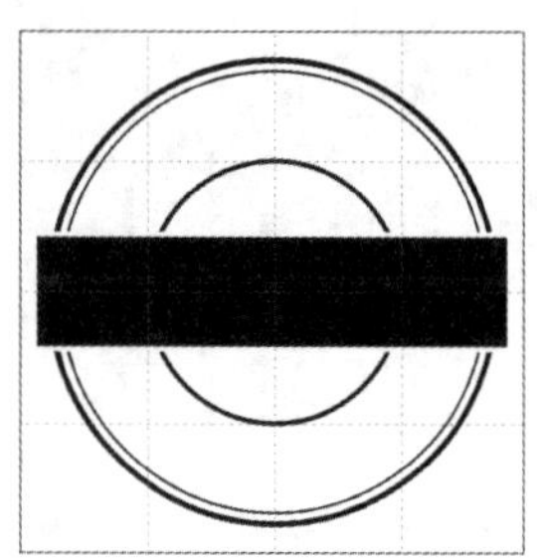

图4-15

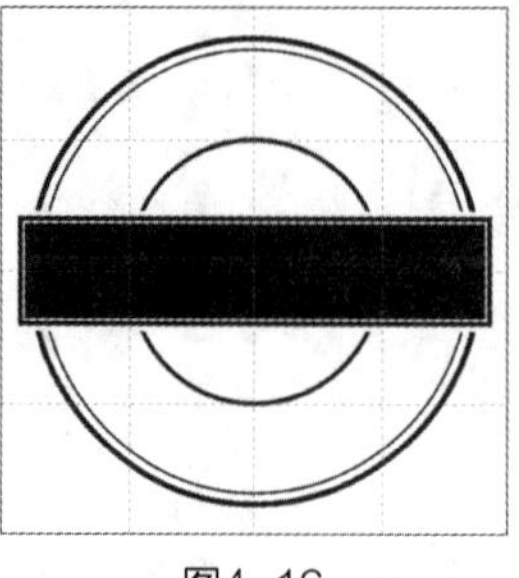

图4-16

图4-17

图4-18

Step 08 选择“横排文字工具”，在上下文任务栏中更改文字参数，单击圆形路径输入文字，如图4-19所示。

Step 09 选择“路径选择工具”，沿曲线拖曳文本调整显示，如图4-20所示。

Step 10 使用相同的方法制作路径文字，更改文字参数，如图4-21所示。

Step 11 选择“路径选择工具”，沿曲线拖曳文本调整显示，如图4-22所示。

Step 12 按Ctrl+’组合键隐藏网格，如图4-23所示。

图4-19

图4-20

图4-21

图4-22

图4-23

4.2 文本样式的设置

文本样式的设置主要涉及“字符”面板和“段落”面板，用户可以根据需要在面板中设置字体的类型、大小、颜色、文本排列等属性。

4.2.1 “字符”面板

“字符”面板用于设置文本的基本样式，如字体、字号、字距、行距等。执行“窗口 > 字符”命令，弹出“字符”面板，如图4-24所示。

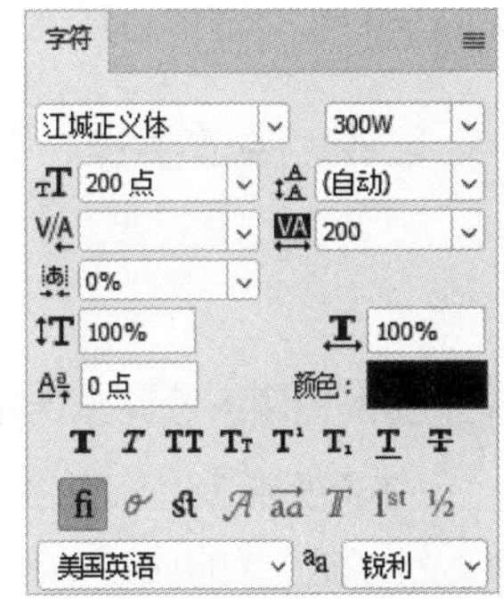

图4-24

“字符”面板中主要选项的功能如下。

- 字体大小：在该下拉列表框中选择预设数值，或者输入自定义数值，可更改字体大小。
- 设置行距：用于设置文字行与行之间的距离。
- 字距微调：用于微调两个字符之间的距离。在设置时将鼠标指针插入两个字符之间，在数值框中输入所需的字距微调数量。输入正值时，字距扩大；输入负值时，字距缩小。
- 字距调整：用于设置文字的字符间距。输入正值时，字距扩大；输入负值时，字距缩小。
- 比例间距：用于设置字符间的比例间距。数值越大，字距越小。
- 垂直缩放：用于设置文字垂直方向上的缩放大小，即调整文字的高度。
- 水平缩放：用于设置文字水平方向上的缩放大小，即调整文字的宽度。
- 基线偏移：用于设置文字与文字基线之间的距离。输入正值时，文字会上移；输入负值时，文字会下移。

• 颜色：单击色块，可在弹出的“拾色器”对话框中选取字符颜色。

• 文字效果按钮组：用于设置文字的效果，依次是仿粗体、仿斜体、全部大写字母、小型大写字母、上标、下标、下划线和删除线。

• Open Type功能组：依次是标准连字、上下文替代字、自由连字、花饰字、替代样式、标题代替字、序数字、分数字。

• 语言设置：用于设置文本连字符和拼写的语言类型。

• 设置消除锯齿的方法：用于设置消除文字锯齿的模式。

4.2.2 “段落”面板

“段落”面板主要用于设置段落文本格式，如对齐方式、缩进、间距、行距、前导符、首行缩进及其他相关格式设置。执行“窗口 > 段落”命令，弹出“段落”面板，如图4-25所示。

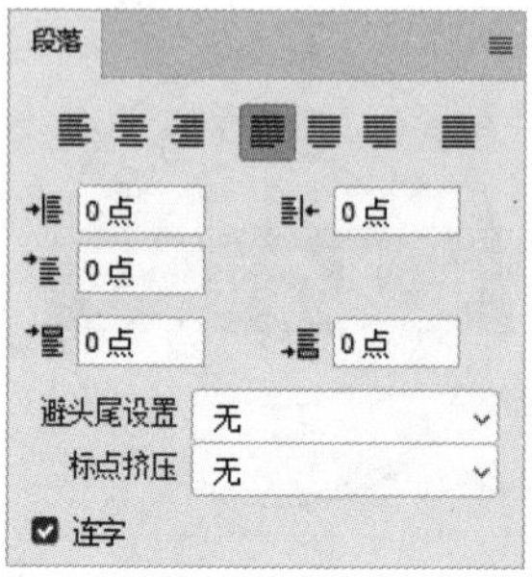

图4-25

“段落”面板中主要选项的功能如下。

• 对齐方式：用于设置文本段落的对齐样式，如左对齐、居中、右对齐和两端对齐等。

• 左缩进：用于设置段落文本左边向内缩进的距离。

• 右缩进：用于设置段落文本右边向内缩进的距离。

• 首行缩进：用于设置段落文本首行缩进的距离。

• 段前添加空格：用于设置当前段落与上一段落的距离。

• 段后添加空格：用于设置当前段落与下一段落的距离。

• 避头尾法则设置：避头尾字符是指不能出现在每行开头或结尾的字符。Photoshop提供了基于标准JIS的宽松和严格的避头尾集，宽松的避头尾设置忽略了长元音和小平假名字符。

• 间距组合设置：用于设置内部字符集间距。

• 连字：勾选该复选框，可将文字的最后一个英文单词拆开，形成连字符号，剩余部分则自动换到下一行。

4.2.3 课堂实操：制作知识类科普配图

实操4-2 制作知识类科普配图

实例资源 ▶ \第4章\制作知识类科普配图\科普.txt

本案例将制作知识类科普配图，涉及的知识点有矩形的绘制、椭圆的绘制、文字和段落的设置及段落样式的应用。具体操作方法如下。

Step 01 选择“矩形工具”，绘制矩形并填充颜色（#14b3ff），调整圆角半径为32像素，效果如图4-26所示。

图4-26

Step 02 复制矩形，调整大小与显示位置，如图4-27所示。

Step 03 继续绘制全圆角矩形，如图4-28所示。

Step 04 选择“椭圆工具”，绘制两个大小不同的正圆，复制两个正圆，移动复制至右侧，调整旋转角度后更改颜色（#ffac30），如图4-29所示。

图4-27

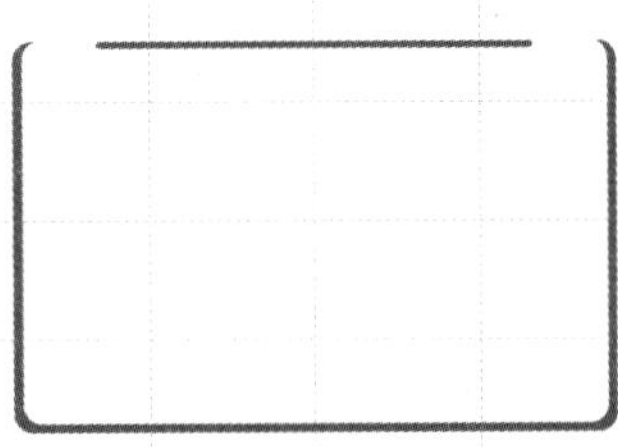

图4-28

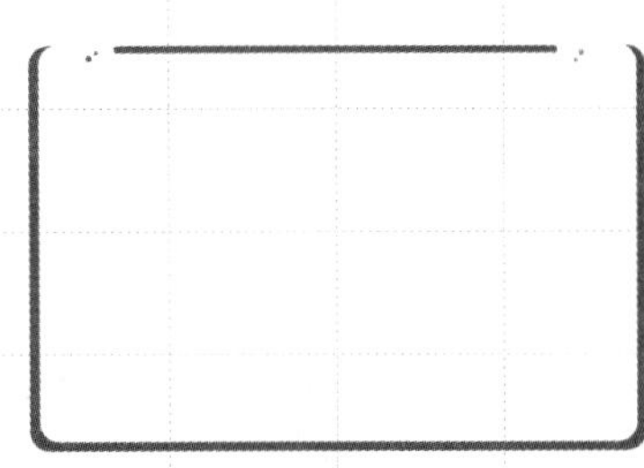

图4-29

Step 05 选择“横排文字工具”，输入文字，在上下文任务栏中更改字体类型、字体大小和颜色(#1457ac)，效果如图4-30所示。

Step 06 更改文字“Word”的颜色，在前后分别按空格键调整字间距，效果如图4-31所示。

Step 07 选择“横排文字工具”，创建文本框后输入文字，在“字符”面板中设置字体类型、字体大小和颜色等参数，如图4-32所示。效果如图-33所示。

图4-30

图4-31

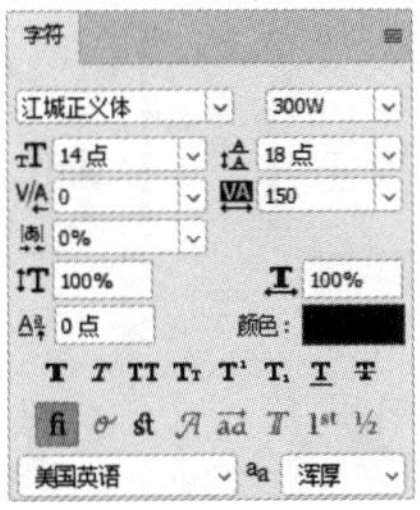

图4-32

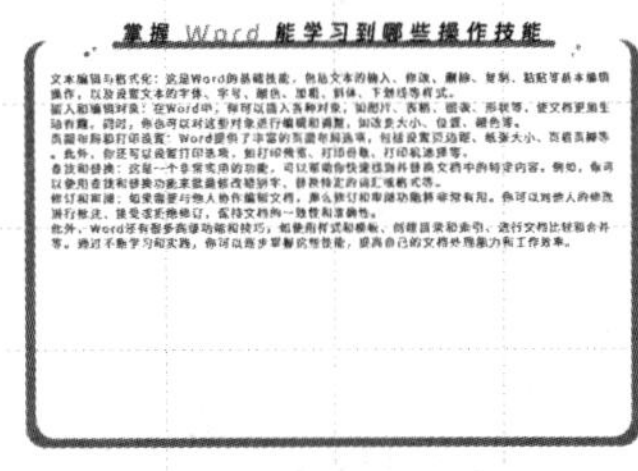

图4-33

知识链接

输入文字后，在上下文任务栏中可以进行基础设置，如字体类型、字体大小和颜色等。字间距、行间距等参数需要在“字符”面板中设置。

Step 08 分别选中每个标题后的冒号，按Enter键换行。分别在每个标题前添加编号，如图4-34所示。

Step 09 选中标题，在“字符”面板中设置参数，如图4-35所示。

Step 10 对每个标题执行相同的操作，效果如图4-36所示。

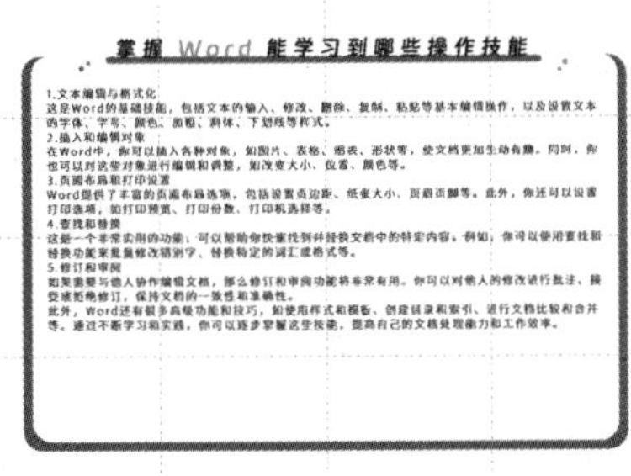

图4-34

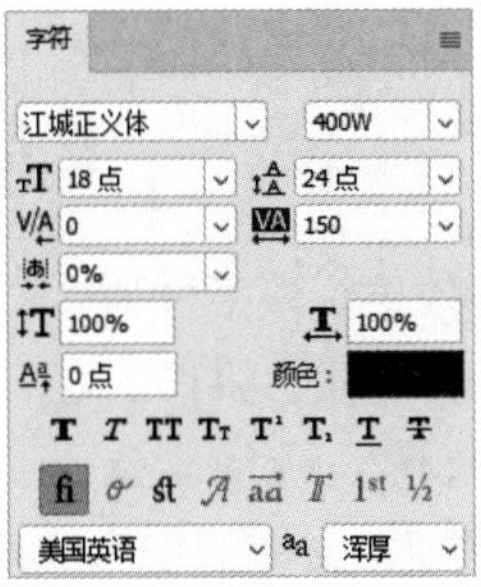

图4-35

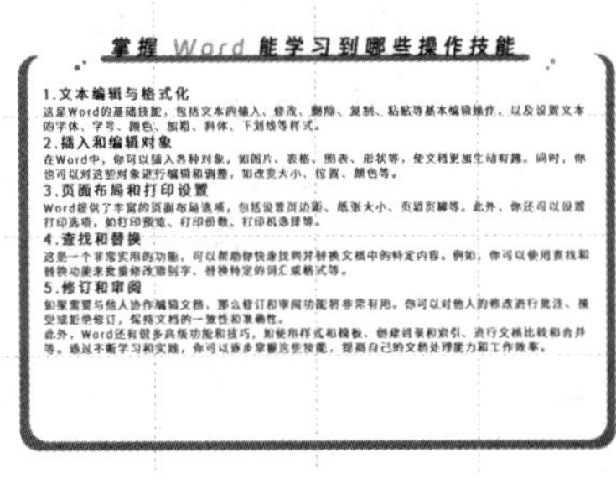

图4-36

Step 11 选中内容文字，在“字符”面板中设置参数，如图4-37所示。

Step 12 在“段落”面板中设置参数，如图4-38所示。

Step 13 在“段落样式”面板中创建新的段落样式，如图4-39所示。

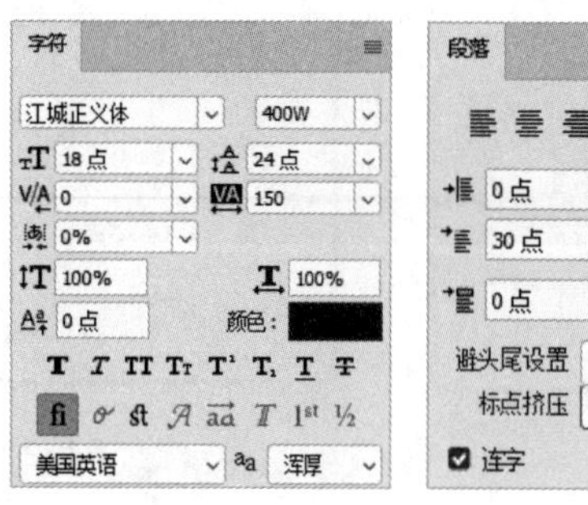

图4-37

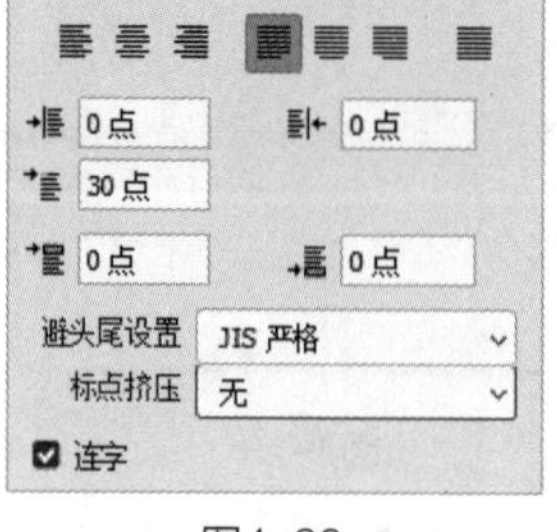

图4-38

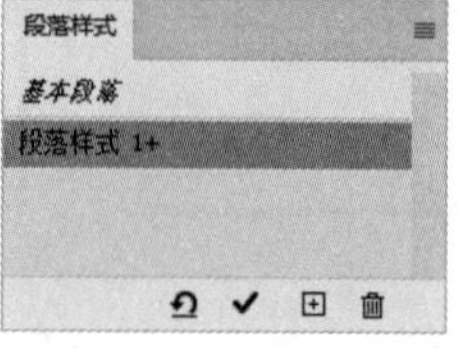

图4-39

Step 14 分别对每段内容应用段落样式，如图4-40所示。

Step 15 将鼠标指针定位到每段内容结尾处，按Enter键换行。隐藏网格后将主标题字号设置为32，字间距设置为180，效果如图4-41所示。

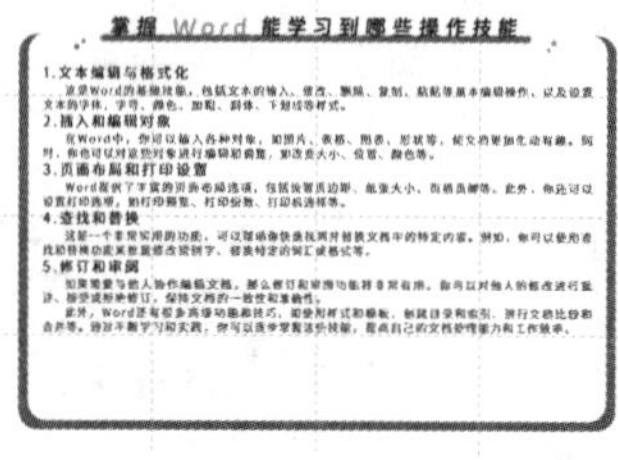

图4-40

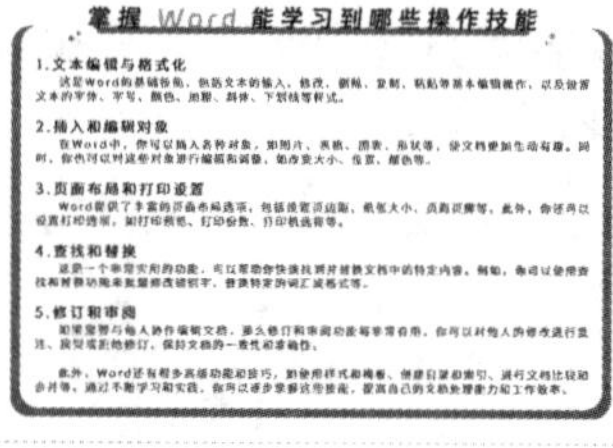

图4-41

4.3 文本的编辑处理

对文本进行变形、栅格化与转换为形状等操作，可以使设计师更加灵活地处理文本元素，创造出多样化的视觉表达形式。

4.3.1 文字变形

文字变形是将文本沿着预设或自定义的路径进行弯曲、扭曲和变形处理，以创造出富有创意的艺术效果。执行“文字 > 文字变形”命令或单击选项栏中的“创建文字变形” 按钮，弹出的“变形文字”对话框中有15种文字变形样式，如图4-42所示。使用这些样式可以创建多种艺术字体。

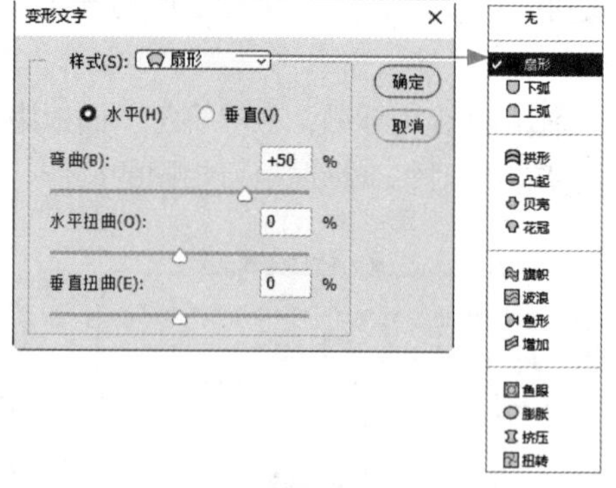

图4-42

该对话框中主要选项的功能如下。

- 样式：用于决定文本最终的变形效果。该下拉列表框中有各种变形样式：扇形、下弧、上弧、拱形、凸起、贝壳、花冠、旗帜、波浪、鱼形、增加、鱼眼、膨胀、挤压和扭转。选择不同的选项，文字的变形效果也会不同。
- 水平/垂直：用于决定文本的变形是在水平方向还是在垂直方向上进行。
- 弯曲：用于设置文字的弯曲方向和弯曲程度（参数为0时，无任何弯曲效果）。
- 水平扭曲：用于对文字应用透视变形，决定文本在水平方向上的扭曲程度。
- 垂直扭曲：用于对文字应用透视变形，决定文本在垂直方向上的扭曲程度。

知识链接

变形文字工具只针对整个文字图层，而不能单独针对某些文字。要制作多种文字变形混合效果，可以通过将文字输入不同的文字图层，然后分别设定变形的方法来实现。

4.3.2 栅格化文字

文字图层是一种特殊的图层，具有文字的特性，可对其文字大小、字体等进行修改。但是要在文字图层上进行绘制、应用滤镜等操作，需要将文字图层栅格化，转换为常规图层。将文字图层栅格化后无法进行字体的更改。

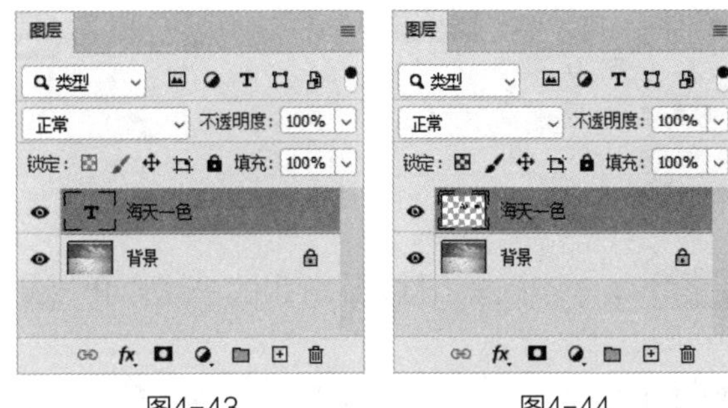

图4-43　图4-44

在“图层”面板中选择文字图层，如图4-43所示。在图层名称上单击鼠标右键，在弹出的快捷菜单中选择“栅格化文字”选项，文字图层即被转换为常规图层，如图4-44所示。

4.3.3 转换为形状

将文本转换为形状是指将文字从可编辑的文字状态变为矢量形状，虽然不能再直接编辑文字内容，但可以如同编辑其他矢量图形一样，对文字形状进行任意的变形、填充、描边等操作，并且保持高清晰度，不受放大、缩小的影响。在“图层”面板中选择文字图层，在图层名称上右击，在弹出的快捷菜单中选择“转换为形状”选项，常规图层即被转换为形状图层，如图4-45所示。使用“直接选择工具”单击锚点可更改形状效果，如图4-46所示。

图4-45

图4-46

4.3.4 课堂实操：制作拆分文字效果

实操4-3 / 制作拆分文字效果

实例资源 ▸ \第4章\制作拆分文字效果\拆分文字.psd

本案例将制作拆分文字效果，涉及的知识点有文字的创建、编辑，栅格化文字，图层样式及滤镜的应用等。具体操作方法如下。

Step 01 选择“横排文字工具”，输入四组文字，在“字符”面板中设置参数，如图4-47所示。文字效果如图4-48所示。

Step 02 在“图层”面板中全选图层，如图4-49所示。

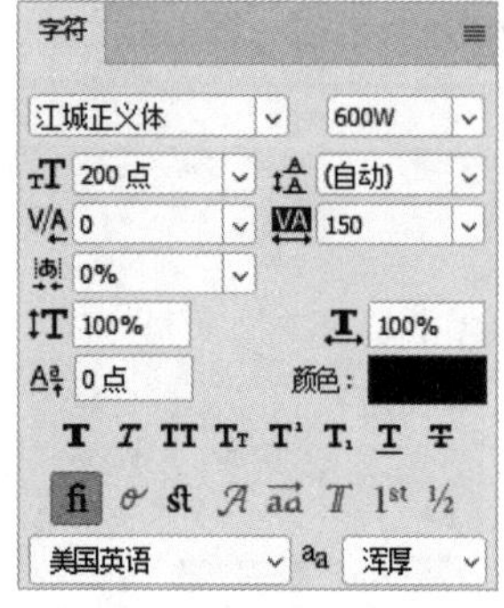

图4-47

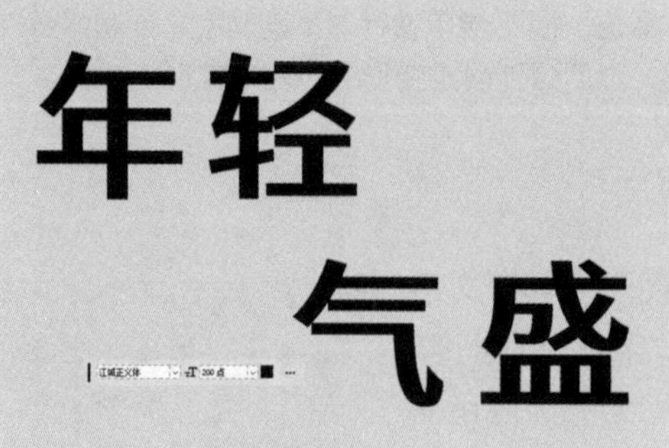

图4-48

图4-49

Step 03 单击鼠标右键，在弹出的快捷菜单中选择“栅格化文字”选项，“图层”面板如图4-50所示。

Step 04 选择“矩形选框工具”，绘制选区，如图4-51所示。

Step 05 按Ctrl+X组合键剪切选区，按Ctrl+V组合键粘贴选区，移动粘贴的选区至原位置后，添加填充颜色样式为绿色（#11633c），效果如图4-52所示。

图4-50

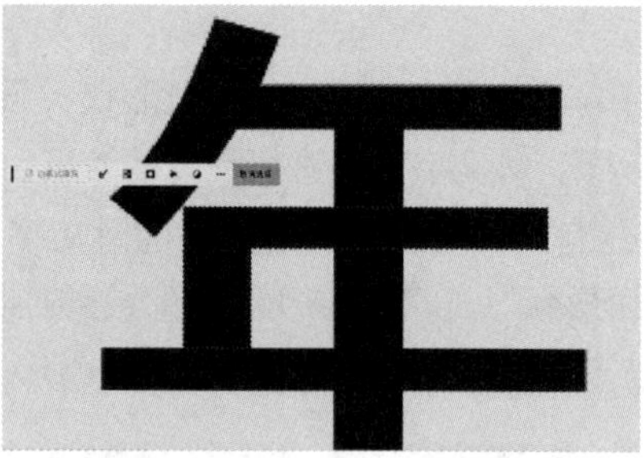

图4-51

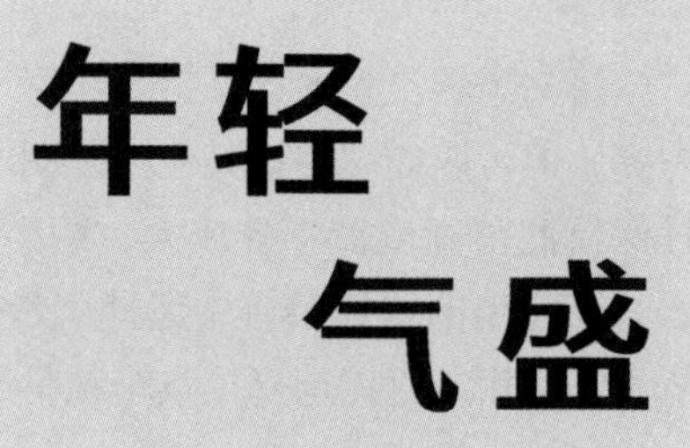

图4-52

Step 06 使用相同的方法绘制选区，复制“年”字拆分笔画的颜色叠加样式，分别选中“轻”“气”“盛”图层粘贴图层样式，效果如图4-53所示。

Step 07 使用“矩形选框工具”沿“年”字的“丨”（笔画竖）绘制选区，剪贴选区后补足完整的“丨”，如图4-54所示。

Step 08 执行“滤镜 > 模糊 > 高斯模糊”命令，在弹出的“高斯模糊”对话框中设置参数，如图4-55所示。

Step 09 移动“丨”（笔画竖）至原位置，如图4-56所示。

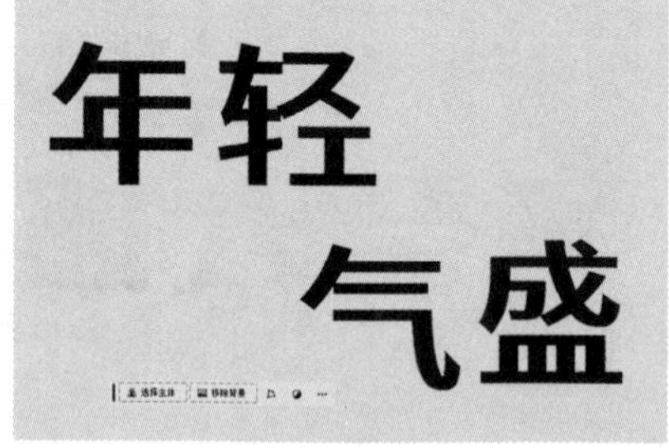

图4-53

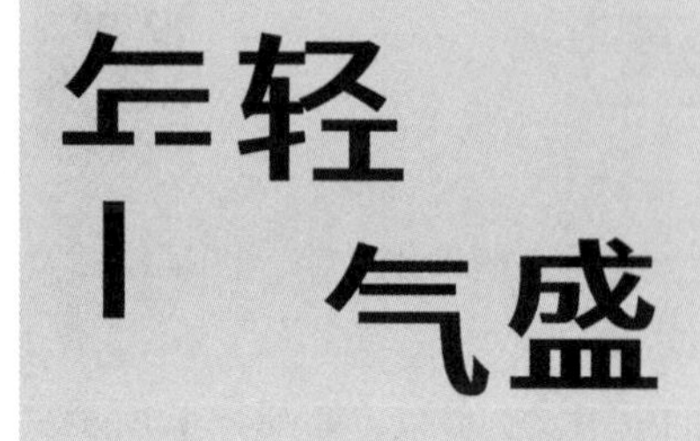

图4-54

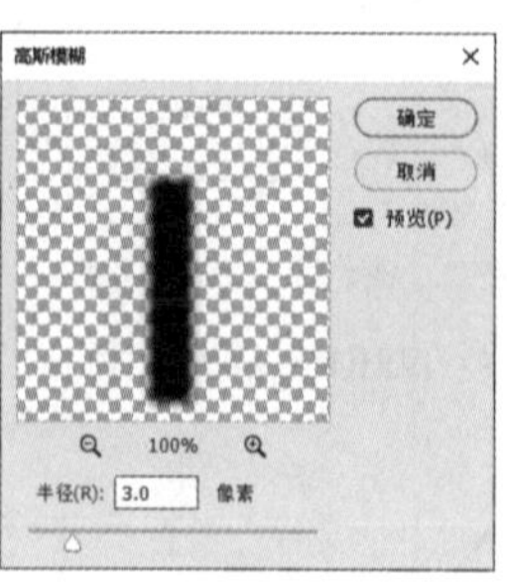

图4-55

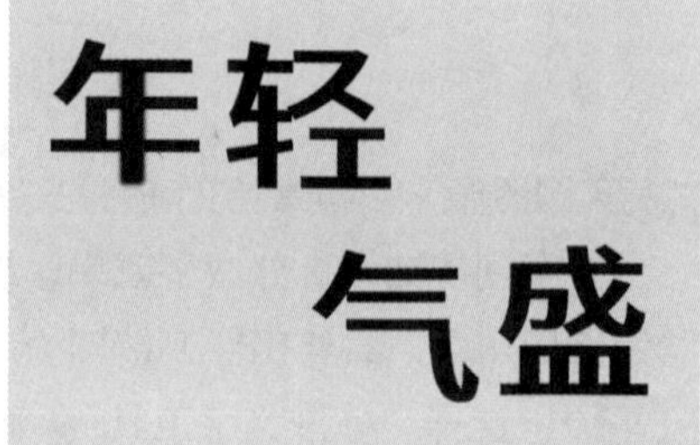

图4-56

Step 10 选择“矩形选框工具”，沿“年”字的“一”（笔画横）绘制选区，按Ctrl+T组合键进行自由变换，按住Shift键向右拖曳调整框，使其覆盖与笔画之间的空白间隙，形成笔画模糊效果，如图4-57所示。

Step 11 使用相同的方法为剩下的文字笔画制作模糊效果，如图4-58所示。

Step 12 调整文字“气”和“盛”的摆放位置，使用“裁剪工具”裁剪掉多余的背景。使用“横排文字工具”输入四组文字，并调整至合适位置，如图4-59所示。

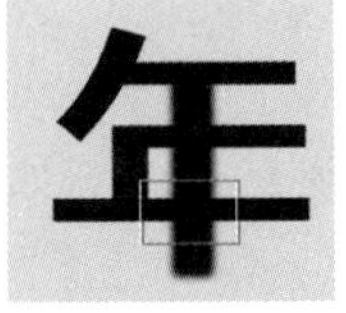

图4-57

图4-58

图4-59

4.4 实战演练：制作遮罩文字效果

实操4-4 / 制作遮罩文字效果

实例资源 ▶ \第4章\制作遮罩文字效果\遮罩文字.psd

本章实战演练将制作遮罩文字效果，涉及的知识点有文字的创建、转换为形状、合并形状、添加图层样式等。具体操作方法如下。

Step 01 选择“文字工具”，输入文字，在“字符”面板中设置参数，如图4-60所示。

Step 02 将文字居中放置，如图4-61所示。

Step 03 选择文字图层，如图4-62所示。单击鼠标右键，在弹出的快捷菜单中选择“转换为形状”选项，如图4-63所示。

Step 04 选择“直接选择工具”，选中“冬”字底部两个锚点，按住Shift键向下拖曳，如图4-64所示。

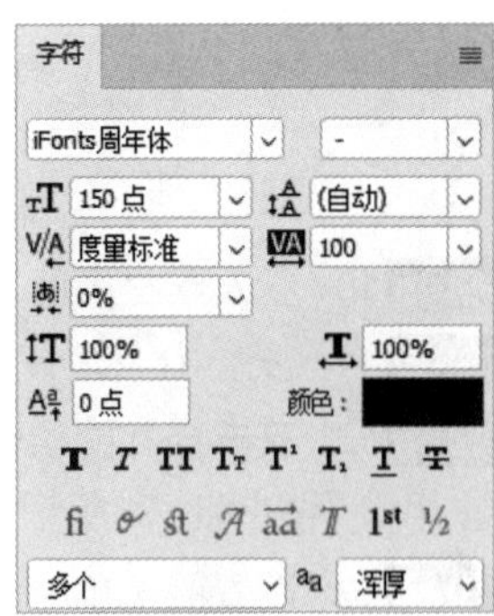

图4-60

图4-61

图4-62

图4-63

Step 05 使用相同的方法对“至”“年”进行操作，如图4-65所示。

Step 06 选择“矩形工具”，绘制矩形，并填充黑色，如图4-66所示。

Step 07 加选形状图层，单击鼠标右键，在弹出的快捷菜单中选择“合并形状”选项，如图4-67所示。

图4-64

图4-65

图4-66

Step 08 继续绘制矩形，并填充黑色，如图4-68所示。

Step 09 加选形状图层，单击鼠标右键，在弹出的快捷菜单中选择“合并形状”选项，如图4-69所示。

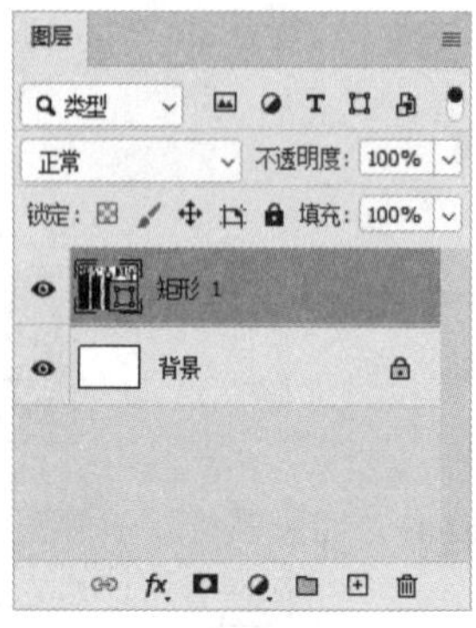

图4-67

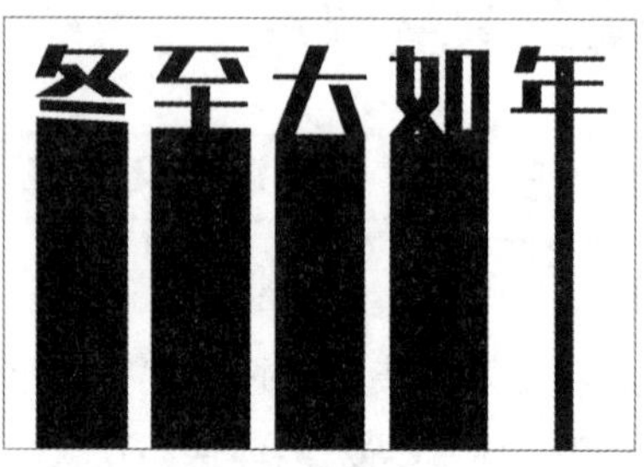

图4-68

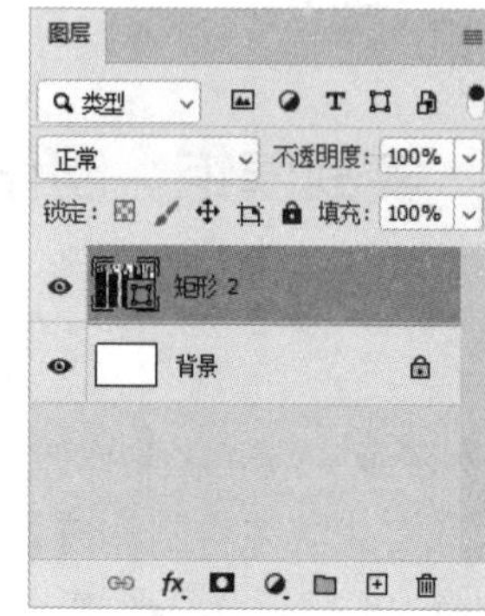

图4-69

Step 10 置入素材图像，如图4-70所示。通过AIGC工具也可以生成与文字相匹配的素材图像。

Step 11 按Shift+Ctrl+G组合键创建蒙版，调整显示范围，如图4-71所示。

Step 12 双击合并图层，在弹出的“图层样式”对话框中设置“内阴影”参数，如图4-72所示。应用效果如图4-73所示。

Step 13 设置前景色为黑色，创建图层蒙版，选择“渐变工具”，自下向上创建渐变，如图4-74所示。应用效果如图4-75所示。至此，完成遮罩文字效果的制作。

图4-70

图4-71

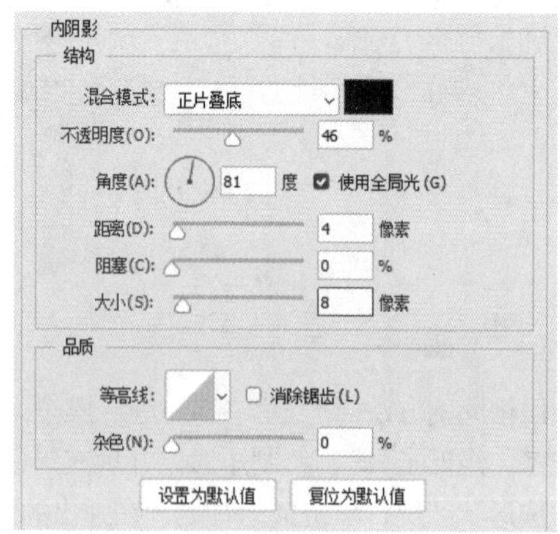

图4-72

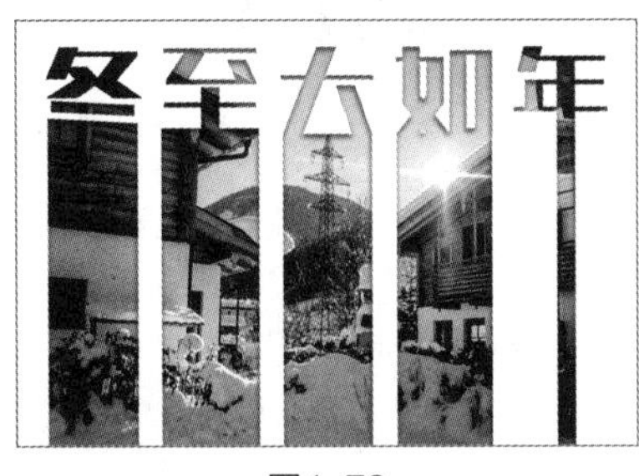

图4-73

图4-74

图4-75

4.5 拓展练习

实操4-5 / 制作镂空文字海报

实例资源 ▸ \第4章\制作镂空文字海报\镂空文字海报.psd

下面使用椭圆工具、文字工具、合并形状命令及图层样式制作镂空文字海报，效果如图4-76所示。

图4-76

技术要点：

- 文字的创建与转换；
- 合并文字形状的变换。

分步演示：

①填充背景后，使用“椭圆工具”绘制正圆，使用“横排文字工具”输入3组文字后合并形状；

②复制合并形状后加选圆形，执行“图层>合并形状>减去顶层形状”命令，更改形状颜色为黑色，设置底部文字形状颜色为橙色；

③使用“路径选择工具”调整文字路径的显示，选择顶部的合并形状添加投影效果；

④使用“文字工具”创建文字，使用“椭圆工具”绘制正圆并调整显示。

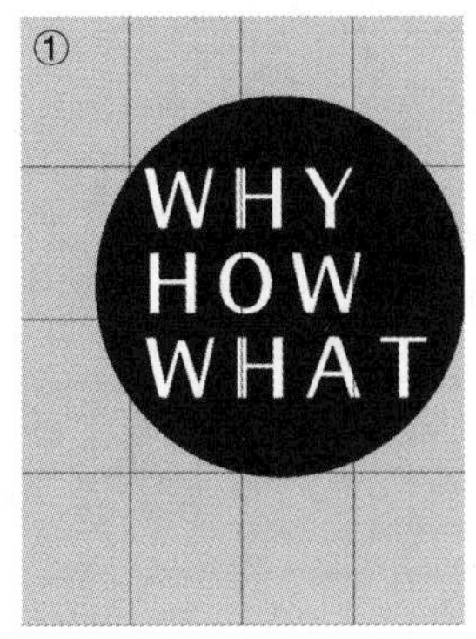

第 5 章

PS

抠图：精确无痕分离目标

内容导读

本章将对抠图的各种方法进行讲解，包括使用选区工具、形状工具、路径工具等创建选区，通过编辑选区进行抠图。了解并掌握这些基础知识，设计师可以快速准确地提取图像中的某些部分，以便将其与其他图像合成或者对其进行其他处理。

学习目标

- 掌握选区的创建与编辑
- 掌握图形的绘制方法
- 掌握路径的绘制
- 掌握路径的编辑

素养目标

- 培养设计师对细节的敏锐观察力和处理能力，可以根据不同的图像特点选择合适的抠图方法。
- 通过抠图，设计师可以将不同的图像元素加以组合和重构，创造出新颖、独特的视觉效果，从而培养创意思维和想象力。

案例展示

抠取并导出图像

抠取图像并创建笔刷效果

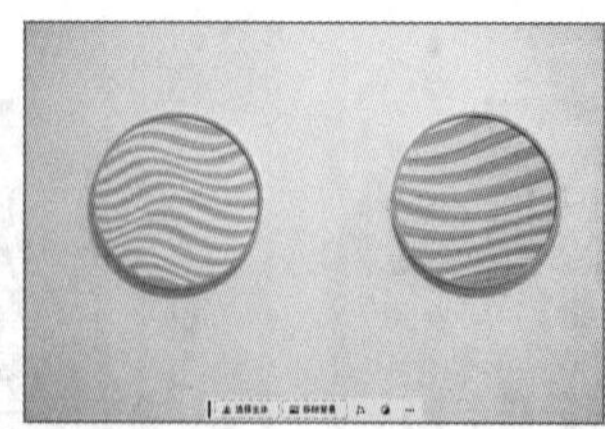
替换图像中的部分元素

5.1 绘制选区工具

Photoshop提供的多种绘制选区工具，可以分为三大组，即选框工具组、套索工具组和魔棒工具组，这些工具组中的工具可以帮助用户精确选择图像中的特定区域。

5.1.1 选框工具组

选框工具组包括矩形选框工具、椭圆选框工具、单行选框工具和单列选框工具，这些工具可以帮助用户快速、准确地创建各种规则形状的选区。选择任意一个选框工具，显示其选项栏，如图5-1所示。

图5-1

该选项栏中主要选项的功能如下。

- 选区选项：用于精确创建和调整选区。该按钮组从左至右分别是新选区、添加到选区、从选区中减去和与选区交叉。
- 羽化：可以让选区的边缘变得更加柔和，不会产生锯齿状的边缘。数值越大，选区边缘的羽化效果越明显。
- 样式：该下拉列表框中有“正常”“固定比例”“固定大小”3个选项，用于设置选区的形状。
- 选择并遮住：单击该按钮的效果与执行“选择 > 选择并遮住”命令的效果相同，在弹出的对话框中可以对选区进行平滑、羽化、对比度设置等处理。

知识链接

常用的选框工具选区选项功能如下。

- 新选区：默认选择，表示每次创建选区时都会取消之前的选区。
- 添加到选区：表示将当前创建的选区添加到之前已经存在的选区，形成一个更大的选区，可以按住Shift键并单击需要添加的选区实现。
- 从选区减去：表示从当前创建的选区减去之前已经存在的选区，形成一个更小的选区，可以按住Alt键并单击需要减去的选区实现。
- 与选区交叉：表示只保留当前创建的选区与之前已经存在的选区相交的部分，可以按住Shift+Alt组合键并单击选区相交的部分实现。

下面对常用的选框工具进行介绍。

1. 矩形选框工具

矩形选框工具可以在图像或图层中绘制出矩形或正方形选区。选择“矩形选框工具”，单击并拖曳鼠标，绘制出矩形选区，如图5-2所示。按住Shift键并拖曳鼠标可以绘制正方形选区，如图5-3所示。

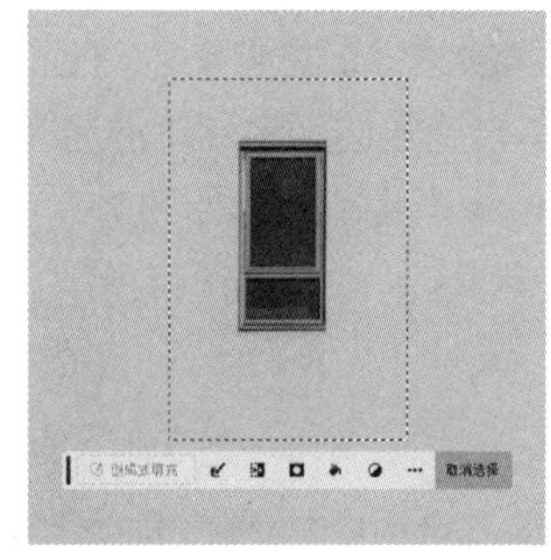

图5-2

图5-3

2. 椭圆选框工具

椭圆选框工具可以在图像或图层中绘制出圆形或椭圆形选区。选择“椭圆选框工具”，单击并拖曳鼠标，绘制出椭圆形选区，如图5-4所示。按住Shift+Alt组合键并拖曳鼠标，可以从中心等比例绘制正圆选区，如图5-5所示。

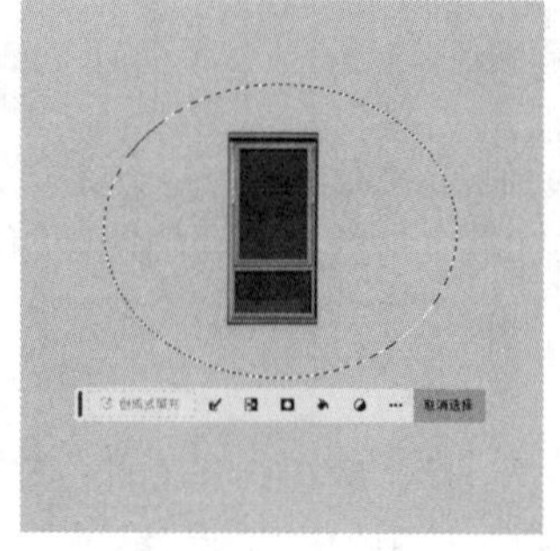

图5-4

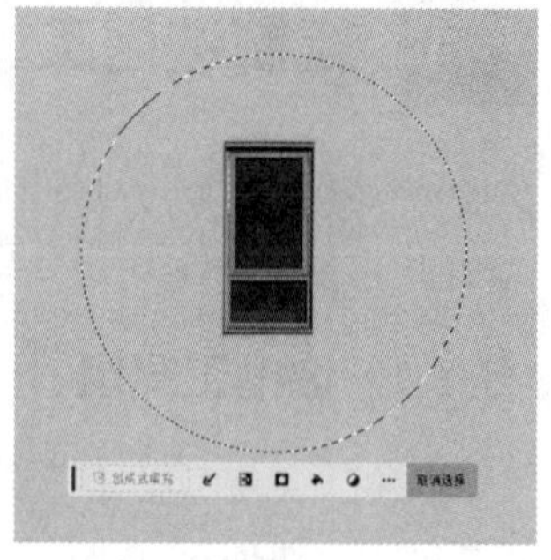

图5-5

5.1.2 套索工具组

套索工具组包括套索工具、多边形套索工具和磁性套索工具，这些工具可以帮助用户快速、准确地创建各种不规则形状的选区。

1. 套索工具

套索工具可以创建较为随意、不需要精确边缘的选区。选择“套索工具”，拖曳鼠标进行绘制，如图5-6所示。释放鼠标即可创建选区，如图5-7所示。创建选区后，按住Shift键单击需要增加的区域即可增加所选区域，按住Alt键单击需要去除的区域即可减去所选区域。

图5-6

2. 多边形套索工具

多边形套索工具可以创建具有直线边缘的不规则多边形选区。选择“多边形套索工具”，单击确定选区的起始点，沿要创建选区的轨迹依次单击，移动到起点时，鼠标指针变成形状，此时单击即可创建出需要的选区，如图5-8所示。若不回到起点，则在任意位置双击鼠标也会自动在起点和终点间生成一条连线作为多边形选区的最后一条边，如图5-9所示。

图5-7

图5-8

图5-9

3. 磁性套索工具

磁性套索工具是基于图像的边缘信息自动创建选区的。选择“磁性套索工具”，在图像窗口中需要创建选区的位置单击确定选区起点，沿选区的轨迹拖曳鼠标，系统将自动在鼠标移动的轨迹上选择对比度较大的边缘产生节点，如图5-10所示。当鼠标指针回到起点变为形状时单击，即可创建出精确的不规则选区，如图5-11所示。

知识链接

使用“磁性套索工具”时，可以在选项栏中设置“宽度”“边对比度”“频率”等参数来调整磁性套索工具的灵敏度和选区生成的精度。

图5-10

图5-11

5.1.3 魔棒工具组

魔棒工具组包括对象选择工具、魔棒工具和快速选择工具，其中对象选择工具是基于图像中的对象或形状的边缘和轮廓创建选区的。魔棒工具和快速选择工具是基于颜色相似性创建选区的。

1. 对象选择工具

对象选择工具是一种更加智能的选区创建工具。用户可以通过简单地框选主体对象来生成精确的选区，适用于选择具有清晰边缘和明显区分于背景的对象。选择“对象选择工具”，显示其选项栏，如图5-12所示。

图5-12

该选项栏中主要选项的功能如下。

- 对象查找程序：默认呈开启状态，将鼠标指针悬停在图像上并选择所需的对象或区域。按钮呈不断刷新状态。
- 模式：用于定义对象周围的区域。选择“矩形”模式，拖曳鼠标可定义对象或区域周围的矩形区域，如图5-13所示。选择“套索”模式，可在对象的边界或区域外绘制一个粗略的套索，如图5-14所示。释放鼠标即可选择主体，如图5-15所示。

图5-13

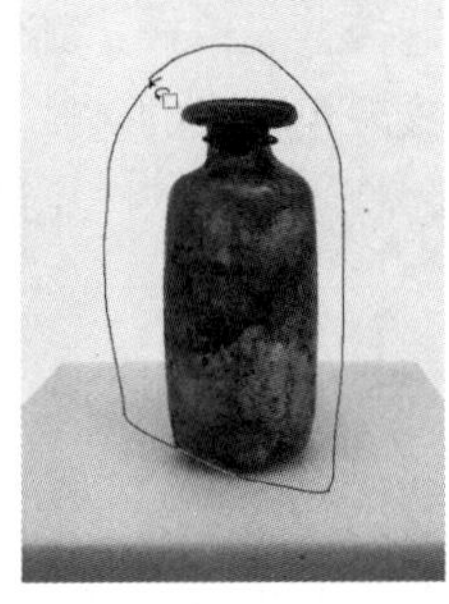
图5-14

图5-15

- 对所有图层取样：勾选该复选框，可根据所有图层，而并非仅仅是当前选定的图层来创建选区。
- 硬化边缘：勾选该复选框，可强制硬化选区的边缘。
- 选择主体：单击该按钮，可从图像中最突出的对象创建选区。可识别图像中的多个对象，包括人物、动物、车辆、玩具等。

知识链接

选择主体可使用多种方法执行。

- 使用魔棒工具组的工具时，单击选项栏中的“选择主体”按钮。
- 单击上下文任务栏中的“选择主体”按钮。
- 编辑图像时，执行“选择 > 主体”命令。
- 使用“选择并遮住”工作区中的对象选择工具或快速选择工具时，单击选项栏中的“选择主体”按钮。

2. 快速选择工具

快速选择工具可以利用可调整的圆形笔尖根据颜色差异迅速绘制出选区，适用于选择具有清晰边缘和明显区分于背景的对象。选择“快速选择工具”，在选项栏中设置画笔大小，按]键可增大快速选择工具画笔笔尖的大小；按[键可减小快速选择工具画笔笔尖的大小。拖曳创建选区时，其选取范围会随着鼠标指针的移动自动向外扩展并自动查找和跟随图像中定义的边缘，如图5-16所示。按住Shift键和Alt键可增减选区大小，如图5-17所示。

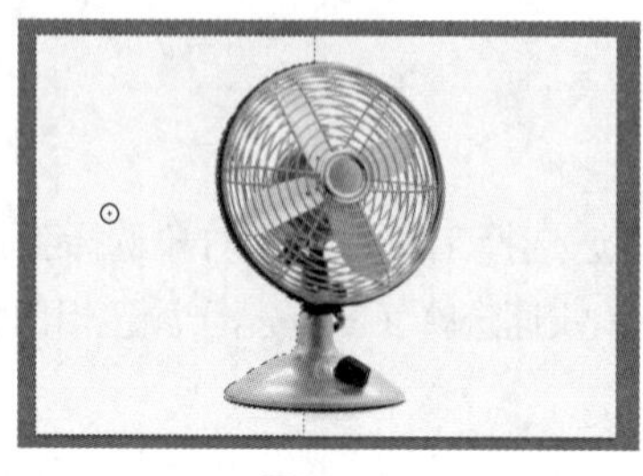

图5-16

图5-17

知识链接

选择“快速选择工具”时，在选项栏中可勾选“增强边缘”复选框，以降低选区边界的粗糙度和块效应。另外，也可以在“选择并遮住”工作区中使用“调整边缘画笔工具”优化选区边缘。

3. 魔棒工具

魔棒工具适用于选择背景单一、颜色对比明显的图像区域。它可以通过单击图像中的某个颜色区域来快速选择与该颜色相似的区域。选择“魔棒工具”，显示其选项栏，如图5-18所示。

图5-18

该选项栏中主要选项的功能如下。

- 容差：用于确定选取的颜色范围，范围为0～255。值越小，选取的颜色范围与鼠标单击位置的颜色越相近，选取范围也越小。值越大，选取的相邻颜色越多，选取范围也越广。
- 消除锯齿：勾选该复选框，将创建边缘较平滑的选区。
- 连续：勾选该复选框，将只选择相同颜色的邻近区域；否则，将选择整个图像中具有相同颜色的所有像素。

选择“魔棒工具”，当鼠标指针变为形状时单击即可快速创建选区，如图5-19所示。按住Shift键和Alt键可增减选区大小，如图5-20所示。

图5-19

图5-20

5.1.4 课堂实操：抠取并导出图像

实操5-1 / 抠取并导出图像

实例资源 ▶ \第5章\抠取并导出图像\仙人掌.png

本案例将创建选区，抠取并导出图像，涉及的知识点有图层的转换，魔棒工具、套索工具的使用及文件的导出。具体操作方法如下。

Step 01 将素材文件拖到Photoshop中，如图5-21所示。

Step 02 在“图层”面板中将背景图层转换为普通图层，如图5-22所示。

Step 03 选择“魔棒工具”，单击背景创建选区，如图5-23所示。

图5-21

图5-22

图5-23

Step 04 按Delete键删除选区，按Ctrl+D组合键取消选区，如图5-24所示。

Step 05 使用“魔棒工具”分别单击阴影部分创建选区，按Delete键删除选区，按Ctrl+D组合键取消选区，如图5-25所示。

图5-24

图5-25

Step 06 选择“套索工具”，沿最右侧图像边缘绘制选区，如图5-26所示。

Step 07 按Ctrl+X组合键剪切，按Ctrl+V组合键粘贴，将选区移动至最右侧，如图5-27所示。

Step 08 选择“套索工具”，沿最左侧图像边缘绘制选区，剪切粘贴后移动至最左侧，如图5-28所示。

图5-26

图5-27

图5-28

Step 09 按Ctrl+R组合键显示参考线，在每个对象中间位置创建参考线，如图5-29所示。

Step 10 选择“切片工具”，单击选项栏中的“基于参考线创建切片”按钮，如图5-30所示。

Step 11 执行“文件 > 导出 > 存储为Web所用格式”命令，导出为PNG格式图像，如图5-31所示。

图5-29

图5-30

图5-31

5.2 选区的基础操作

选区的基础操作涉及对图像中特定区域的选取、修改和调整，具体包括选区的全选与反选、扩展与收缩、平滑与羽化。

5.2.1 全选与反选选区

全选与反选可以快速选择整个图像或选择选区之外的区域。

1. 全选选区

全选选区是指选择整个图像的所有像素或所有图层的内容，通常用于对整个图像进行统一的编辑操作，如复制、粘贴、调整色彩等。全选选区可以使用以下两种方法。

- 执行“选择 > 全部”命令。
- 按Ctrl+A组合键。

执行全选命令后，整个图像都会被选中，表现为选区边界的闪烁线条（蚂蚁线）覆盖整个图像。

取消选区可以使用以下3种方法。

- 执行“选择 > 取消选择”命令。
- 按Ctrl+D组合键。
- 选择任意选区创建工具，在“新选区”模式下单击图像中的任意位置即可取消选区。

2. 反选选区

反选选区是指快速选择当前选区外的其他图像区域，而当前选区将不再被选择。创建选区后，可以使用以下3种方法反选选区。

- 执行“选择 > 反选”命令。
- 单击上下文任务栏中的▣按钮。
- 按Ctrl+Shift+I组合键。

执行反选命令后，原先选中的区域会被取消选择，原先未选中的区域则会被选中，如图5-32、图5-33所示。

图5-32

图5-33

5.2.2 扩展与收缩选区

扩展与收缩选区可以调整选区的大小和范围。

1. 扩展选区

扩展选区是指将现有选区的边界向外扩大一定的像素值。使用选区工具创建选区，如图5-34所示。单击上下文任务栏中的按钮，在弹出的菜单中选择“扩展选区”选项，或执行“选择 > 修改 > 扩展”命令，在弹出的“扩展选区”对话框中设置扩展量为20像素，应用效果如图5-35所示。

2. 收缩选区

收缩选区是指将现有选区的外边界收缩一定的像素值。创建选区后，单击上下文任务栏中的按钮，在弹出的菜单中选择“收缩选区”选项，在弹出的“收缩选区”对话框中设置收缩量为20像素，应用效果如图5-36所示。

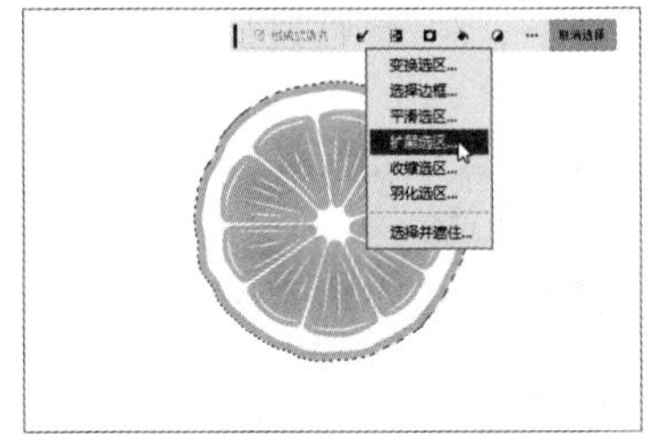

图5-34

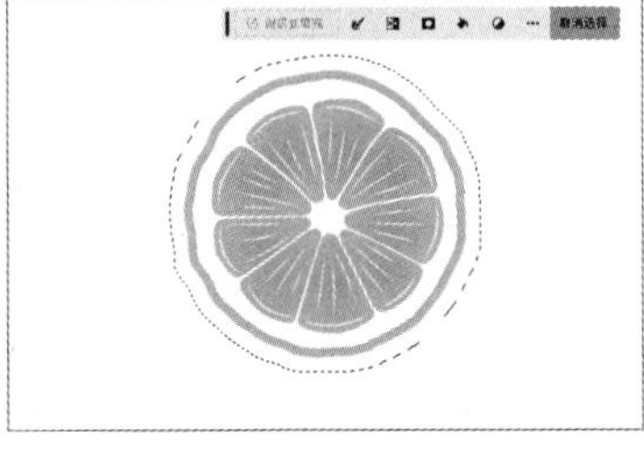

图5-35

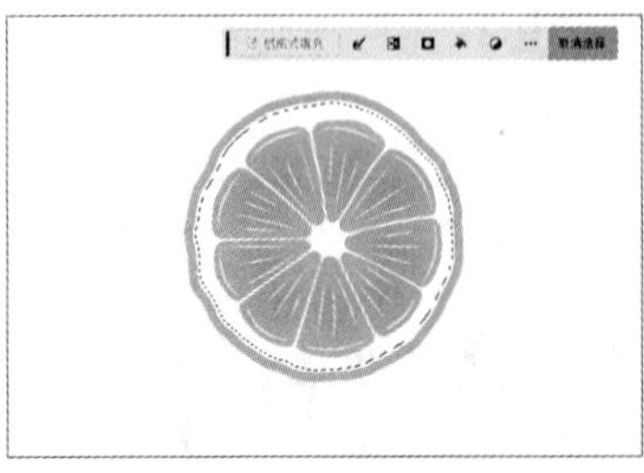

图5-36

提示

图5-36是基于图5-34创建的收缩效果。

5.2.3 平滑与羽化选区

平滑与羽化选区都可以使选区的边缘更加柔和、自然，但实现的效果和用途略有不同。

1. 平滑选区

平滑选区主要用于消除选区边缘的锯齿状外观，使边缘变得更加平滑和连续。使用选区工具创建选区，如图5-37所示。单击上下文任务栏中的按钮，在弹出的菜单中选择“平滑选区”选项，在弹出的“平滑选区”对话框中设置取样半径为50像素，应用效果如图5-38所示。

2. 羽化选区

羽化选区是指在选区边缘创建一个渐变效果，使选区与周围像素的融合更加自然。创建选区后，单击上下文任务栏中的按钮，在弹出的菜单中选择“羽化选区”选项，在弹出的“羽化选区”对话框中设置羽化半径为20像素，应用效果如图5-39所示。

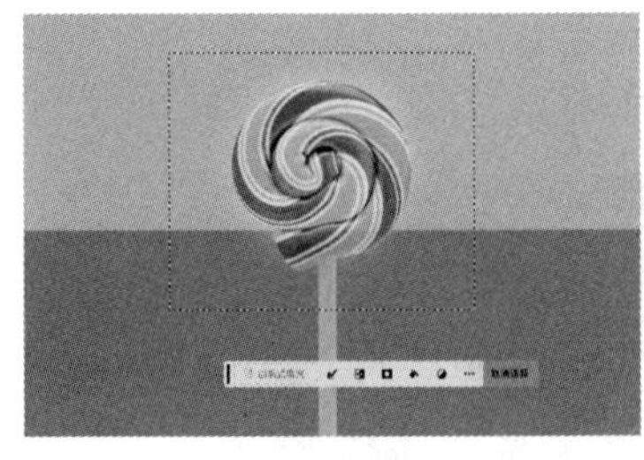

图5-37

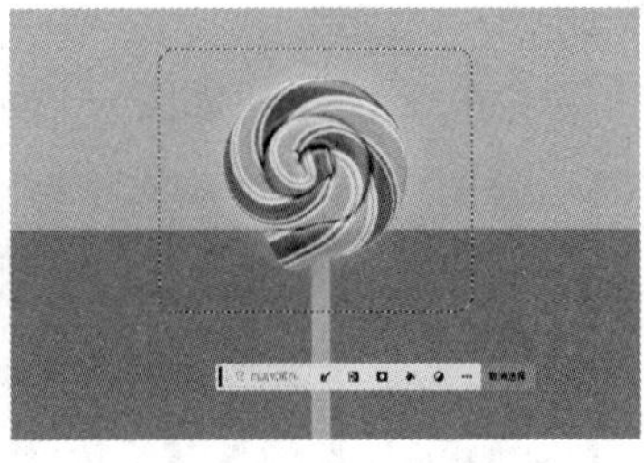

图5-38

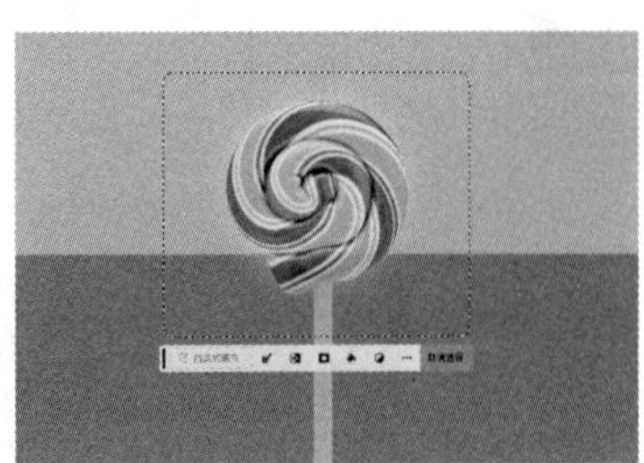

图5-39

5.2.4 课堂实操：更换图像背景

实操5-2 更换图像背景

实例资源 ▶ \第5章\更换图像背景\原图.jpg、背景素材.jpg

本案例将更换图像背景，涉及的知识点有快速选择工具的使用、选区的调整及图像的置入。具体操作方法如下。

Step 01 将素材文件拖到Photoshop中，如图5-40所示。

Step 02 在“图层”面板中单击图标，解锁背景图层，如图5-41所示。

Step 03 选择“快速选择工具”，拖曳鼠标创建选区，分别按住Shift、Alt键调整选区，如图5-42所示。

图5-40

图5-41

图5-42

Step 04 单击上下文任务栏中的按钮，在弹出的菜单中选择“扩展选区”选项，在“扩展选区”对话框中设置扩展量为2像素，如图5-43所示。

Step 05 单击“确定”按钮应用扩展效果，如图5-44所示。

Step 06 按Delete键删除选区，按Ctrl+D组合键取消选区，如图5-45所示。

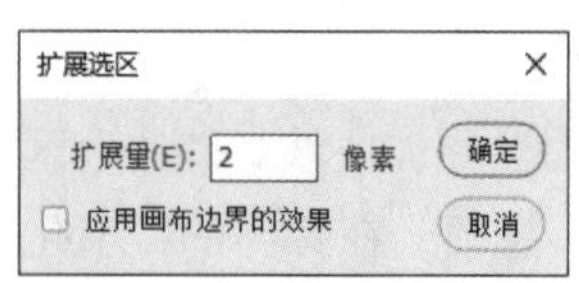

图5-43

图5-44

图5-45

Step 07 将背景素材置入文档中，如图5-46所示。

Step 08 在“图层”面板中调整图层顺序，最终效果如图5-47所示。

图5-46

图5-47

5.3 选区的高级操作

选区的高级操作可以对已创建的选区进行更复杂的编辑和处理，具体包括选区的填充、描边、变形、变换及“选择并遮住”。

5.3.1 选区的填充

选区的填充可以用特定的颜色或图案实现。创建选区后，可以使用以下几种方法填充选区。

- 执行“编辑 > 填充”命令。
- 单击鼠标右键，在弹出的快捷菜单中选择“填充”选项。
- 单击上下文任务栏中的按钮。
- 按Shift+F5组合键。
- 按Delet键（只针对背景图层）。

执行以上操作都可以弹出“填充”对话框，在该对话框中可以设置填充内容、模式、不透明度等参数，如图5-48所示。在“内容”下拉列表框中可以选择填充的内容，包括前景色、背景色、内容识别、黑色、白色等，如图5-49所示。

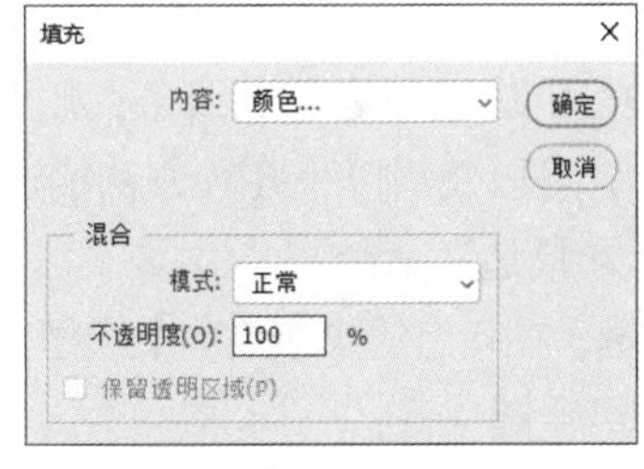

图5-48

图5-49

- 前/背景色：选择“前/背景色”选项，填充前/背景色。
- 颜色：选择“颜色”选项，可以在弹出的“拾色器”对话框中选择填充的颜色。
- 内容识别：选择“内容识别”选项，系统会自动使用附近的相似图像内容不留痕迹地填充选区。应用前后的效果分别如图5-50、图5-51所示。
- 图案：选择“图案”选项，可以在“自定图案”下拉列表框中选择一种图案填充，如图5-52、图5-53所示。
- 历史记录：将所选区域恢复为源状态或“历史记录”面板中设置的快照。
- 黑色/50%灰色/白色：填充黑色/50%灰色/白色。在操作过程中，选择“黑色”填充CMYK图像，系统会用100%黑色填充所有通道，这可能会导致油墨量比打印机所允许的要多。因此，建议根据图像需求和打印效果，手动调整CMYK值中的黑色比例。

图5-50

图5-51

图5-52

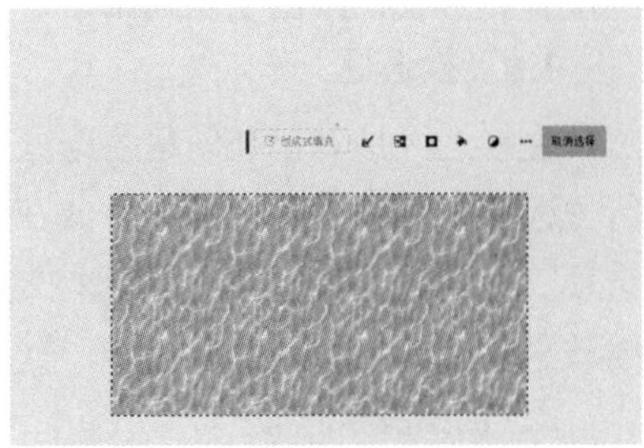

图5-53

知识链接

若要添加更多的图案，可执行“窗口>图案”命令，单击“图案”面板右上角的“菜单”按钮，在弹出的菜单中选择“旧版图案及其他”选项，添加系统自带的旧版图案。设置前后的效果分别如图5-54、图5-55所示。或者执行“编辑 > 定义图案”命令添加自定义图案。

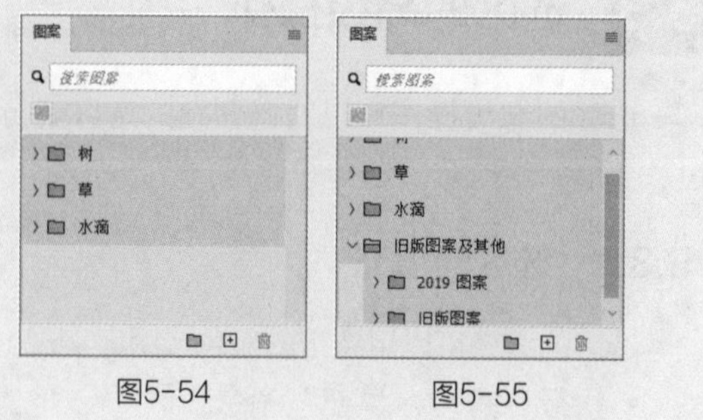

图5-54　　图5-55

5.3.2 选区的描边

选区的描边是指沿选区边缘绘制线条，用于强调选区的边界。创建选区后，可以使用以下几种方法描边选区。

- 执行“编辑 > 描边”命令。
- 单击鼠标右键，在弹出的快捷菜单中选择“描边”选项。
- 按Alt+E+S组合键。

执行以上操作都可以弹出“描边”对话框，在该对话框中可以设置线条的宽度、颜色、位置等参数，如图5-56所示。

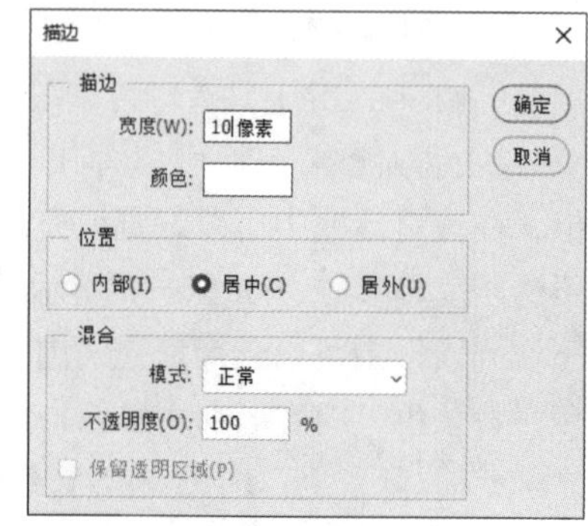

图5-56

使用选区工具创建选区，如图5-57所示。按Alt+E+S组合键，在“描边”对话框中设置参数，应用效果如图5-58所示。

图5-57

图5-58

5.3.3 选区的变换

选区的变换涉及“变换选区”和“自由变换”两种不同的操作。变换选区主要用于调整选区的位置和形状，自由变换则用于对整个图层或选区进行更加灵活和多样化的变换操作。

1. 变换选区

变换选区是对已经创建的选区进行变换，而不影响原始图像。使用选区工具创建选区后，执行“选择 > 变换选区”命令，或在选区中单击鼠标右键，在弹出的快捷菜单中选择“变换选区”选项，此时选区四周出现调整控制框，如图5-59所示。移动控制框上的控制点可以对选区进行缩放、旋转、斜切等变换操作，默认情况下是等比缩放，如图5-60所示。

2. 自由变换

自由变换是对整个图层或图层中的特定部分进行变换，而不仅仅是选区，这样会直接影响原始图像，如图5-61所示。自由变换允许对图层或选区进行更加灵活和多样化的变换，如缩放、旋转、斜切、扭曲、透视等。

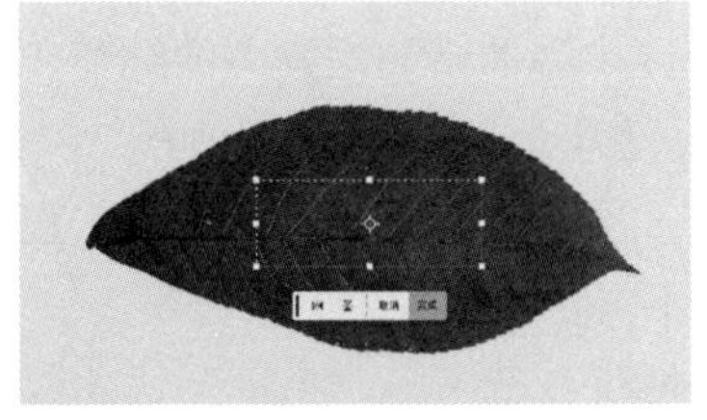

图5-59

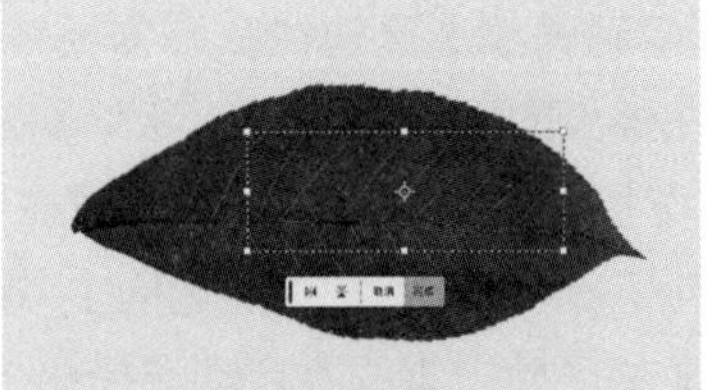

图5-60

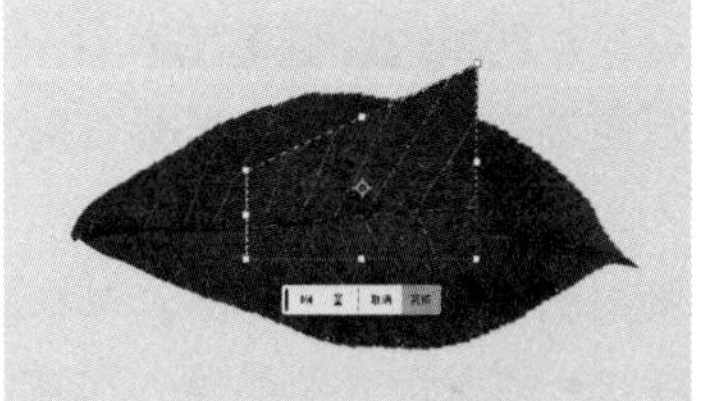

图5-61

5.3.4 选择并遮住

选择并遮住可以以精细的方式调整选区的边缘，使其更加平滑、自然，并与其他部分融合。打开一张素材，或者创建选区后，可以使用以下几种方法操作。

- 执行“选择 > 选择并遮住”命令。
- 选择任意创建选区的工具，在对应的选项栏中单击“选择并遮住”按钮。
- 若当前图层添加了图层蒙版，则选中图层蒙版缩略图，在“属性”面板中单击“选择并遮住”按钮。

执行以上操作均可弹出“选择并遮住”工作区，左侧为工具栏，中间为图像编辑操作区域，右侧为可调整的选项设置区域，如图5-62所示。

图5-62

该工作区中主要选项的功能如下。

1. 工具选项区

- 添加/减去选区 ⊕ ⊖：用于添加或删除调整区域。可根据需要调整画笔的大小。
- 选择主体：单击选择照片中的主体。
- 调整细线：单击该按钮，即可轻松查找和调整图像中的细线。与调整模式中的“对象识别”结合使用可以获得最佳效果。

2. 工具区

- 快速选择工具：可根据图像颜色和纹理快速选择相近区域。在该选项栏中可单击“选择主体”按钮快速识别主体。

- 调整边缘画笔工具：可精确调整选区边缘。若需要在选区中添加诸如毛发类的细节，则需要在视图中单击鼠标右键，在弹出的面板中将“硬度”参数设置得小一些或设置为0。
- 画笔工具：使用该工具可按照以下两种简便的模式微调选区：“添加选区”模式，直接绘制想要添加的选区；“减去选区”模式，从当前选区中减去不需要的选区。
- 对象选择工具：可在定义的区域内查找并自动选择一个对象。
- 套索工具：使用该工具可以手动绘制选区。
- 抓手工具：可在图像的部分间平移。
- 缩放工具：可放大或缩小图像的视图。

3. 选区属性调整

选区创建完毕，可以在右侧的“属性”面板中调整选区属性。

（1）视图模式设置

在“视图模式”选项组中可以为选区选择一种视图模式，如图5-63、图5-64所示。

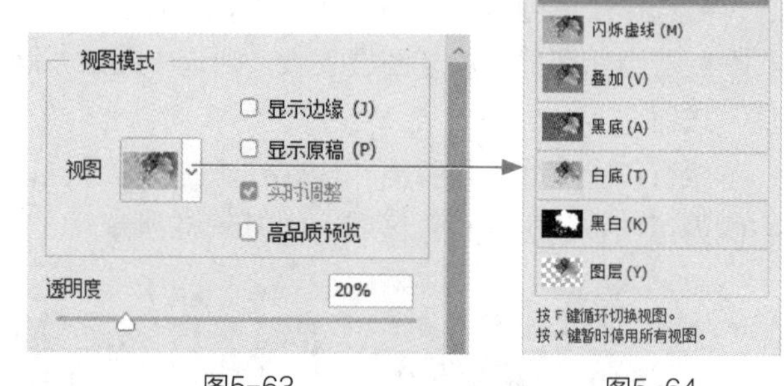

图5-63　图5-64

- 洋葱皮：用于将选区显示为动画样式的洋葱皮结构。
- 闪烁虚线：用于将选区边框显示为闪烁虚线。
- 叠加：用于将选区显示为透明颜色叠加。未选中区域显示为该颜色，默认颜色为红色。
- 黑底：用于将选区置于黑色背景上。
- 白底：用于将选区置于白色背景上。
- 黑白：用于将选区显示为黑白蒙版。
- 图层：用于将选区周围变成透明区域。
- 显示边缘：用于显示调整区域。
- 显示原稿：用于显示原始选区。
- 高品质预览：用于渲染更改的准确预览。
- 透明度/不透明度：用于为“视图模式”设置透明度/不透明度。
- 记住设置：勾选该复选框，可存储设置，用于以后的图像。设置会重新应用于以后的所有图像。

按F键可以在各个模式之间循环切换，按X键可以暂时禁用所有模式。

（2）调整模式设置

设置“边缘检测”“调整细线”“调整边缘画笔工具”所用的边缘调整方法。该选项中有两种模式，如图5-65所示。

- 颜色识别：为简单背景或对比背景选择此模式。
- 对象识别：为复杂背景上的毛发或毛皮选择此模式。

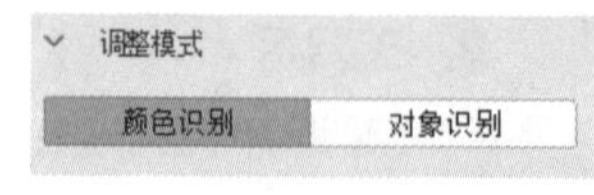

图5-65

（3）边缘检测设置

“边缘检测”选项组中有两个选项，可用于轻松地抠出细密的毛发，如图5-66所示。

图5-66

- 半径：用于确定边缘调整的选区边框的大小。对锐边使用较小的半径，对较柔和的边缘使用较大的半径。
- 智能半径：允许选区边缘出现宽度可变的调整区域。

（4）全局调整设置

“全局调整”选项组中有4个选项，主要用于全局调整，对选区进行平滑、羽化和扩展等处理，如图5-67所示。

- 平滑：用于减小选区边界中的不规则区域，以创建更加平滑的轮廓。
- 羽化：用于模糊选区与周围像素之间的过渡效果。
- 对比度：用于锐化选区边缘并去除模糊的不自然感。
- 移动边缘：用于收缩或扩展选区边界。扩展选区对柔化边缘选区进行微调很有用，收缩选区有助于从选区边缘移去不需要的背景色。

（5）输出设置

“输出设置”选项组中有3个选项，主要用于消除选区边缘杂色及设置选区的输出方式，如图5-68所示。

- 净化颜色：用于将彩色边替换为附近完全选中的像素的颜色。颜色替换的强度与选区边缘的软化度是成比例的。调整滑块以更改净化量，默认值为100%（最大强度）。
- 输出到：用于设置输出选项，在弹出的菜单中可以选择选区、图层蒙版、新建图层等多种选项。

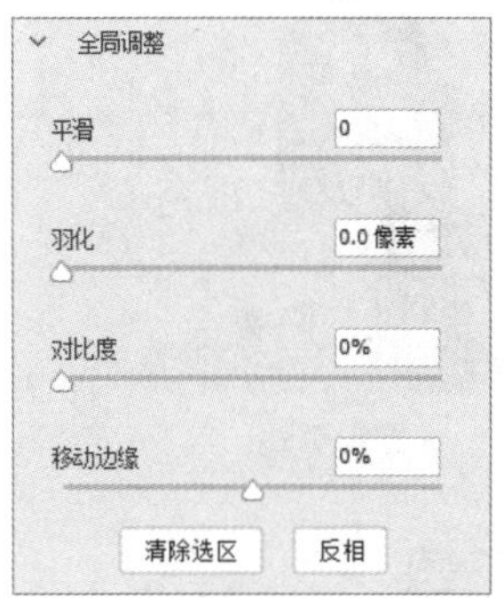

图5-67

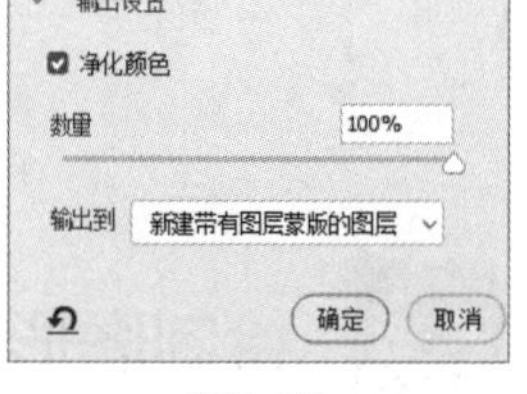

图5-68

5.3.5 课堂实操：去除人物背景

实操5-3 / 去除人物背景

实例资源 ▸ \第5章\去除人物背景\长发美女.jpg

本案例将使用选择并遮住去除人物背景，涉及的知识点有选择并遮住、选择主体、海绵工具的使用、图层的创建及填充。具体操作方法如下。

Step 01 将素材文件拖到Photoshop中，在选项栏中单击“选择并遮住”按钮，如图5-69所示。

Step 02 在“选择并遮住”工作区中单击“选择主体”按钮，如图5-70所示。

Step 03 选择“边缘画笔工具”，沿人物发丝边缘拖拽鼠标涂抹，如图5-71所示。

图5-69

图5-70

图5-71

Step 04 在“输出设置”选项中设置参数，如图5-72所示。应用效果如图5-73所示。

Step 05 新建透明图层，填充白色后调整图层顺序，如图5-74所示。

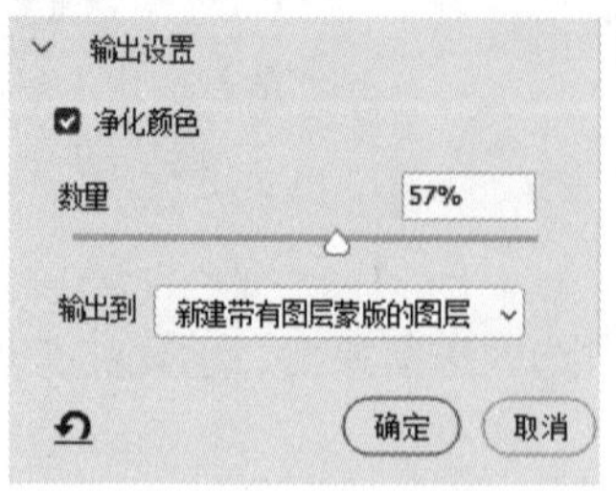

图5-72

图5-73

图5-74

Step 06 选择“海绵工具”，在选项栏中设置为“去色”模式，在头发边缘涂抹以淡化粉色，隐藏白色“图层1”，效果如图5-75所示。

Step 07 保存图像后，利用AIGC工具（如即梦AI）可以替换背景，如图5-76所示。

图5-75

图5-76

5.4 绘制图形工具

Photoshop提供的多种绘制图形的工具可以分为两大组，即画笔工具组和形状工具组，这些工具组中的工具可以帮助用户绘制出各种形状和图案。

5.4.1 画笔工具组

画笔工具组包括画笔工具、铅笔工具、颜色替换工具和混合器画笔工具。

1. 画笔工具

画笔工具是最常用的绘图工具之一，类似于传统的毛笔，可以绘制各种柔和或硬朗的线条，也可以画出预先定义好的图案（笔刷）。选择“画笔工具”后，显示其选项栏，如图5-77所示。

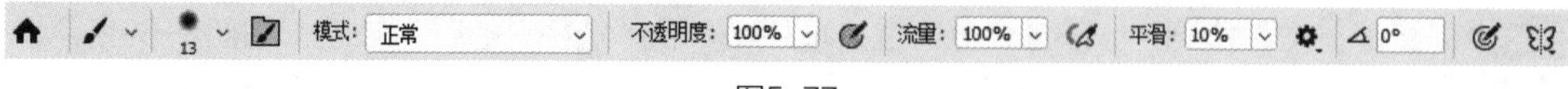

图5-77

该选项栏中主要选项的功能如下。

- 工具预设：可实现新建工具预设和载入工具预设等操作。
- “画笔预设”选取器：单击按钮，弹出“画笔预设”选取器，在其中可选择画笔笔尖，设置画笔大小和硬度，如图5-78所示。
- 切换“画笔设置”面板：单击此按钮，弹出“画笔设置”面板，如图5-79所示。
- 模式选项：用于设置画笔的绘画模式，即绘画时的颜色与当前颜色的混合模式。
- 不透明度：用于设置在使用画笔绘图时所绘颜色的不透明度。数值越小，绘出的颜色越浅，反之则越深。

• 流量：用于设置使用画笔绘图时所绘颜色的深浅。若设置的流量较小，则绘制效果如同降低透明度一样，但经过反复涂抹，颜色会逐渐饱和。

• 启用喷枪样式的建立效果：单击该按钮，可启动喷枪功能，将渐变色调应用于图像，同时模拟传统的喷枪技术。Photoshop会根据单击程度确定画笔线条的填充数量。

• 平滑：用于控制绘画时得到图像的平滑度。数值越大，平滑度越高。单击按钮，可启用一个或多个模式，如拉绳模式、描边补齐、补齐描边末端和调整缩放。

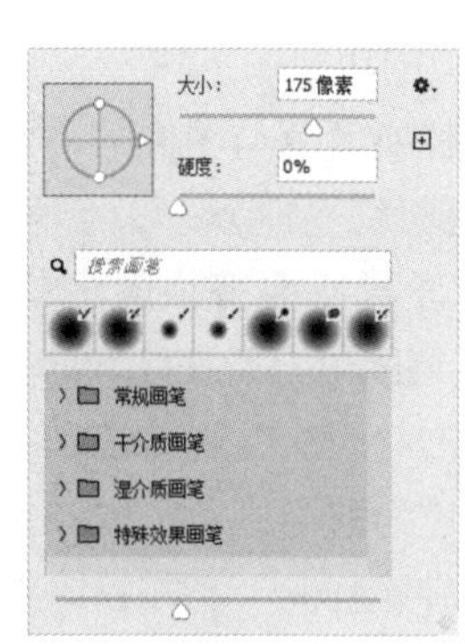

图5-78

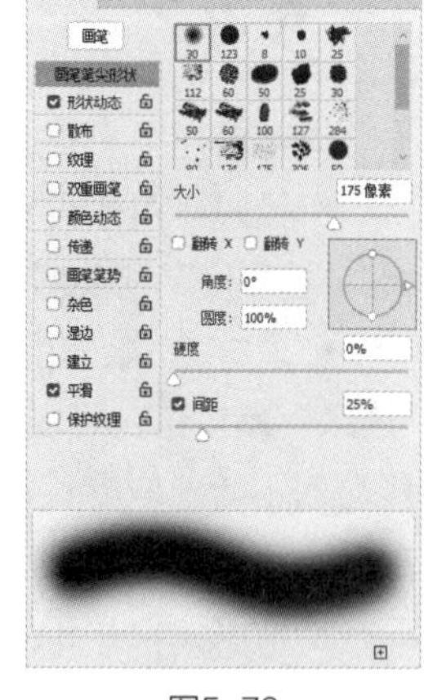

图5-79

• 设置画笔角度：可在文本框中设置画笔角度。

• 绘板压力按钮：使用数位板绘图时，通过调整笔压的轻重可调整线条的粗细、不透明度等。

• 设置绘画的对称选项：单击鼠标右键，在弹出的快捷菜单中可选择绘画时的对称选项，如垂直、水平、对角线、波纹、圆形螺旋线、曼陀罗等。

知识链接

按住Shift键拖曳鼠标，可以绘制出直线（水平、垂直或45° 方向）效果（适用于所有画笔工具组的工具）。

2. 铅笔工具

铅笔工具用于模拟铅笔绘画的风格和效果，可以绘制出边缘硬朗、无发散效果的线条或图案。选择“铅笔工具”，显示其选项栏，除了“自动抹掉”选项外，其他选项均与“画笔工具”相同。勾选“自动抹除”复选框，在图像上拖曳鼠标时，线条默认为前景色，如图5-80所示。若鼠标指针的中心在前景色上，则该区域将被绘制成背景色，如图5-81所示。同理，若开始拖曳鼠标时鼠标指针的中心在不包含前景色的区域，则该区域将被绘制成前景色。

图5-80

图5-81

知识链接

“自动抹除”选项只适用于原始图像，在新建的图层上涂抹不起作用。

3. 颜色替换工具

使用颜色替换工具可以将选定的颜色替换为前景色，并保留图像原有材质的纹理与明暗，赋予图像更多变化。选择“颜色替换工具”后，显示其选项栏，如图5-82所示。

图5-82

该选项栏中主要选项的功能如下。

图5-83

• 模式：用于设置替换颜色与图像的混合方式，包括“色相”“饱和度”“亮度”“颜色”4种。

• 取样方式：用于设置所要替换颜色的取样方式。单击“连续”按钮，可以从笔刷中心所在区域取样，随着取样点的移动而不断地取样；单击“一次”按钮，以第一次单击鼠标左键时笔刷中心点的颜色为取样颜色，取样颜色不随鼠标指针的移动而改变；单击“背景色板”按钮，将背景色设置为取样颜色，只替换与背景颜色相同或相近的颜色区域，如图5-83所示。

• 限制：用于指定替换颜色的方式。选择“不连续”选项，可替换容差范围内所有与取样颜色相似的像素；选择“连续”选项，可替换与取样点相接或邻近的颜色相似区域；选择“查找边缘”选项，可替换与取样点相连的颜色相似区域，从而较好地保留替换位置颜色反差较大的边缘轮廓。

• 容差：用于控制替换颜色区域的大小。数值越小，替换的颜色就越接近色样颜色，所替换的范围也就越小，反之替换的范围越大。

• 消除锯齿：勾选此复选框，在替换颜色时，将得到较平滑的图像边缘。

4．混合器画笔工具

使用混合器画笔工具可以将前景色和图像（画布）上的颜色混合，模拟出真实的绘画效果。选择“混合器画笔工具”后，显示其选项栏，如图5-84所示。

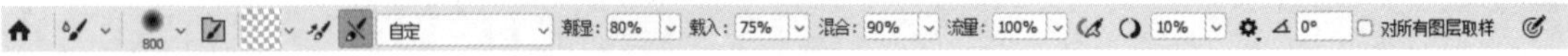

图5-84

该选项栏中主要选项的功能如下。

• 当前画笔载入：单击色块可调整画笔颜色，单击右侧的下拉按钮可以选择“载入画笔”“清理画笔”“只载入纯色”。“每次描边后载入画笔”和“每次描边后清理画笔”两个按钮用于控制每一笔涂抹结束后是否更新和清理画笔。

• 潮湿：用于控制画笔从画布拾取的油彩量。较高的设置会产生较长的绘画条痕。

• 载入：用于指定储槽中载入的油彩量。载入速率较低时，绘画描边干燥的速度会更快。

• 混合：用于控制画布油彩量与储槽油彩量的比例。比例为100%时，所有油彩将从画布中拾取；比例为0%时，所有油彩都来自储槽。

• 流量：用于控制混合画笔流量大小。

• 描边平滑度 10%：用于控制画笔抖动。

• 对所有图层取样：勾选此复选框，将拾取所有可见图层中的画布颜色。

5.4.2 形状工具组

形状工具组包括矩形工具、椭圆工具、三角形工具、多边形工具、直线工具和自定形状工具，可以帮助用户轻松创建和编辑各种几何形状，如矩形、椭圆、多边形等。

1．矩形工具

矩形工具可以绘制矩形、圆角矩形和正方形。选择“矩形工具”后，显示其选项栏，如图5-85所示。

图5-85

该选项栏中主要选项的功能如下。

- 模式：用于设置形状工具的模式，包括形状、路径和像素。
- 填充：用于设置填充形状的颜色。
- 描边：用于设置形状描边的颜色、宽度和类型。
- 宽与高：用于手动设置形状的宽度和高度。
- 路径操作 ：用于设置形状彼此交互的方式。
- 路径对齐方式 ：用于设置形状组件的对齐与分布方式。
- 路径排列方式 ：用于设置所创建形状的堆叠顺序。
- 其他形状和路径选项 ：单击 图标可访问其他形状和路径选项。通过设置这些选项，可在绘制形状时设置路径在屏幕上显示的宽度、颜色等属性及约束选项。

选择“矩形工具”，直接拖曳鼠标可绘制任意大小的矩形，拖曳内部的控制点可调整圆角半径。若要绘制精准矩形，可以在画布上单击，在弹出的“创建矩形”对话框中设置宽度、高度和半径等参数，如图5-86所示。创建的圆角矩形如图5-87所示。

图5-86

图5-87

选择任意形状工具，单击后按住Alt键可以以鼠标单击处为中心绘制矩形；按住Shift+Alt组合键可以以鼠标单击处为中心绘制正方形。

2. 椭圆工具

椭圆工具可以绘制椭圆形和正圆。选择“椭圆工具” ，直接拖曳鼠标可绘制任意大小的椭圆形，按住Shift键的同时拖曳鼠标可绘制正圆，如图5-88所示。在画布中单击，在弹出的“创建椭圆”对话框中可设置宽度、高度，如图5-89所示。

3. 三角形工具

三角形工具可以绘制三角形。选择“三角形工具” ，直接拖曳鼠标可绘制三角形，按住Shift键的同时拖动鼠标可绘制等边三角形，拖曳内部的控制点可调整圆角半径，如图5-90所示。在画布中单击，在弹出的“创建三角形”对话框中可设置宽度、高度、等边和圆角半径等参数，如图5-91所示。

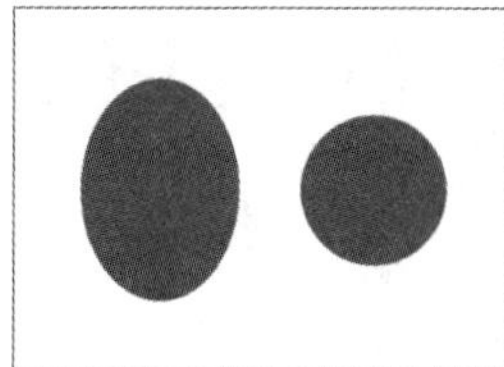

图5-88

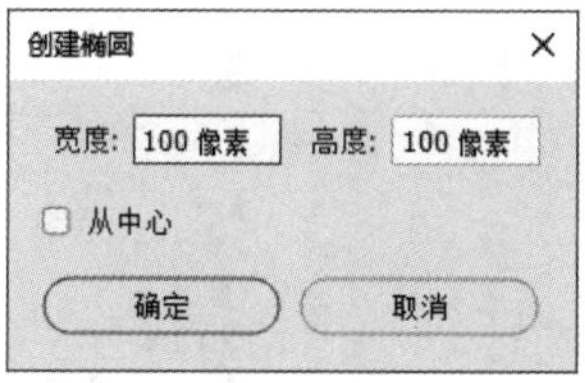

图5-89

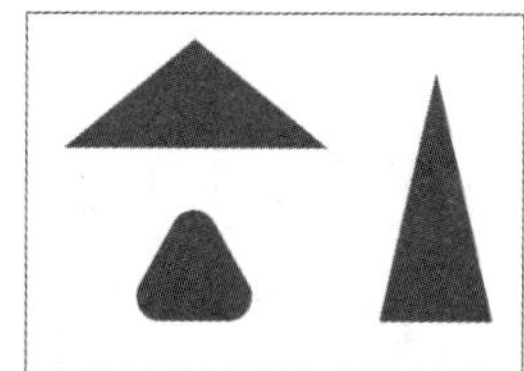

图5-90

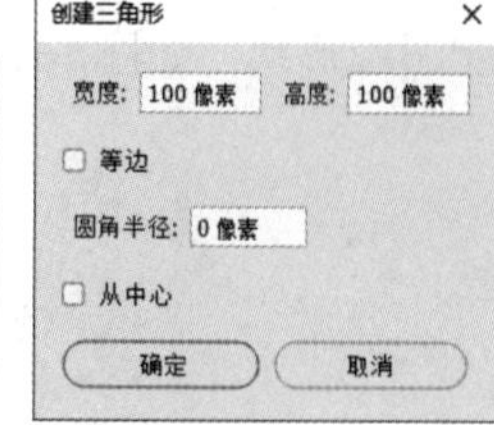

图5-91

4. 多边形工具

多边形工具可以绘制正多边形（最少为3边）和星形。选择“多边形工具” ，在选项栏中设置边数，拖曳鼠标即可绘制。在画布中单击，在弹出的“创建多边形”对话框中可设置宽度、高度、边数、圆角半径和星形比例等参数，如图5-92所示。图5-93所示为勾选和未勾选“平滑星形缩进”复选框的对比效果。

5. 直线工具

直线工具可以绘制直线和带有箭头的路径。选择“直线工具”，在选项栏中单击“描边选项”，在“描边选项”面板中可以设置描边的类型，如图5-94所示。单击“更多选项”按钮，在弹出的“描边”对话框中可设置参数，如图5-95所示。

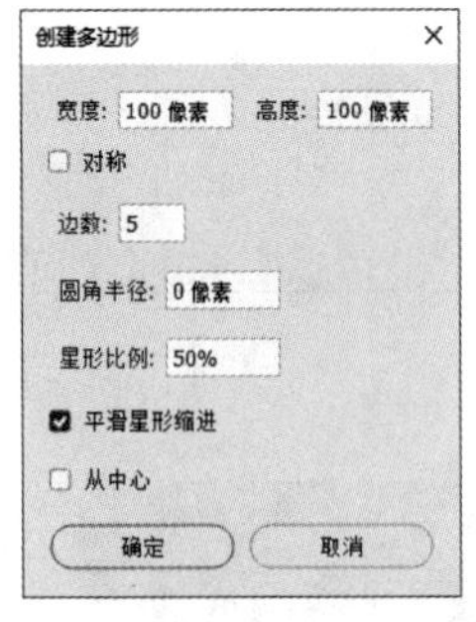

图5-92

图5-93

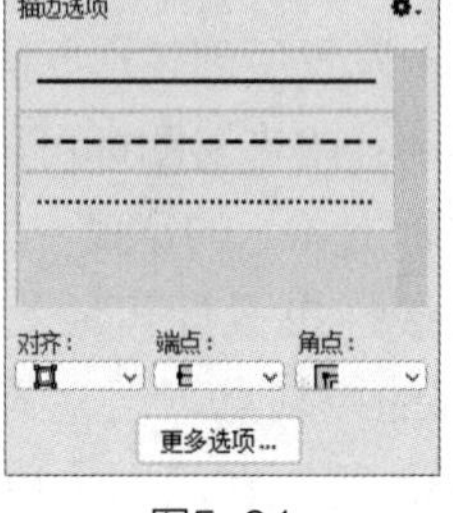

图5-94

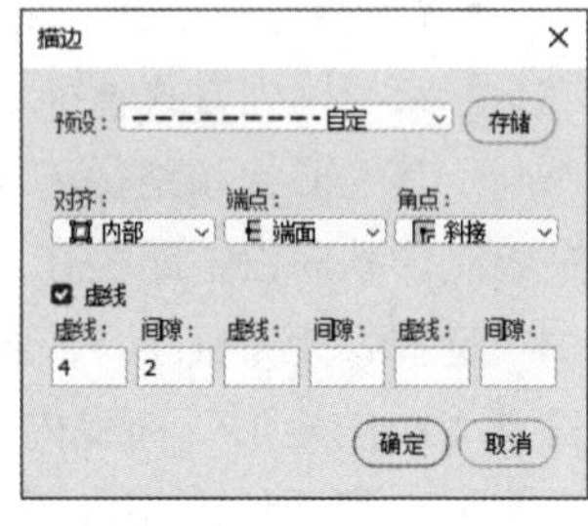

图5-95

- 预设：从实线、虚线、点线中选择，或者单击更多选项以创建自定义直线预设。
- 对齐：选择居中或外部。如果选择内部对齐方式，则不会显示描边粗细。
- 端点：用于选择端点形状，包括端面、圆形和方形。线段端点的形状决定线段起点和终点的形状。
- 虚线：用于设置构成虚线这一重复图案的虚线数和间隙数值，来自定义虚线的外观。

要创建箭头，只需向直线添加箭头即可。创建直线并设置描边颜色和宽度后，单击直线工具选项栏中的图标，在弹出的面板中可以在直线的起点、终点处添加箭头，如图5-96所示。图5-97所示为使用类型的直线和箭头效果。

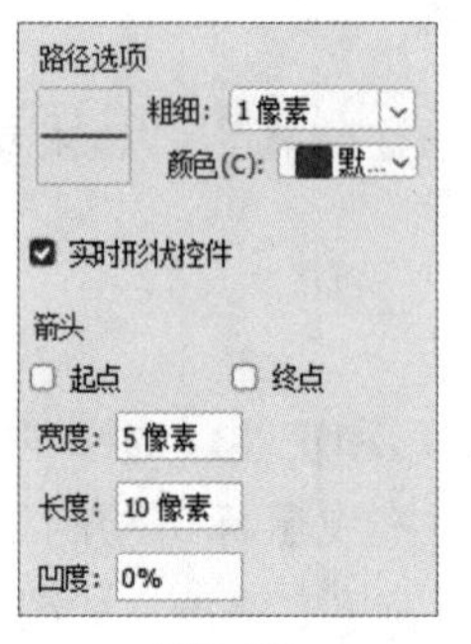

图5-96

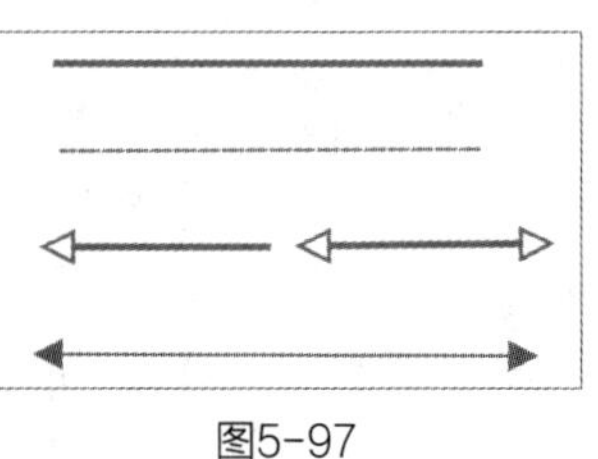

图5-97

6. 自定形状工具

自定形状工具可以绘制系统自带的不同形状。选择“自定形状工具”，单击选项栏中的图标可选择预设自定形状，如图5-98所示。执行“窗口 > 形状”命令，弹出“形状”面板，如图5-99所示。单击“菜单”按钮，在弹出的菜单中选择“旧版形状及其他”选项，即可添加旧版形状，如图5-100所示。

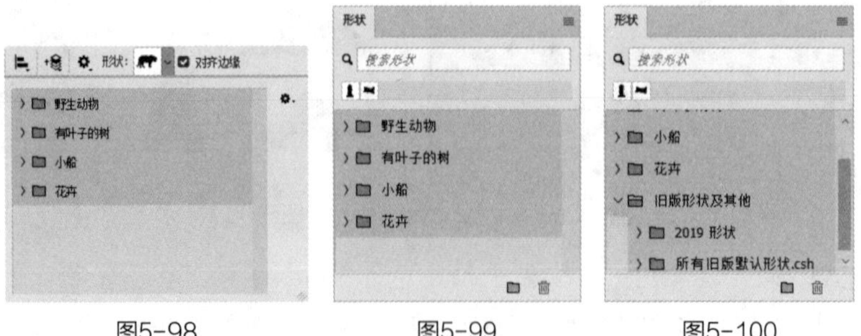

图5-98　　图5-99　　图5-100

5.4.3 课堂实操：抠取图像并创建笔刷效果

实操5-4 / 抠取图像并创建笔刷效果

实例资源 ▶ \第5章\抠取图像并创建笔刷效果\荷花.jpg

本案例将抠取图像并创建笔刷效果，涉及的知识点有色彩范围、画笔工具、定义画笔图案等。具体操作方法如下。

Step 01 将素材文件拖到Photoshop中，如图5-101所示。

Step 02 解锁背景图层为常规图层，如图5-102所示。

Step 03 执行“选择 > 色彩范围”命令，在弹出的“色彩范围”对话框中设置容差为60%，如图5-103所示。使用“吸管工具”单击图像背景。

Step 04 按Enter键应用色彩范围效果，如图5-104所示。

图5-101

图5-102

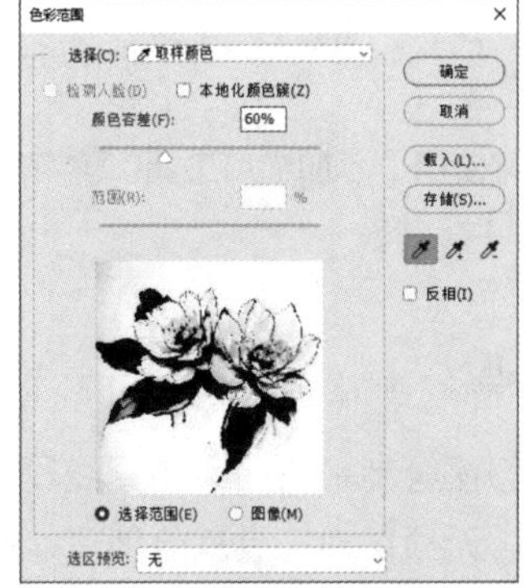

图5-103

图5-104

Step 05 按Delete键删除选区，按Ctrl+D组合键取消选区，如图5-105所示。

Step 06 执行“编辑 > 定义画笔预设”命令，在弹出的“画笔名称”对话框中设置名称，如图5-106所示。

Step 07 使用“画笔工具”设置不同颜色、不同大小，绘制的荷花效果如图5-107所示。

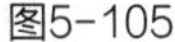

图5-105

图5-106

图5-107

5.5 绘制路径工具

路径由一条或多条直线线段或曲线线段组成。在Photoshop中，绘制路径的常用工具是钢笔工具和弯度钢笔工具。

5.5.1 钢笔工具

钢笔工具可以绘制任意形状的直线或曲线路径。选择“钢笔工具”，在选项栏中设置为“路径”模式，在图像中单击确定路径起点，此时图像中会出现一个锚点，根据物体形态移动鼠标改变点的方向，按住Alt键将锚点变为单方向锚点，贴合图像边缘直到鼠标指针与创建的路径起点相连接，路径自动闭合，如图5-108、图5-109所示。

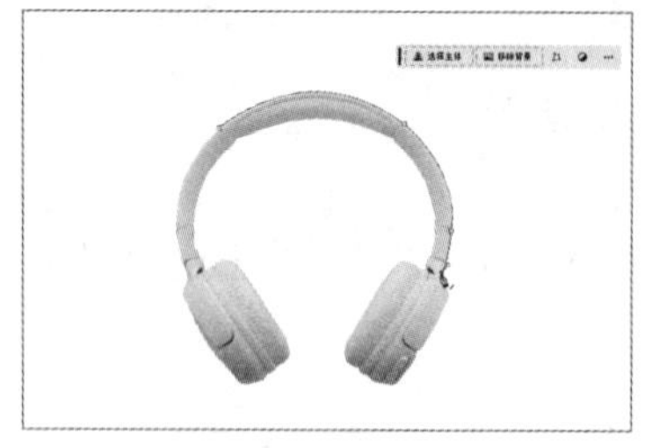

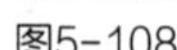

图5-108

图5-109

知识链接

如需改变路径的形状，可使用“添加锚点工具”和“删除锚点工具”进行调整；如需将尖角变得平滑，可使用“转换点工具”。

5.5.2 弯度钢笔工具

弯度钢笔工具可以轻松绘制平滑曲线和直线段。使用该工具，可以创建自定义形状，或定义精确的路径。在使用时，无须切换工具就能创建、切换、编辑、添加和删除平滑点或角点。

选择“弯度钢笔工笔”，在任意位置单击创建第一个锚点，再创建第二个锚点后将绘制一条直线段，如图5-110所示。绘制第三个锚点，这3个锚点会形成一条连接的曲线，将鼠标指针移到锚点上，当鼠标指针变为形状时，可随意移动锚点位置，如图5-111所示。

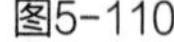

图5-110

图5-111

5.5.3 课堂实操：抠取白色杯子

实操5-5 / 抠取白色杯子

实例资源 ▸ \第5章\抠取白色杯子\杯子.jpg

本案例将使用钢笔工具抠取白色杯子，涉及的知识点有钢笔工具的使用、选区的创建、图层的复制与隐藏等。具体操作方法如下。

Step 01 将素材文件拖到Photoshop中，如图5-112所示。

Step 02 选择“钢笔工具”，绘制闭合路径，如图5-113所示。

Step 03 按Ctrl+Enter组合键创建选区，如图5-114所示。

图5-112

图5-113

图5-114

Step 04 按Ctrl+J组合键复制选区，在“图层”面板中隐藏背景图层，如图5-115所示。

Step 05 继续绘制路径并生成选区，如图5-116所示。

Step 06 按Delete键删除选区，如图5-117所示。

图5-115

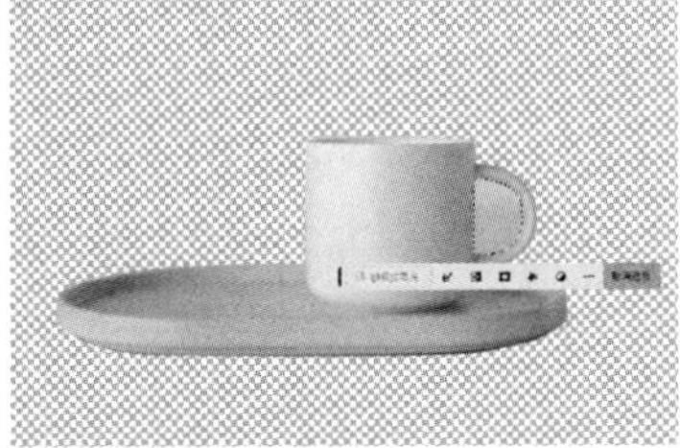

图5-116

图5-117

5.6 路径的基础编辑

通过对路径的编辑，用户可以更加精确地控制图形的形状和外观，从而创建出丰富多样、独具特色的图形元素。

5.6.1 “路径”面板

“路径”面板中列出了每条存储的路径、当前工作路径和当前矢量蒙版的名称和缩览图。执行“窗口 > 路径”命令，弹出“路径”面板，如图5-118所示。

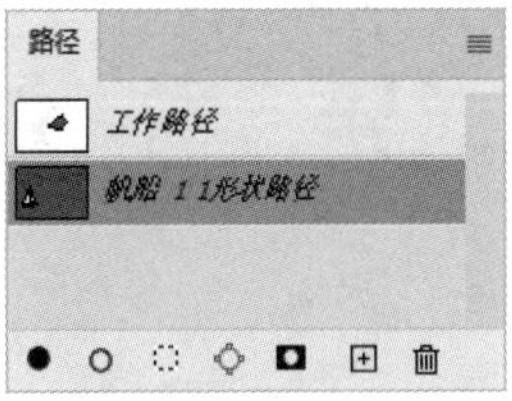

图5-118

该面板中主要选项的功能如下。

- 路径缩览图和路径名：用于显示路径的大致形状和路径名称，双击名称后可重命名该路径。
- 用前景色填充路径 ●：单击该按钮可使用前景色填充当前路径。
- 用画笔描边路径 ○：单击该按钮可用画笔工具和前景色为当前路径描边。
- 将路径作为选区载入 ⬚：单击该按钮可将当前路径转换为选区，此时还可对选区进行其他编辑操作。
- 从选区生成工作路径 ◇：单击该按钮可将选区转换为工作路径。
- 添加图层蒙版 ◘：单击该按钮可为路径添加图层蒙版。
- 创建新路径 ⊞：单击该按钮可创建新的路径图层。
- 删除当前路径 🗑：单击该按钮可删除当前路径图层。

5.6.2 路径的新建、复制与删除

在“路径”面板中单击“创建新路径”按钮可创建新的路径图层，如图5-119所示。使用“钢笔工具”绘制路径，新创建的路径将显示在“路径”面板中，如图5-120所示。

在路径图层上单击鼠标右键，在弹出的快捷菜单中可选择复制、删除路径等命令，也可以直接将选中的路径图层拖曳至“创建新路径”按钮上复制路径，如图5-121所示。若拖曳至“删除当前路径”按钮上，则可删除当前路径图层。

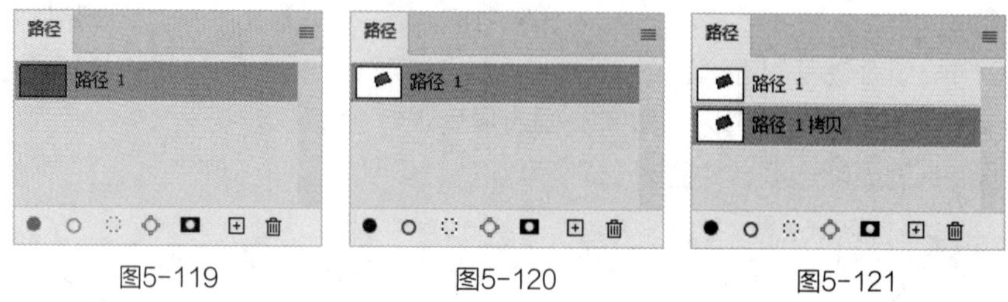

图5-119　图5-120　图5-121

5.6.3 路径的选择

路径的选择主要涉及对路径的识别和定位，以便进行后续的编辑或操作。常用的路径选择工具有路径选择工具与直接选择工具。

1. 路径选择工具

路径选择工具用于选择和移动整个路径。选择“路径选择工具”，单击要选择的路径，拖曳鼠标即可改变所选择路径的位置，如图5-122所示。按住Shift键可以水平、垂直或以45°移动路径，如图5-123所示。

按Ctrl+T组合键，可以对路径进行缩放、旋转和倾斜等变换。按住Ctrl键拖曳右上角控制点，则可更改变换的轴心点，使其向一侧倾斜，如图5-124所示。

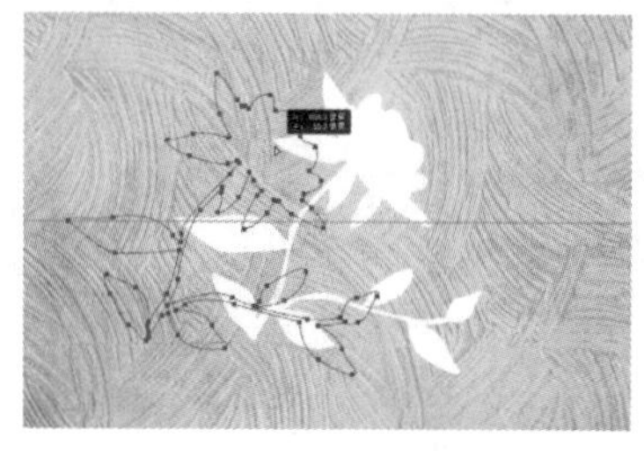

图5-122

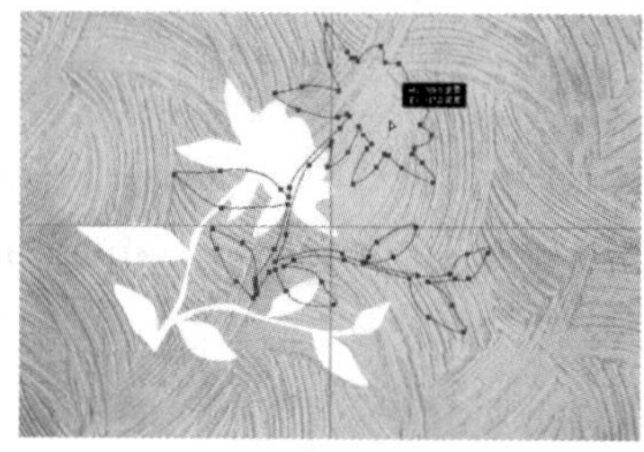

图5-123

图5-124

单击上下文任务栏中的“完成”按钮会弹出提示框，单击“是”按钮或Enter键可应用变换效果，如图5-125所示。

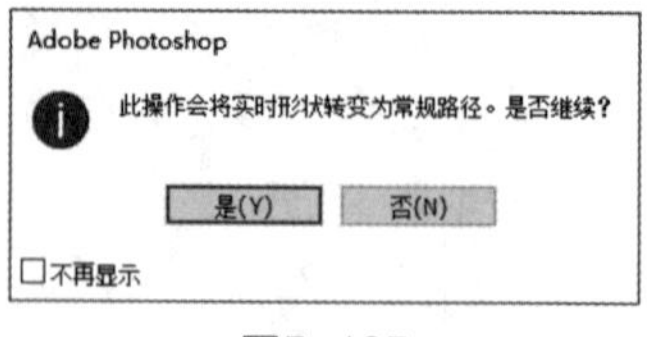

图5-125

2. 直接选择工具

直接选择工具可以直接选择和编辑路径上的锚点和方向线，从而精确地调整形状。选择“直接选择工具”，在路径上任意单击，被选中的锚点显示为实心方形，出现锚点和控制柄，未被选中的锚点显示为空心方形。要选择多个锚点，可单击并拖曳鼠标创建选择框，或按住Shift键加选，如图5-126所示。拖曳鼠标可调整路径的形状，如图5-127所示。

图5-126

图5-127

5.6.4 路径与选区的转换

路径是由一系列直线段和曲线段组成的矢量图形，而选区则是由像素组成的区域。将路径转换为选区通常是为了对图像中的特定区域进行编辑或处理，如应用滤镜、调整色彩或进行其他像素级别的编辑。选中路径后，可以使用以下几种方法将路径转换为选区。

- 按Ctrl+Enter组合键快速将路径转换为选区。
- 单击鼠标右键，在弹出的快捷菜单中选择“建立选区”选项，在弹出的“建立选区”对话框中设置参数，如图5-128所示。效果如图5-129所示。
- 在“路径”面板中单击“菜单”按钮，在弹出的菜单中选择“建立选区”选项，在弹出的“建立选区”对话框中设置羽化半径。

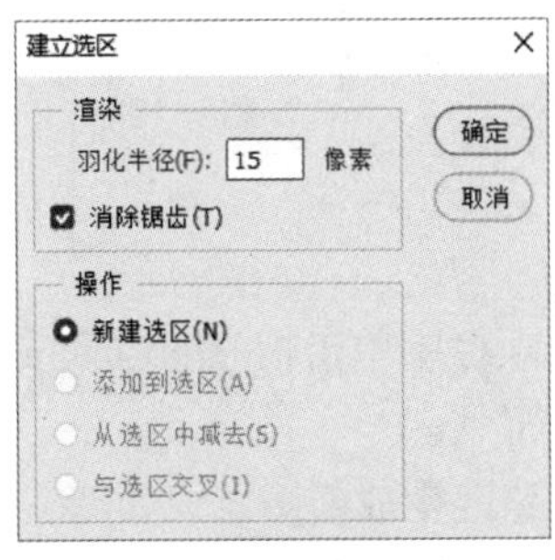

图5-128

图5-129

- 在“路径”面板中按住Ctrl键，单击路径缩览图，如图5-130所示。
- 在“路径”面板中单击“将路径作为选区载入” 按钮，如图5-131所示。

将选区转换为路径通常是为了获得更精确的矢量形状，以便进行后续的编辑和处理。选中选区后，在“路径”面板中单击“从选区生成工作路径” 按钮，如图5-132所示。转换为路径后，可以在“路径”面板中进行编辑和调整，也可以使用路径编辑工具修改路径的形状和属性。

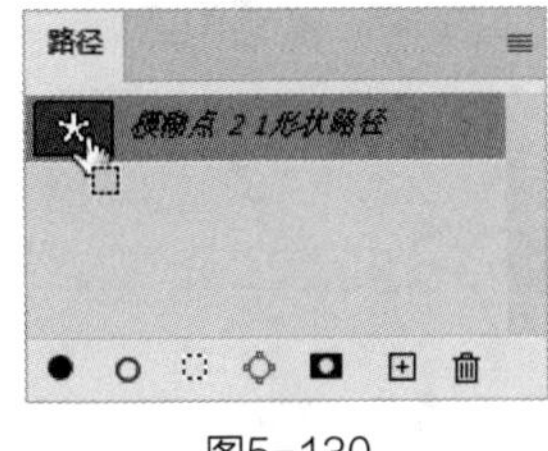

图5-130

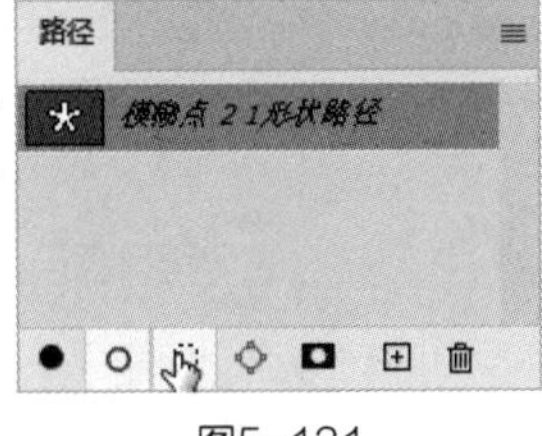

图5-131

图5-132

5.6.5 路径的填充与描边

填充路径是在路径内部填充颜色或图案。创建路径后，可以使用以下几种方法填充路径。

- 单击鼠标右键，在弹出的快捷菜单中选择“填充路径”选项，在弹出的“填充路径”对话框中设置参数，如图5-133所示。
- 在“路径”面板中按住Alt键单击“用前景色填充路径” ● 按钮，在弹出的“描边路径”对话框中设置参数。直接单击“用前景色填充路径” ● 按钮，可为当前路径填充前景色。

描边路径是沿已有的路径为路径边缘添加画笔线条效果，画笔的笔触和颜色可以自定义。创建路径后，可以使用以下几种方法描边路径。

- 单击鼠标右键，在弹出的快捷菜单中选择“描边路径”选项，弹出图5-134所示的“描边路径”对话框，在其中可选择铅笔、画笔、历史记录、海绵等工具，如图5-135所示。
- 在“路径”面板中直接单击“用画笔描边路径”按钮，使用画笔为当前路径描边。或者按住Alt键的同时单击“用画笔描边路径”按钮，在弹出的“描边路径”对话框中进行设置。

图5-133

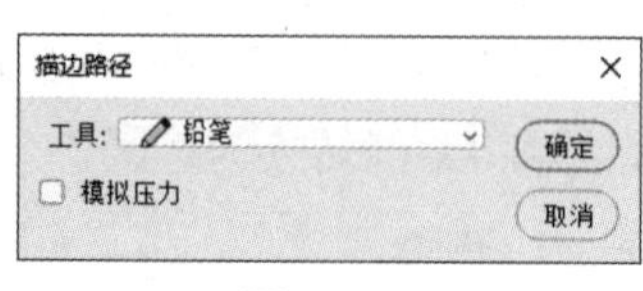

图5-134

图5-135

5.6.6 路径的运算

要创建多个路径或形状时，可在选项栏中单击相应的运算按钮进行修改，如合并形状、减去顶层形状、与形状区域相交和排除重叠形状。

- 新建图层：默认操作，用于新建路径生成新图层，如图5-136、图5-137所示。
- 合并形状：用于将新区域添加到重叠路径区域。绘制路径形状后，单击该按钮继续绘制，如图5-138所示。
- 减去顶层形状：用于将新区域从重叠路径区域移去，如图5-139所示。

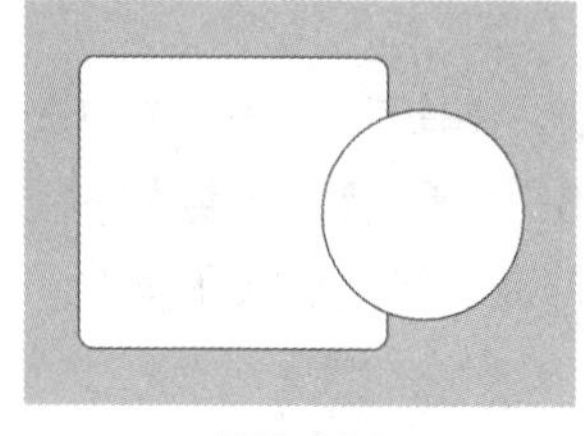
图5-136

图5-137

图5-138

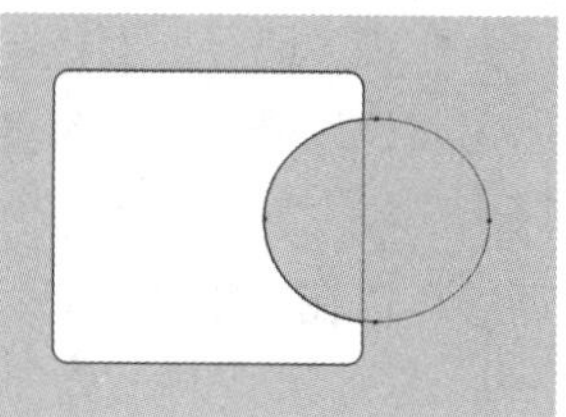
图5-139

- 与形状区域相交：用于将路径限制为新区域和现有区域的交叉区域，如图5-140所示。
- 排除重叠形状：用于从合并路径中排除重叠区域，如图5-141所示。

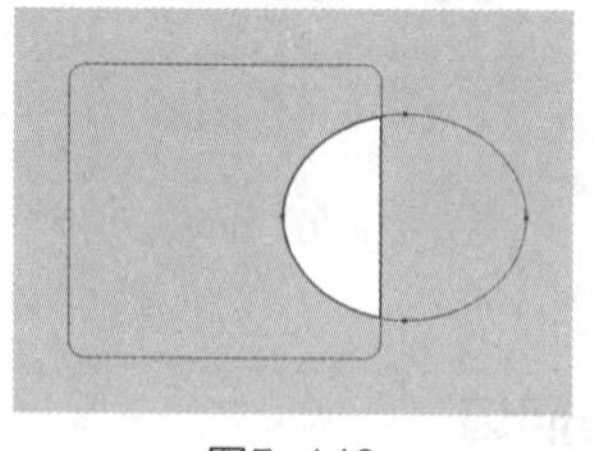
图5-140

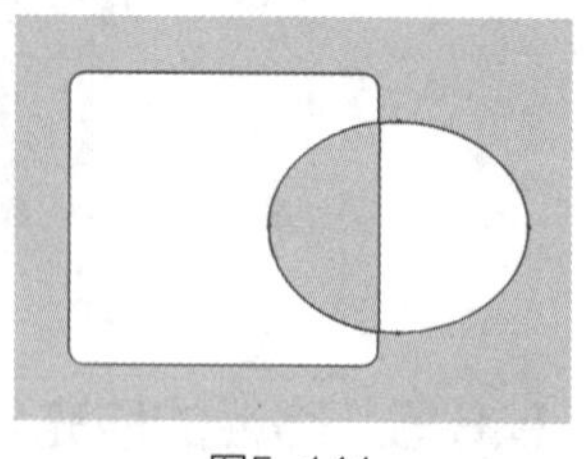
图5-141

5.6.7 课堂实操：替换图像中的部分元素

实操5-6 / 替换图像中的部分元素

本案例将通过创建选区替换图像中的部分元素，涉及的知识点有弯度钢笔工具、载入选区、反向选区、图层样式等。具体操作方法如下。

Step 01 将素材文件拖到Photoshop中，如图5-142所示。

Step 02 解锁背景图层为常规图层，如图5-143所示。

Step 03 选择“弯度钢笔工具”，绘制选区，如图5-144所示。

图5-142

图5-143

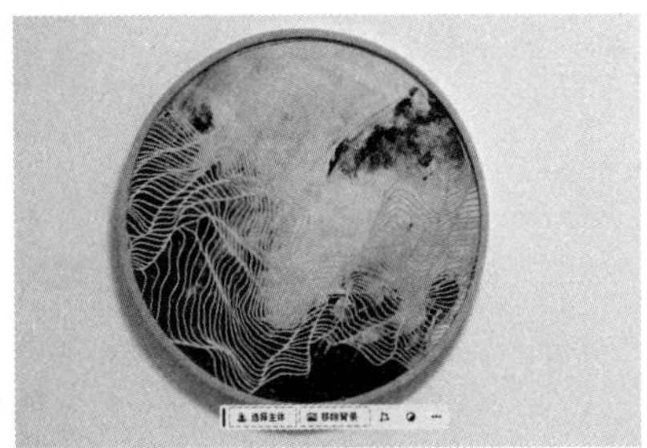

图5-144

Step 04 在“路径”面板中单击“将路径作为选区载入”按钮载入选区，如图5-145所示。效果如图5-146所示。

Step 05 按Delete键删除选区，按Ctrl+D组合键取消选区，如图5-147所示。

图5-145

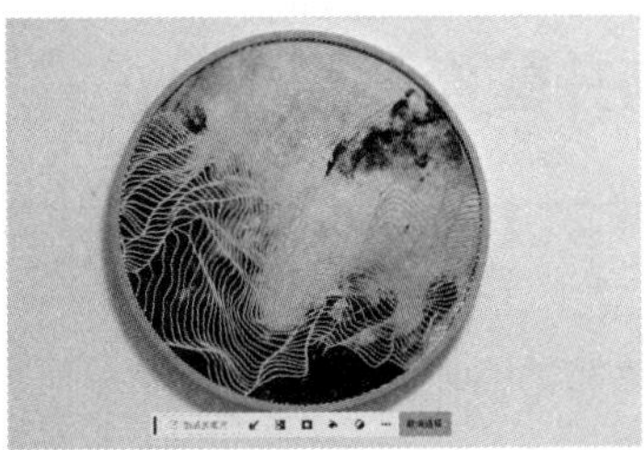

图5-146

图5-147

Step 06 使用相同的方法为另一个圆形绘制路径、创建选区、删除选区及取消选区，如图5-148所示。

Step 07 置入素材，并调整显示，如图5-149所示。

Step 08 按Ctrl+Shift+[组合键置为底层，如图5-150所示。

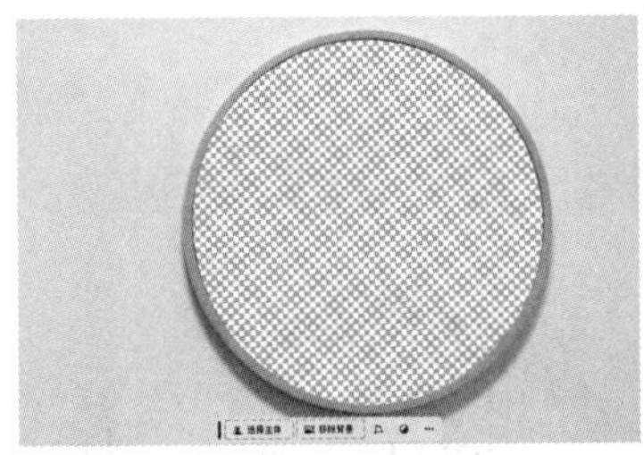

图5-148

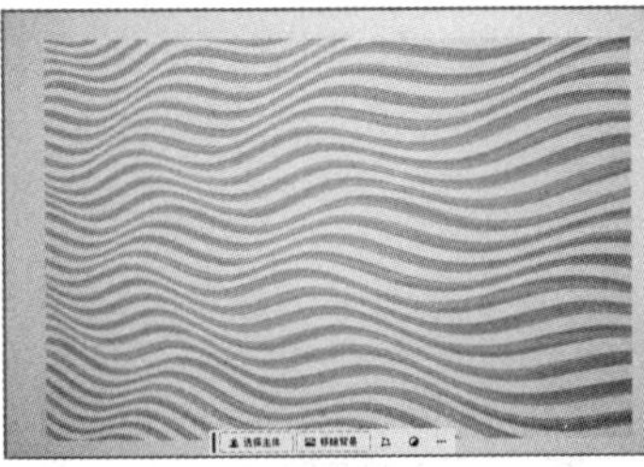

图5-149

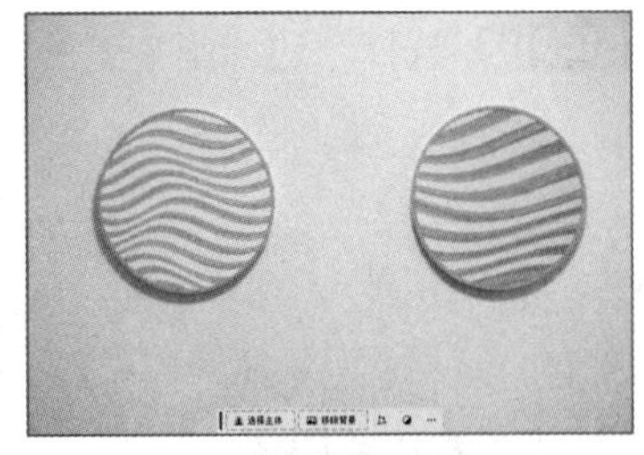

图5-150

Step 09 按住Ctrl键单击“图层0”载入选区，如图5-151所示。

Step 10 按Ctrl+Shift+I组合键反选选区，如图5-152所示。

Step 11 按住Ctrl+J组合键复制选区，如图5-153所示。

Step 12 双击“图层1”，在弹出的“图层样式”对话框中添加“内阴影”样式，如图5-154所示。效果如图5-155所示。

图5-151

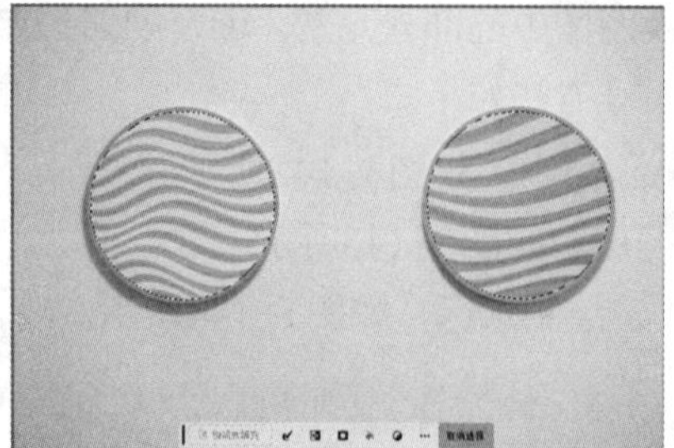
图5-152

图5-153

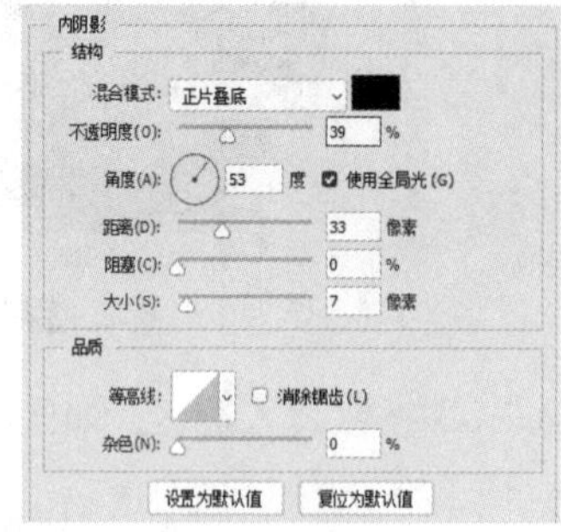
图5-154

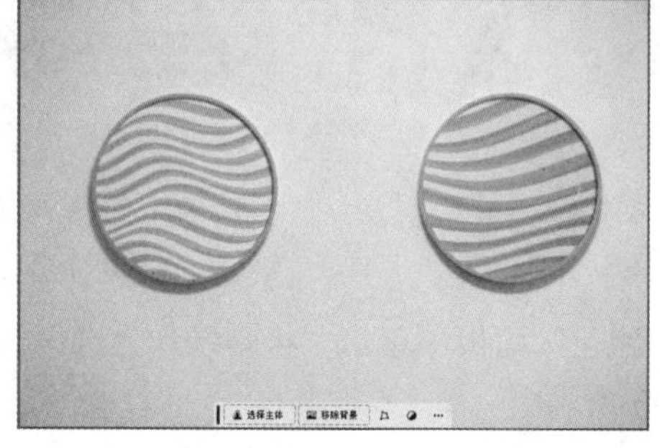
图5-155

5.7 实战演练：抠取宠物并替换背景

实操5-7 抠取宠物并替换背景

实例资源 ▶ \第5章\抠取宠物并替换背景\宠物.jpg、雪景.jpg

本章实战演练将抠取宠物并替换背景，涉及的知识点有选择主体、选择并遮住、置入图像及变换选区。具体操作方法如下。

Step 01 将素材文件拖到Photoshop中，单击上下文任务栏中的“选择主体”按钮，如图5-156所示。

Step 02 选择“快速选择工具”，在选项栏中单击“选择并遮住”按钮，在“选择并遮住”工作区中设置视图模式为“图层”，如图5-157所示。

Step 03 选择“边缘画笔工具”，沿宠物边缘拖曳鼠标涂抹，如图5-158所示。

图5-156

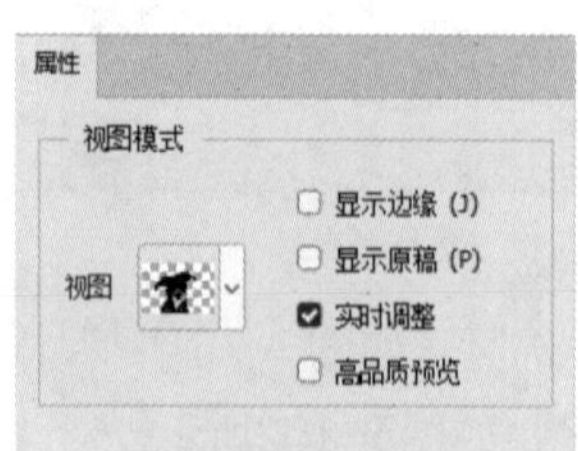

图5-157

图5-158

Step 04 在“输出设置”选项中设置参数，如图5-159所示。应用效果如图5-160所示。

Step 05 置入素材并调整大小，如图5-161所示。

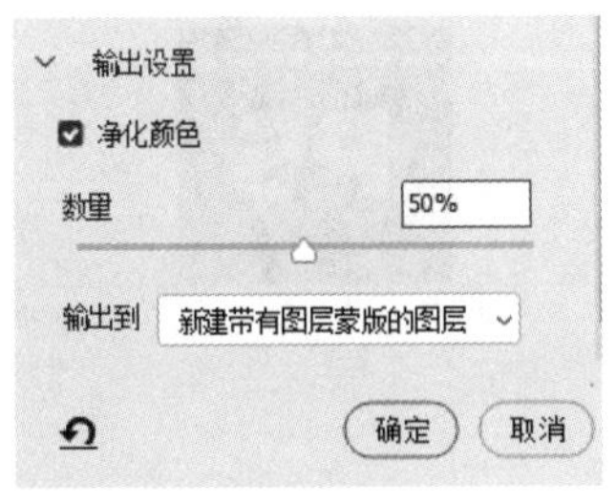

图5-159

图5-160

图5-161

Step 06 调整图层顺序，按Ctrl+T组合键，等比例缩放图像，效果如图5-162所示。

Step 07 利用AIGC工具可以生成更多的背景替换效果，如图5-163所示。

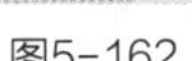

图5-162

图5-163

5.8 拓展练习

实操5-8 去除图像背景

实例资源 ▸ \第5章\去除图像背景\花.jpg

下面使用磁性套索工具创建选区、反选选区和删除选区，去除图像背景，最终效果如图5-164所示。

技术要点：

- 磁性套索工具的使用；
- 选区的编辑，如创建、反选和删除选区。

分步演示：

①导入素材后解锁背景图层；

②使用“磁性套索工具”创建选区；

③按Ctrl+Shift+I组合键反选选区；

④删除背景。

图5-164

第6章

修图：修复与改善瑕疵图像

PS

内容导读

本章将对修复与改善瑕疵图像进行讲解，包括图像的修复、图像的局部修饰及图像的擦除。了解并掌握这些基础知识，设计师不仅可以修复和改善瑕疵图像，还可以为图像添加更多的创意和个性化元素。

学习目标

- 掌握各类修复工具的使用方法
- 掌握图像二次润饰的方法
- 掌握图像明暗的调整方法
- 掌握图像的擦除方法

素养目标

- 培养设计师对图像的美感和协调性，更好地修复和修饰图像。
- 掌握图像修饰与修复的方法，更高效地处理图像，激发创新意识。

案例展示

净化图像背景

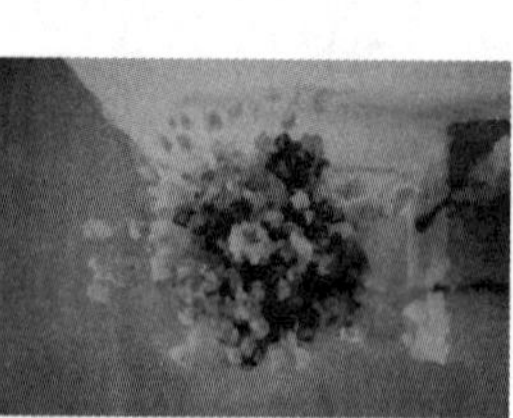
制作景深效果

擦除图像背景

6.1 图像的基础修复

Photoshop中的修复类工具可以帮助用户快速、准确地修复图像中的瑕疵和缺陷，使图像看起来更加清晰、自然和协调。

6.1.1 仿制图章工具

仿制图章工具就像复印机，可将指定的像素点作为复制基准点，将该基准点周围的图像复制到图像中的任意位置。当图像中存在瑕疵或需要遮盖某些信息时，可以使用仿制图章工具进行修复。选择“仿制图章工具”，显示其选项栏，如图6-1所示。

图6-1

该选项栏中主要选项的功能如下。

- 对齐：勾选此复选框，可连续对像素取样；取消勾选此复选框，则会在每次停止并重新开始绘制时使用初始取样点中的样本像素。
- 样本：从指定的图层中进行数据取样。选择“当前图层”选项，只对当前图层取样；选择“当前和下方图层”选项，可以在当前图层和下方图层取样；选择“所有图层”选项，会从所有可视图层取样。

选择“仿制图章工具”，在选项栏中设置参数，按住Alt键的同时单击要复制的区域进行取样，如图6-2所示。在目标位置单击或拖曳鼠标复制仿制的图像，如图6-3所示。

图6-2

图6-3

6.1.2 污点修复画笔工具

污点修复画笔工具是将图像的纹理、光照和阴影等与所修复的图像自动匹配。该工具不需要定义取样样本，在瑕疵处单击，污点修复画笔工具会自动从所修饰区域的周围取样来修复单击的区域。污点修复画笔工具适用于修复和改善各种类型的图像和瑕疵。选择“污点修复画笔工具”，显示其选项栏，如图6-4所示。

图6-4

该选项栏中“类型”选项区的功能如下。

- 内容识别：单击该按钮，将使用附近的图像内容，不留痕迹地填充选区，同时保留让图像栩栩如生的关键细节，如阴影和对象边缘。
- 创建纹理：单击该按钮，将使用选区中的所有像素创建一个用于修复该区域的纹理。
- 近似匹配：单击该按钮，将使用选区边缘周围的像素来查找要用作选定区域修补的图像区域。

选择“污点修复画笔工具”，在需要修补的位置单击并拖曳鼠标，如图6-5所示。释放鼠标即可修复绘制的区域，如图6-6所示。

图6-5

图6-6

6.1.3 移除工具

移除工具可以快速去除图像中的瑕疵、污点、皱纹或其他不理想的部分，使图像看起来更加清晰、自然和美观。选择“移除工具”，显示其选项栏，如图6-7所示。勾选“每次笔触后移除”复选框，可以移除单个笔触后的区域。

图6-7

选择“移除工具”，用画笔刷过要移除的区域，或像套索一样使用画笔在要移除的区域周围画一个圆圈，如果端点足够接近，则圆圈将自动闭合，如图6-8所示。释放鼠标即可移除所选区域，如图6-9所示。

图6-8

图6-9

6.1.4 修复画笔工具

修复画笔工具与污点修复画笔工具作用相似，最根本的区别在于使用修复画笔工具前需要指定样本，即在无污点位置取样，再用取样点的样本图像来修复图像。选择“修复画笔工具”，显示其选项栏，如图6-10所示。

图6-10

该选项栏中主要选项的功能如下。

• 源：可指定用于修复像素的源。单击“取样”按钮可以使用当前图像的像素；单击“图案”按钮可以使用某个图案的像素；单击“图案”按钮可在其右侧的列表中选择已有的图案用于修复。

• 扩散：可控制粘贴的区域以怎样的速度适应周围的图像。图像中如果有颗粒或精细的细节，则选择较低的值；图像如果比较平滑，则选择较高的值。

选择“修复画笔工具”，按Alt键在源区域单击，对源区域进行取样，如图6-11所示。在目标区域单击并拖曳鼠标，即可将取样的内容复制到目标区域，如图6-12所示。

图6-11

图6-12

6.1.5 修补工具

修补工具和修复画笔工具作用类似，是使用图像中其他区域或图案中的像素来修复选中的区域。修补工具会将样本像素的纹理、光照和阴影与源像素匹配，适用于修复各种类型的图像缺陷，如划痕、污渍、颜色不均等。选择“修补工具”，显示其选项栏，如图6-13所示。在“修补”下拉列表框中选择“内容识别”选项，可合成附近的内容，以便与周围的内容无缝混合。

图6-13

该选项栏中主要选项的功能如下。

- 修补：用于设置修补方式，包括“正常”与“内容识别”两种。
- 结构：输入1~7的值，以指定修补在反映现有图像图案时应达到的近似程度。输入1，修补内容将不必严格遵循现有图像的图案；输入7，则修补内容将严格遵循现有图像的图案。
- 颜色：输入0~10的值以指定Photoshop 在多大程度上对修补内容应用算法颜色混合。输入0，将禁用颜色混合；输入10，将应用最大颜色混合。

选择“修补工具”，沿需要修补的部分绘制一个随意的选区，如图6-14所示。拖曳选区到空白区域，释放鼠标即可用该区域的图像修补图像，如图6-15所示。

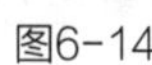

图6-14

图6-15

6.1.6 内容感知移动工具

内容感知移动工具可以选择和移动图片的一部分，图像重新组合，留下的空洞使用图像中的匹配元素填充，适用于去除多余物体、调整布局和改变对象的位置等。选择“内容感知移动工具”，显示其选项栏，如图6-16所示。使用“移动”模式将选定的对象置于不同的位置；使用“扩展”模式将扩展或收缩对象。

图6-16

选择“内容感知移动工具”，拖曳鼠标绘制出选区，在选区中再拖曳鼠标，如图6-17所示。将选区移到想要放置的位置后释放鼠标，再按Enter键即可，如图6-18所示。

图6-17

图6-18

6.1.7 课堂实操：净化图像背景

实操6-1 / 净化图像背景

实例资源 ▶ \第6章\净化图像背景\花束.jpg

本案例将净化图像背景，涉及的知识点有污点修复画笔、矩形选框工具、填充及混合器画笔工具的使用。具体操作方法如下。

Step 01 打开素材图像，如图6-19所示。

Step 02 选择“污点修复画笔工具”，在中上方阴影处单击并拖曳鼠标，如图6-20所示。

Step 03 释放鼠标即可修复绘制的区域，如图6-21所示。

图6-19

图6-20

图6-21

Step 04 继续使用“污点修复画笔工具”擦除图像中的其他部分，如图6-22所示。

Step 05 选择“矩形选框工具”，绘制选区，如图6-23所示。

Step 06 按Ctrl+F5组合键，在弹出的“填充”对话框中设置内容为“内容识别”，如图6-24所示。

图6-22

图6-23

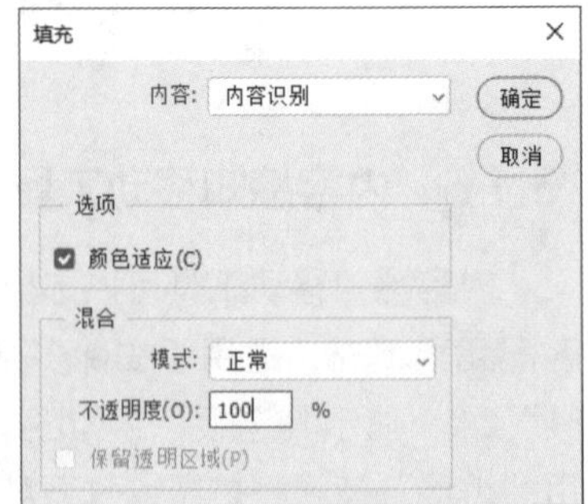

图6-24

Step 07 按Ctrl+D组合键取消选区，如图6-25所示。

Step 08 使用“混合器画笔工具”在背景中涂抹调整，使画面更加自然，如图6-26所示。

图6-25

图6-26

6.2 图像的局部修饰

Photoshop中的修饰类工具可以帮助用户对图像的特定区域进行精细的调整和修饰，不仅能改善图像的清晰度、亮度、色调和饱和度等参数，还能实现更高级的创意效果。

6.2.1 模糊工具

使用模糊工具不仅可以为图像绘制出模糊效果，还可以修复图像中的杂点或折痕，通过降低图像相邻像素之间的反差，使僵硬的图像边界变得柔和，颜色过渡变得平缓，从而产生模糊图像局部的效果。选择“模糊工具”，显示其选项栏，如图6-27所示。

图6-27

该选项栏中主要选项的功能如下。

- 模式：用于设置像素的合成模式，包括“正常”“变暗”“变亮”。
- 强度：用于控制模糊的程度。
- 对所有图层进行取样：勾选该复选框，可将模糊应用于所有可见图层；否则只应用于当前图层。

打开素材图像，如图6-28所示。选择“模糊工具”，在选项栏中设置参数，将鼠标指针移动到需处理的位置，单击并拖曳鼠标进行涂抹即可应用模糊效果，如图6-29所示。

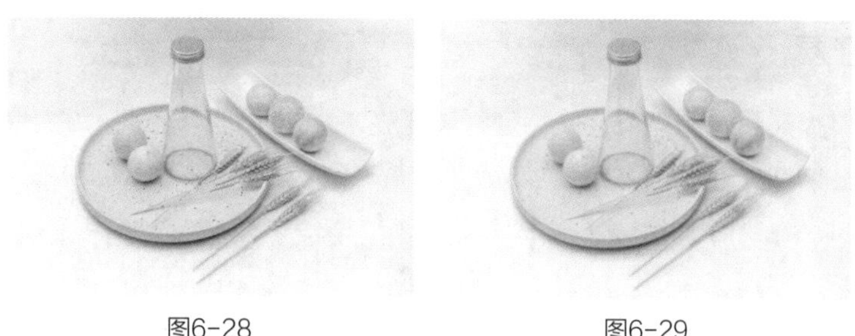

图6-28　　图6-29

6.2.2 锐化工具

锐化工具与模糊工具的使用效果正好相反，它通过提高图像相邻像素之间的反差，使图像的边界变得明显。选择“锐化工具”，显示其选项栏，如图6-30所示。

图6-30

打开素材图像，如图6-31所示。选择“锐化工具”，在选项栏中设置参数，将鼠标指针移动到需处理的位置，单击并拖曳鼠标进行涂抹即可应用锐化效果，如图6-32所示。

图6-31

图6-32

使用锐化工具时，若涂抹强度过大，则可能会出现像素杂色，影响画面效果。

6.2.3 涂抹工具

若图像中颜色与颜色之间的边界过渡强硬，则可以使用涂抹工具进行涂抹，从而创建柔和的过渡和混合效果。该工具适用于修饰颜色过渡不自然的地方、创建渐变效果或混合颜色。选择“涂抹工具”，显示其选项栏，如图6-33所示。若勾选“手指绘画”复选框，则单击并拖曳鼠标时，使用前景色与图像中的颜色相融合；若取消勾选该复选框，则使用开始拖曳时的图像颜色。

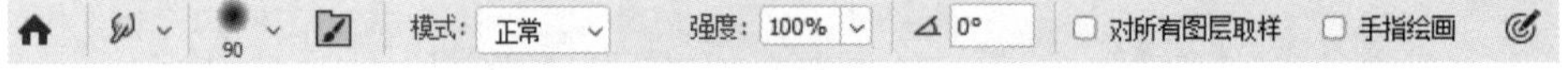

图6-33

打开素材图像，如图6-34所示。选择“涂抹工具”，在选项栏中设置参数，将鼠标指针移动到需要处理的位置，单击并拖曳鼠标进行涂抹，如图6-35所示。

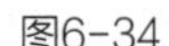
图6-34

图6-35

6.2.4 减淡工具

减淡工具可以提高图像的亮度，使特定区域变亮，常用于提亮暗部区域、增强高光部分或修饰阴影，以改善图像的曝光度和整体亮度。选择“减淡工具”，显示其选项栏，如图6-36所示。

图6-36

该选项栏中主要选项的功能如下。

- 范围：用于设置加深的作用范围。选择“阴影”表示修改图像的暗部，如阴影区域等；选择“中间调”表示修改图像的中间色调区域，即介于阴影和高光之间的色调区域；选择“高光”表示修改图像的亮部。
- 曝光度：用于设置对图像色彩减淡的程度。取值范围为0%~100%，输入的数值越大，图像减淡的效果就越明显。
- 保护色调：勾选该复选框，可以在使用加深或减淡工具进行操作时尽量保护图像原有的色调不失真。

打开素材图像，如图6-37所示。选择“减淡工具”，在选项栏中设置参数，将鼠标指针移动到需要处理的位置，单击并拖曳鼠标进行涂抹以提亮区域颜色，如图6-38所示。

图6-37

图6-38

6.2.5 加深工具

加深工具与减淡工具相反，可以降低图像的亮度，使特定区域变暗，常用于加深暗部区域、增强阴影或修饰高光部分，以改善图像的对比度和层次感。选择“加深工具”，在选项栏中设置参数，如图6-39所示。

图6-39

打开素材图像，如图6-40所示。将鼠标指针移动到需要处理的位置，单击并拖曳鼠标进行涂抹以增强阴影，如图6-41所示。

图6-40

图6-41

6.2.6 海绵工具

海绵工具用于改变图像局部的色彩饱和度，因此对黑白图像的处理效果很不明显。选择“海绵工具”，显示其选项栏，如图6-42所示。

图6-42

该选项栏中主要选项的功能如下。

- 模式：用于选择改变饱和度的方式，包括“去色”和“加色”两种。
- 流量：在改变饱和度的过程中，流量越大，效果越明显。
- 自然饱和度：勾选该复选框，可以在提高饱和度的同时防止颜色过度饱和产生溢色现象。

打开图6-43所示的素材图像，选择“海绵工具”，在选项栏中设置“去色”模式，将鼠标指针移动到需要处理的位置，单击并拖曳鼠标应用去色效果，如图6-44所示。在选项栏中更改为“加色”模式，涂抹效果如图6-45所示。

图6-43

图6-44

图6-45

6.2.7 历史记录画笔工具

历史记录画笔工具能够充分利用“历史记录”面板的功能，将图像恢复至图像处理过程中的任意状态，并在此状态下运用类似于画笔的工具进行局部恢复或修改。该工具对修改错误、精细调整图像和实现非线性编辑非常有帮助。

打开素材图像，如图6-46所示。按Shift+Ctrl+U组合键去色，如图6-47所示。选择“历史记录画笔工具”，在选项栏中设置画笔参数，在图像中需要恢复的位置拖曳鼠标，鼠标指针经过的位置即恢复为上一步中对图像进行操作的效果，而图像中未修改过的区域将保持不变，如图6-48所示。

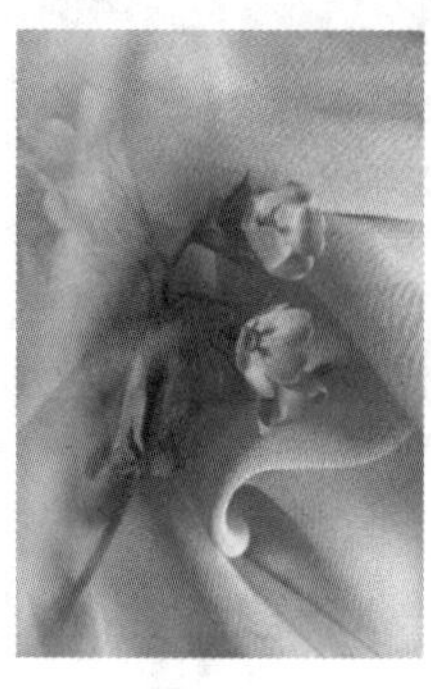

图6-46

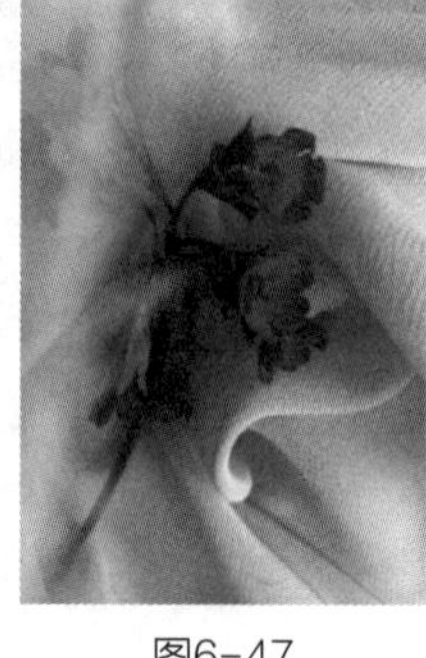

图6-47

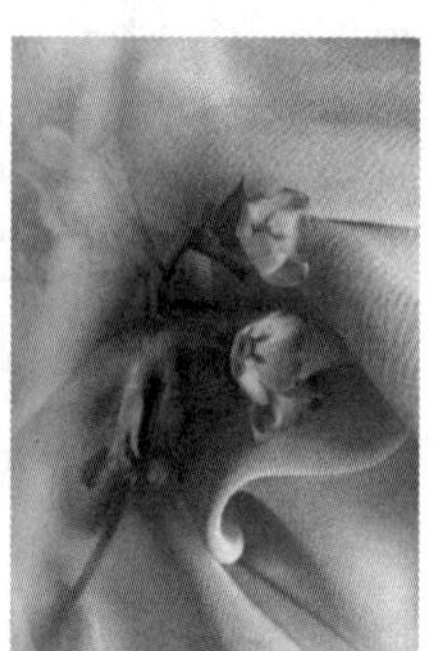

图6-48

6.2.8 历史记录艺术画笔工具

历史记录艺术画笔工具结合了历史记录画笔工具和艺术化效果，可以在恢复图像的同时添加绘画风格的笔触。选择“历史记录艺术画笔工具”，在其选项栏中可以设置画笔大小、模式、不透明度、样式、区域和容差等参数，如图6-49所示。

图6-49

打开图6-50所示的图像，选择“历史记录艺术画笔工具”，在“样式”下拉列表框中可选择不同的笔刷样式进行绘制。在“区域”文本框中可以设置历史记录艺术画笔描绘的范围，范围越大，影响的范围就越大。图6-51所示为使用历史记录艺术画笔工具绘制的图像效果。

图6-50

图6-51

6.2.9 课堂实操：制作景深效果

实操6-2 制作景深效果

实例资源 ▶\第6章\制作景深效果\花海美女.jpg

本案例将制作景深效果，涉及的知识点有套索工具的使用，选区的编辑，模糊工具、加深工具和减淡工具的使用。具体操作方法如下。

Step 01 将素材文件拖至Photoshop中，如图6-52所示。

Step 02 选择“套索工具”，绘制选区，按Shift+Ctrl+I组合键反选选区，如图6-53所示。

Step 03 单击鼠标右键，在弹出的快捷菜单中选择“羽化”选项，在弹出的对话框中设置羽化值为50，羽化选区，效果如图6-54所示。

图6-52

图6-53

图6-54

Step 04 选择“模糊工具”，拖曳鼠标涂抹使选区模糊，如图6-55所示。

Step 05 执行“滤镜 > 模糊 > 动感模糊”命令，在弹出的对话框中设置参数，如图6-56所示。按Ctrl+D组合键取消选区，效果如图6-57所示。

图6-55

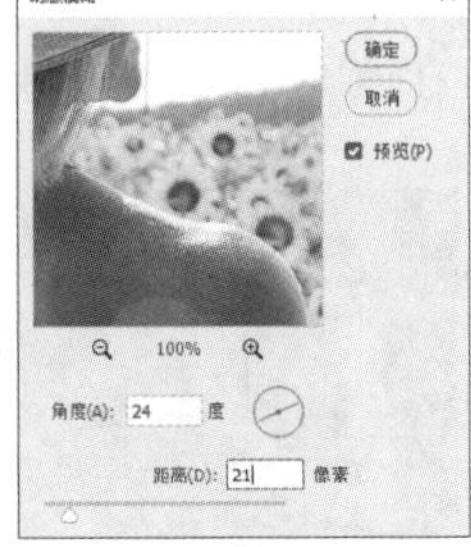

图6-56

图6-57

Step 06 选择“历史记录画笔工具”，在选项栏中设置不透明度为20%，在人物边缘处涂抹，使模糊效果过渡得更加自然，如图6-58所示。

图6-58

Step 07 选择“加深工具”，在选项栏中设置范围为“中间调”、曝光度为10%，在图像上均匀涂抹以增强对比，如图6-59所示。

Step 08 在选项栏中将范围更改为“阴影”，在图像四周涂抹加深，效果如图6-60所示。

Step 09 选择“减淡工具”，在选项栏中设置范围为“中间调”、曝光度为10%，在人物所在处涂抹减淡，效果如图6-61所示。

图6-59

图6-60

图6-61

6.3 图像的擦除

图像擦除类工具主要用于移除图像中不需要的元素或特定区域，从而有效地重塑图像构图、消除不理想的部分，以及实现创新性的视觉编辑效果。

6.3.1 橡皮擦工具

橡皮擦工具主要用于擦除当前图像中的颜色，擦除后的区域将显示为透明或背景色，具体取决于当前图层的设置。橡皮擦工具适用于简单的擦除任务，如去除小瑕疵或不需要的元素。选择“橡皮擦工具”，显示其选项栏，如图6-62所示。

图6-62

该选项栏中主要选项的功能如下。

- 模式：该下拉列表框中有画笔、铅笔和块3种模式。选择“画笔”和“铅笔”模式可将橡皮擦设置为像画笔和铅笔工具一样工作。选择“块”模式，并且不提供用于更改不透明度或流量的选项，可将画笔笔触切换至具有硬边缘和固定大小的方形。
- 不透明度：若不想完全擦除图像，则可以降低不透明度。
- 抹到历史记录：勾选该复选框，在擦除图像时，可以使图像恢复到任意一个历史状态。该方法常用于恢复图像的局部到前一个状态。

橡皮擦工具在不同图层模式下有不同擦除效果。在背景图层中擦除，擦除的部分显示为背景色，如图6-63所示；在普通图层中擦除，擦除的部分为透明，如图6-64所示。

图6-63

图6-64

6.3.2 背景橡皮擦工具

背景橡皮擦工具可以擦除指定颜色，并将被擦除的区域以透明色填充，适用于去除复杂背景或创建抠图效果。选择“背景橡皮擦工具”，显示其选项栏，如图6-65所示。

图6-65

该选项栏中主要选项的功能如下。

- 限制：该下拉列表框中有3个选项。选择“不连续”选项，擦除图像中所有具有取样颜色的像素；选择“连续”选项，擦除图像中与鼠标指针相连的具有取样颜色的像素；选择“查找边缘”选项，在擦除与鼠标指针相连区域的同时，保留图像中物体锐利的边缘效果。
- 容差：用于设置被擦除的图像颜色与取样颜色之间差异的大小。取值范围为0%~100%。数值越小，被擦除的图像颜色与取样颜色越接近，擦除的范围越小；数值越大，擦除的范围越大。
- 保护前景色：勾选该复选框，可防止具有前景色的图像区域被擦除。

打开素材图像，选择“吸管工具”，分别吸取背景色和前景色，前景色为保留的部分，背景色为擦除的部分，如图6-66所示。选择

图6-66

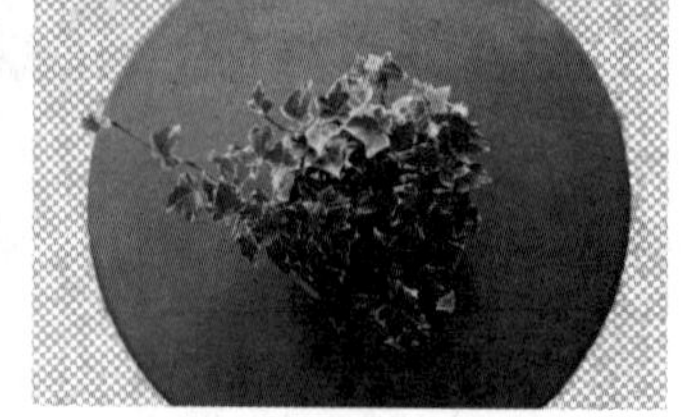

图6-67

"背景橡皮擦工具"，在图像中涂抹，如图6-67所示。

6.3.3 魔术橡皮擦工具

魔术橡皮擦工具是魔棒工具和背景橡皮擦工具的综合，是一种根据像素颜色来擦除图像的AI工具。使用魔术橡皮擦工具可以一次性擦除图像或选区中颜色相同或相近的区域，从而得到透明区域。选择"魔术橡皮擦工具"，显示其选项栏，如图6-68所示。

容差：32 ☑ 消除锯齿 ☑ 连续 ☐ 对所有图层取样 不透明度：100%

图6-68

该选项栏中主要选项的功能如下。

- 消除锯齿：勾选该复选框，将得到较平滑的图像边缘。
- 连续：勾选该复选框，将使擦除工具仅擦除与单击处相连接的区域。
- 对所有图层取样：勾选该复选框，将利用所有可见图层中的组合数据来采集色样，否则只对当前图层的颜色信息进行取样。

打开素材图像，如图6-69所示。选择"魔术橡皮擦工具"，在图像中单击擦除图像，如图6-70所示。

图6-69

图6-70

6.3.4 课堂实操：擦除图像背景

实操6-3 / 擦除图像背景

实例资源 ▸ \第6章\擦除图像背景\拥抱.jpg

本案例将擦除图像背景，涉及的知识点有吸管工具、背景橡皮擦工具、套索工具的使用及选区的删除等。具体操作方法如下。

Step 01 将素材文件拖至Photoshop中，选择"吸管工具"，吸取人物的头发为前景色，背景的颜色为背景色，如图6-71所示。

Step 02 选择"背景橡皮擦工具"，在人物头发周围单击擦除，如图6-72所示。

Step 03 选择"吸管工具"，在狗的头部处吸取前景色，使用"背景橡皮擦工具"涂抹擦除该部分上方的背景，如图6-73所示。

图6-71

图6-72

图6-73

Step 04 选择"吸管工具"，在衣服处吸取前景色，使用"背景橡皮擦工具"涂抹擦除该部分周围的背景，如图6-74所示。

Step 05 选择"套索工具"，框选主体，如图6-75所示。

Step 06 按Ctrl+Shift+I组合键反选选区，删除选区后取消选区，最终效果如图6-76所示。

图6-74

图6-75

图6-76

6.4 实战演练：修复开裂墙体

实操6-4 修复开裂墙体

实例资源 ▶ \第6章\修复开裂墙体\墙.jpg

本章实战演练将修复开裂的墙体，综合运用本章的知识点，以熟练掌握和巩固移除工具、污点修复画笔工具、修补工具及去色命令的使用。

Step 01 将素材文件拖至Photoshop中，按Ctrl+J组合键复制图层，如图6-77所示。

Step 02 选择“移除工具”，沿裂缝边缘绘制，如图6-78所示。

Step 03 释放鼠标后移除该区域，如图6-79所示。

图6-77

图6-78

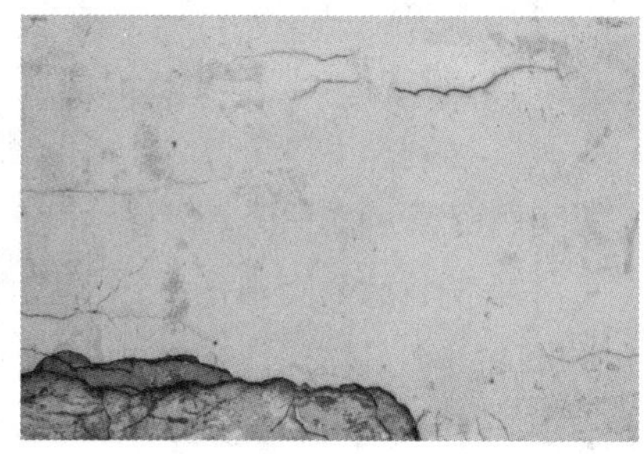
图6-79

Step 04 选择“污点修复画笔工具”，分别修复细小裂缝，如图6-80所示。

Step 05 选择“修补工具”，绘制选区，如图6-81所示。

Step 06 向上移动选区，如图6-82所示。

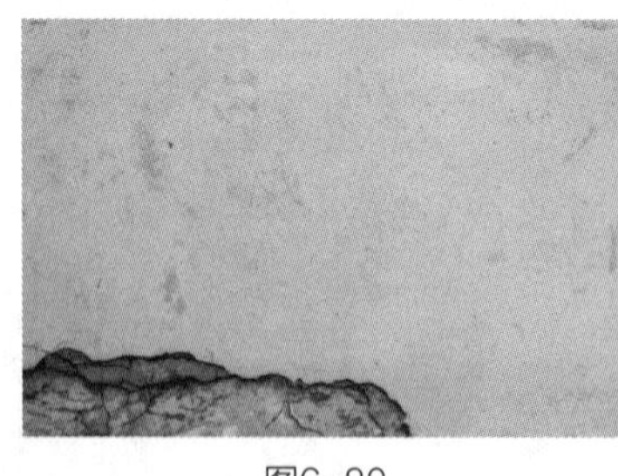
图6-80

图6-81

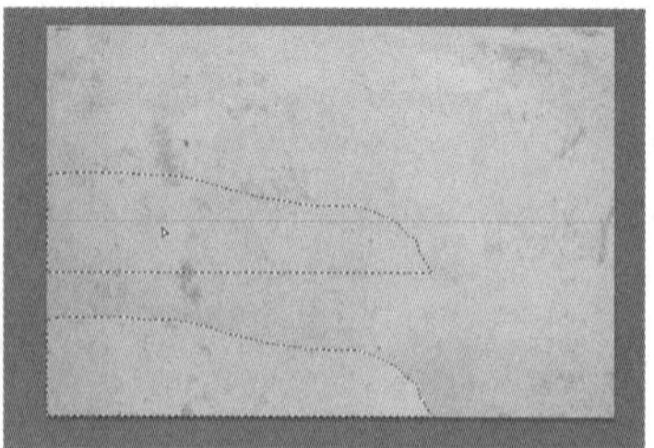
图6-82

Step 07 释放鼠标后应用效果，按Ctrl+D组合键取消选区，如图6-83所示。

Step 08 选择“修复工具”，在最上方绘制选区，并向下移动选区，释放鼠标后应用修复效果，如图6-84所示。

Step 09 使用修补工具、修复画笔工具对墙面上的纹路进行修复处理，如图6-85所示。

Step 10 按Shift+Ctrl+U组合键去色，最终效果如图6-86所示。

图6-83

图6-84

图6-85

图6-86

6.5 拓展练习

实操6-5 修复脸上瑕疵

实例资源 ▶ \第6章\修复脸上瑕疵\五官.jpg

下面使用修复类工具修复人物脸上的瑕疵，修复前后的对比效果如图6-87、图6-88所示。

图6-87

图6-88

技术要点：

- 污点修复画笔工具的使用；
- 修复画笔工具的使用。

分步演示：

①打开素材文档并复制图层；

②选择“污点修复画笔工具”，在瑕疵处拖曳鼠标修复；

③选择“修复画笔工具”，按Alt键对源区域进行取样；

④在瑕疵处单击鼠标左键修复，并使用相同的方法对其他位置进行修复。

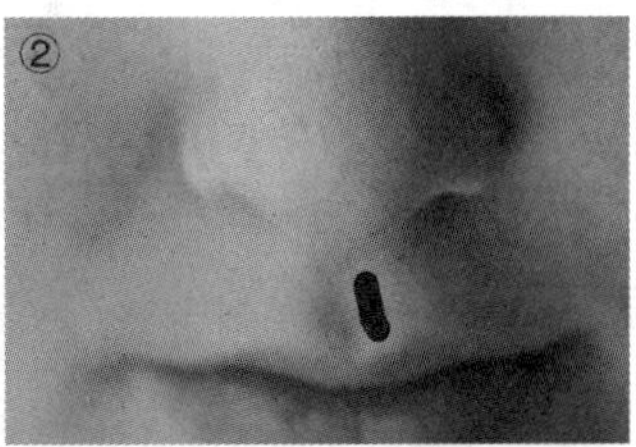

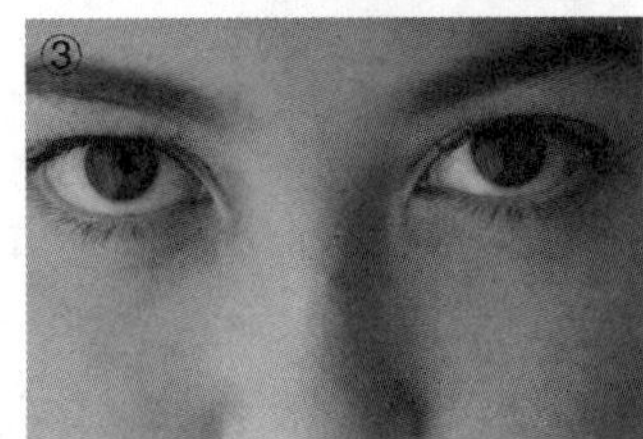

第 7 章

PS

调色：色彩校正及创意美化

内容导读

本章将对图像的色彩调整进行讲解，包括图像的明暗调整、图像色彩的基础调整、图像色彩的特殊调整。了解并掌握这些基础知识，设计师可以更准确地表现出图像的立体感和深度，增强画面的视觉冲击力。

学习目标

- 掌握图像明暗调整的方法
- 掌握图像色彩的基础调整
- 掌握图像色彩的特殊调整方法
- 掌握调整图层的创建与智能对象的转换

素养目标

- 培养设计师对图像细节的洞察力，通过调整图像色彩参数，突出图像的细节，使作品更加精致和生动。
- 帮助设计师准确把握色彩搭配规律，提升色彩和谐度和视觉舒适性。

案例展示

调整图像的明暗对比

调整图像的色调

制作具有通透感的水果效果

7.1 图像的明暗调整

在Photoshop中可以使用色阶、曲线、亮度/对比度，以及阴影/高光调整图像的色调，即调整图像的相对明暗程度。

7.1.1 色阶

“色阶”命令可以通过设置图像的阴影、中间调和高光的强度来调整图像的明暗度。执行“图像 > 调整 > 色阶”命令或按Ctrl+L组合键，弹出“色阶”对话框，如图7-1所示。

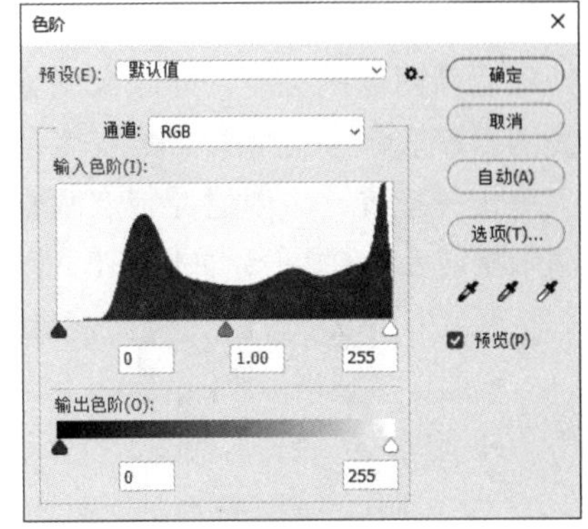

图7-1

该对话框中主要选项的功能如下。

- 预设：可选择预设色阶文件对图像进行调整。
- 通道：可选择调整整体或者单个通道的色调。
- 输入色阶：该选项区中的3个数值框对应上方直方图中的3个滑块，分别代表暗部、中间调和高光。拖曳这些滑块，可以改变图像的明暗分布。
- 输出色阶：用于设置图像亮度范围取值。范围为0～255，两个数值分别用于调整暗部色调和亮部色调。
- 自动：单击该按钮，Photoshop将以0.5的比例对图像进行调整，把最亮的像素调整为白色，把最暗的像素调整为黑色。图7-2、图7-3分别为单击“自动”按钮前后的效果。

图7-2

图7-3

- 选项：单击该按钮，可打开“自动颜色校正选项”对话框，在其中设置“阴影”和“高光”所占的比例。
- 从图像中取样以设置黑场：单击该按钮，在图像中取样，可以将单击处的像素调整为黑色，同时图像中比该单击点亮的像素也会变成黑色。
- 从图像中取样以设置灰场：单击该按钮，在图像中取样，可以根据单击点的灰度调整图像的灰度，从而改变图像的色调。
- 从图像中取样以设置白场：单击该按钮，在图像中取样，可以将单击处的像素调整为白色，同时图像中比该单击点亮的像素也会变成白色。

7.1.2 曲线

曲线工具通过调整图像的色调曲线来改变图像的明暗度。执行“图像 > 调整 > 曲线”命令或按Ctrl+M组合键，弹出“曲线”对话框，如图7-4所示。

该对话框中主要选项的功能如下。

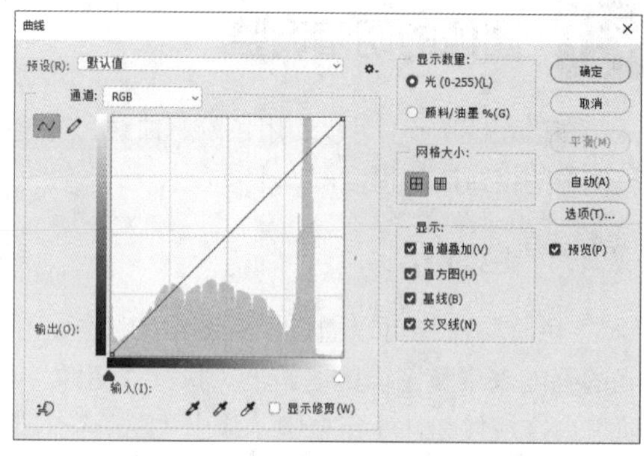

图7-4

- 预设：Photoshop已对一些特殊调整做了设定，在该下拉列表框中选择相应选项即可快速调整图像。
- 通道：可选择需要调整的通道。
- 曲线编辑框：曲线的水平轴表示原始图像的亮度，即图像的输入值；垂直轴表示处理后新图像的亮度，即图像的输出值；曲线的斜率表示相应像素点的灰度值。在曲线上单击并拖曳，可创建控制点调整色调。色调调整前后的效果分别如图7-5、图7-6所示。
- 编辑点以修改曲线：表示以拖曳曲线上控制点的方式来调整图像。
- 通过绘制来修改曲线：单击该按钮，将鼠标指针移到曲线编辑框中，当其变为形状时单击并拖曳，可绘制需要的曲线来调整图像。

图7-5

图7-6

- 网格大小：该选项区用于控制曲线编辑框中曲线的网格数量。
- 显示：该选项区包括“通道叠加”“基线”“直方图”“交叉线”4个复选框，只有勾选这些复选框才会在曲线编辑框中显示3个通道叠加，以及基线、直方图和交叉线的效果。

7.1.3 亮度/对比度

“亮度/对比度”命令通过调整图像的亮度和对比度来改变图像的明暗度。执行“图像 > 调整 > 亮度/对比度”命令，弹出“亮度/对比度”对话框，如图7-7所示。

在该对话框中，可以拖曳滑块或在文本框中输入数值（范围是－100～100）来调整图像的亮度和对比度。调整前后的效果分别如图7-8、图7-9所示。

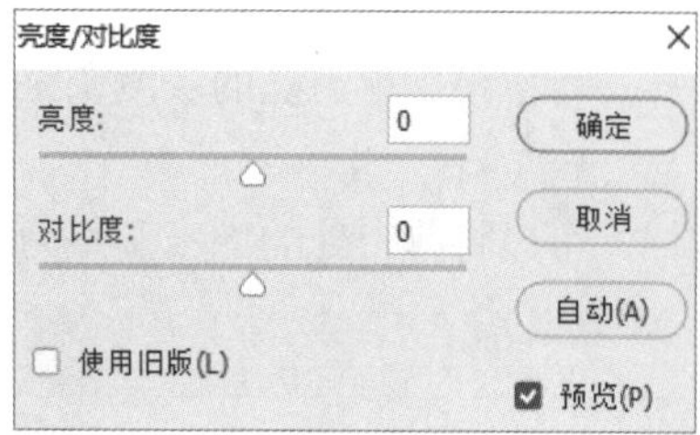

图7-7

图7-8

图7-9

7.1.4 课堂实操：调整图像的明暗对比

实操7-1 / 调整图像的明暗对比

实例资源 ▶ \第7章\调整图像的明暗对比\合照.jpg

本案例将调整图像的明暗对比，涉及的知识点有色阶和曲线命令的应用。具体操作方法如下。

Step 01 将素材文件拖至Photoshop中，如图7-10所示。

Step 02 按Ctrl+J组合键复制背景图层，如图7-11所示。

Step 03 按Ctrl+L组合键，在弹出的“色阶”对话框中拖曳中间灰色滑块调整中间调，如图7-12所示。应用效果如图7-13所示。

Step 04 按Ctrl+M组合键，在弹出的“曲线”对话框中单击“自动”按钮，继续调整，如图7-14所示。应用效果如图7-15所示。

图7-10

图7-11

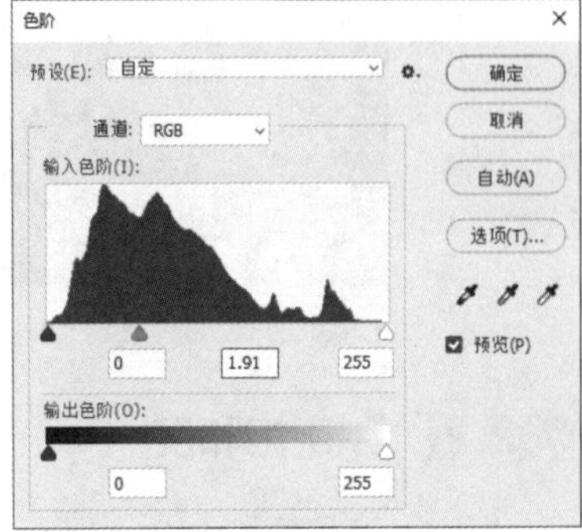

图7-12

图7-13

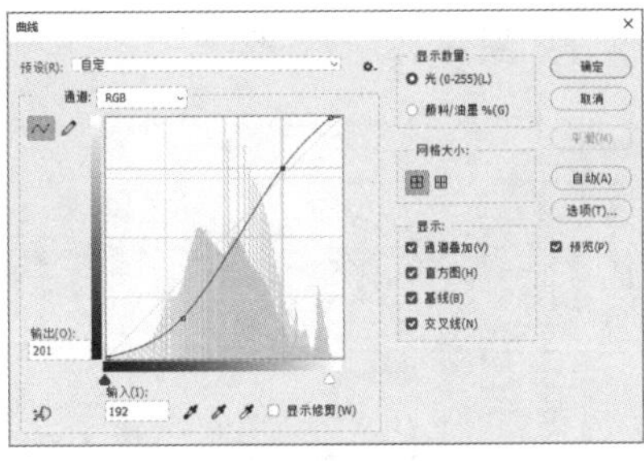

图7-14

图7-15

7.2 图像色彩的基础调整

在Photoshop中可以通过色彩平衡、色相/饱和度、自然饱和度、照片滤镜、匹配颜色、可选颜色和替换颜色来调整图像的色彩。

7.2.1 色彩平衡

“色彩平衡”命令可用于改变颜色的混合，纠正图像中明显的偏色问题。执行该命令可以在图像原色的基础上根据需要添加其他颜色，或通过增加某种颜色的补色，来减少该颜色的数量，从而改变图像的色调。执行“图像 > 调整 > 色彩平衡”命令或按Ctrl+B组合键，弹出“色彩平衡”对话框，如图7-16所示。

该对话框中主要选项的功能如下。

• 色彩平衡：在文本框中输入数值可调整图像6个不同原色的比例，也可直接拖曳文本框下方的3个滑块来调整图像的色彩。

• 色调平衡：选择需要调整的色彩范围，包括阴影、中间调和高光。勾选“保持明度”复选框，可保持图像亮度不变。

图7-17、图7-18所示分别为调整色彩平衡前后的效果。

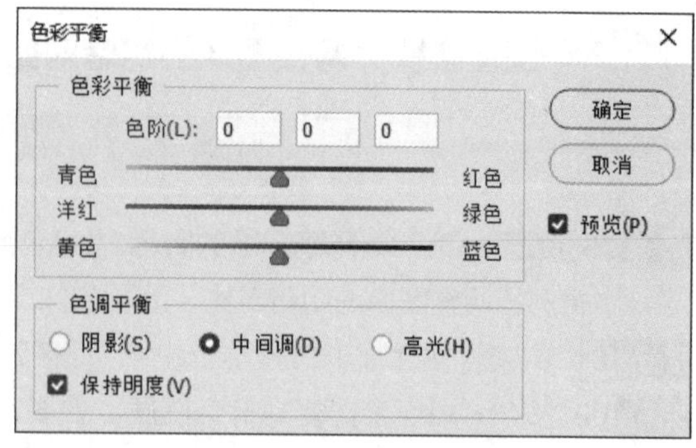

图7-16

图7-17

图7-18

7.2.2 色相/饱和度

“色相/饱和度”命令不仅可以用于调整图像像素的色相和饱和度，还可以用于灰度图像的色彩渲染，从而为灰度图像添加颜色。执行“图像 > 调整 > 色相/饱和度”命令或按Ctrl+U组合键，弹出“色相/饱和度”对话框，如图7-19所示。

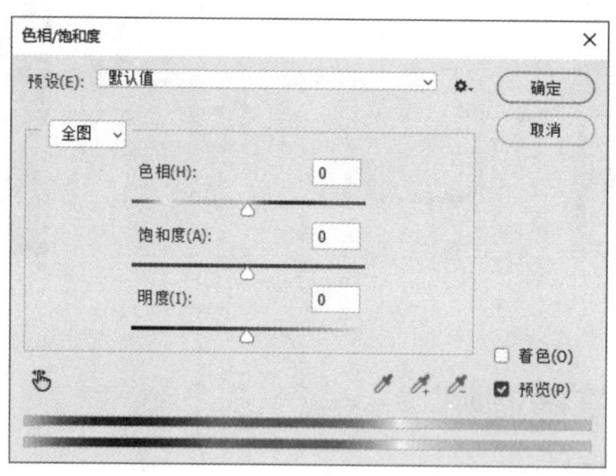

图7-19

该对话框中主要选项的功能如下。

• 预设：“预设”下拉列表框中提供了8种色相/饱和度预设。单击“预设选项”按钮，可以对当前设置的参数进行保存，或者载入一个新的预设调整文件。

• 通道 全图：该下拉列表框中提供了7种通道。选择通道后，可以拖曳“色相”“饱和度”“明度”的滑块进行调整。选择“全图”选项，可一次调整整幅图像中的所有颜色。选择“全图”选项之外的选项，则色彩变化只对当前选中的颜色起作用。

• 移动工具：在图像上单击并拖曳可修改饱和度，按Ctrl键单击可修改色相。

- 着色：勾选该复选框，图像会整体偏向于单一的红色调。通过调整色相和饱和度，能让图像呈现出多种富有质感的单色调效果。

图7-20、图7-21所示分别为调整色相/饱和度前后的效果。

图7-20

图7-21

7.2.3 自然饱和度

“自然饱和度”命令可用于调整饱和度，以便在颜色接近最大饱和度时最大限度地减少修剪。该调整可提高与已饱和的颜色相比不饱和的颜色的饱和度。执行“图像 > 调整 > 自然饱和度”命令，弹出“自然饱和度”对话框，如图7-22所示。

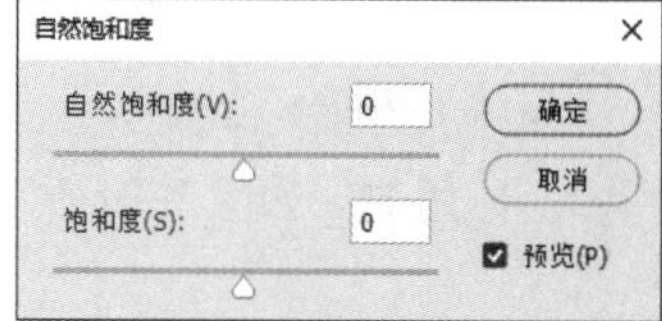

图7-22

图7-23、图7-24所示分别为调整自然饱和度前后的效果。

图7-23

图7-24

7.2.4 照片滤镜

“照片滤镜”命令主要是模拟在镜头前叠加有色滤镜效果，可用于快速调整通过镜头传输的光的色彩平衡、色温和胶片曝光，以改变照片颜色倾向。执行“图像 > 调整 > 照片滤镜”命令，弹出“照片滤镜”对话框，如图7-25所示。

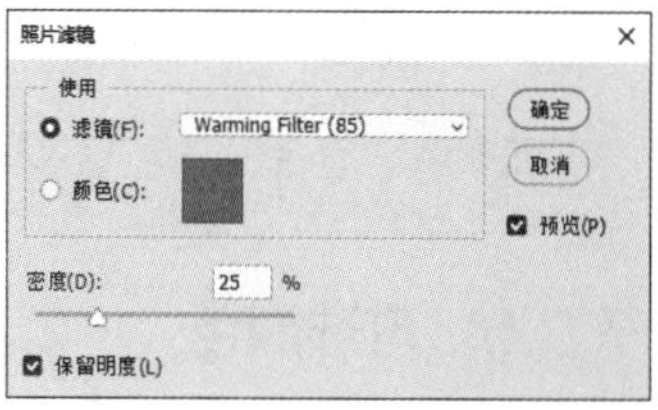

图7-25

该对话框中主要选项的功能如下。

- 滤镜：可在该下拉列表框中选取预设滤镜。
- 颜色：对于自定滤镜，选择颜色选项。单击颜色方块，在弹出的“拾色器”对话框中可为自定颜色滤镜指定颜色。
- 密度：可调整应用于图像的颜色数量。直接输入参数或拖曳滑块调整，密度越大，颜色调整幅度就越大。
- 保留明度：勾选该复选框，可保持图像中的整体色调平衡，防止图像的明度值随颜色的更改而改变。

图7-26、图7-27所示分别为添加照片滤镜前后的效果。

图7-26

图7-27

7.2.5 匹配颜色

“匹配颜色”命令可用于将一个图像作为源图像，另一个图像作为目标图像，以源图像的颜色与目标图像的颜色进行匹配。源图像和目标图像可以是两个独立的文件，也可以匹配同一个图像中不同图层之间的颜色。图7-28、图7-29所示分别为源图像与目标图像。

执行“图像 > 调整 > 匹配颜色”命令，在弹出的“匹配颜色”对话框中设置参数，如图7-30所示。应用效果如图7-31所示。

图7-28

图7-29

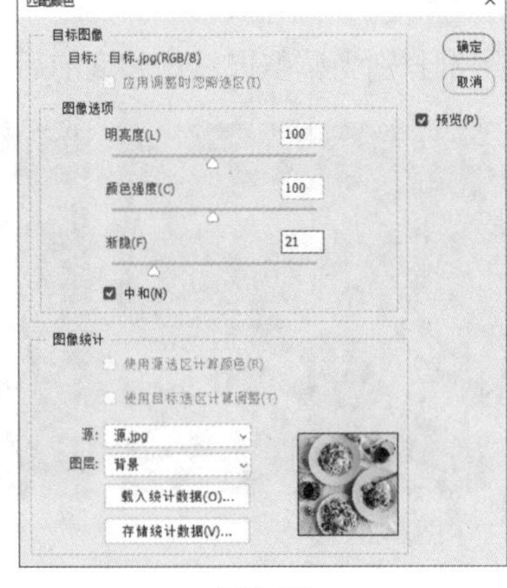

图7-30

图7-31

“匹配颜色”命令仅适用于RGB模式图像。

7.2.6 可选颜色

“可选颜色”命令可用于校正颜色的平衡，选择某种颜色范围进行有针对性的修改，在不影响其他原色的情况下修改图像中某种原色的数量。执行“图像 > 调整 > 可选颜色”命令，弹出“可选颜色”对话框，如图7-32所示。

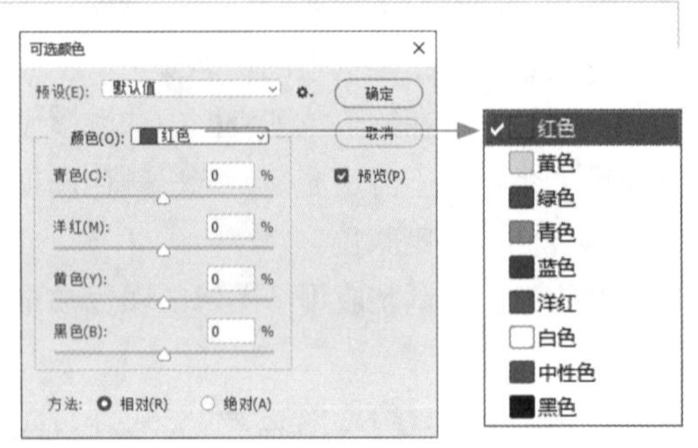

图7-32

在“可选颜色”对话框中，若选中“相对”单选按钮，则按照总量的百分比更改现有的青色、洋红、黄色或黑色的量；若选中“绝对”单选按钮，则按照绝对值进行颜色值的调整。图7-33、图7-34所示分别为调整可选颜色前后的效果。

图7-33

图7-34

7.2.7 替换颜色

“替换颜色”命令用于替换图像中某个特定范围的颜色，以调整色相、饱和度和明度。执行“图像 > 调整 > 替换颜色”命令，弹出“替换颜色”对话框，使用“吸管工具”吸取颜色，拖曳滑块或者单击结果色块，设置替换颜色，如图7-35所示。

图7-36、图7-37所示分别为替换颜色前后的效果。

图7-35

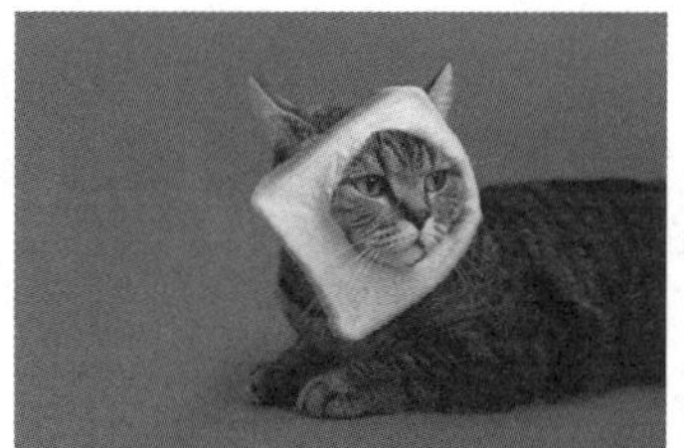

图7-36

图7-37

7.2.8 课堂实操：调整图像的色调

实操7-2 调整图像的色调

实例资源 ▶ \第7章\调整图像的色调\公路.jpg

本案例将调整图像的色调，涉及的知识点有色彩平衡、可选颜色、自然饱和度、色相，饱和度的调整及历史记录画笔工具的使用。具体操作方法如下。

Step 01 将素材文件拖至Photoshop中，按Ctrl+J组合键复制背景图层，如图7-38所示。

Step 02 按Ctrl+B组合键，在弹出的“色彩平衡”对话框中设置参数，如图7-39所示。应用效果如图7-40所示。

Step 03 执行“图像 > 调整 > 可选颜色”命令，在弹出的“可选颜色”对话框中设置参数，如图7-41所示。应用效果如图7-42所示。

Step 04 执行“图像 > 调整 > 自然饱和度”命令，在弹出的“自然饱和度”对话框中设置参数，如图7-43所示。应用效果如图7-44所示。

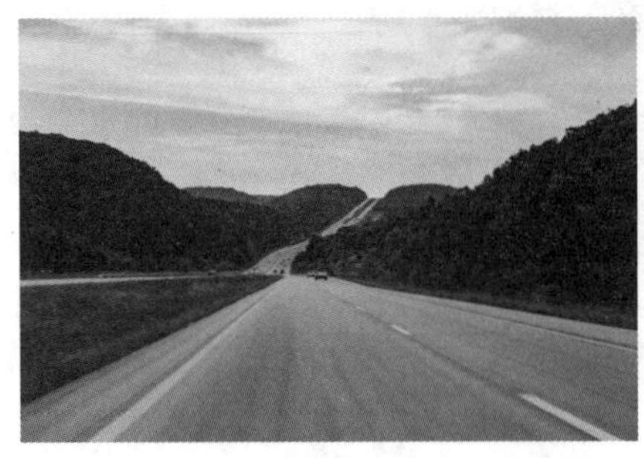

图7-38

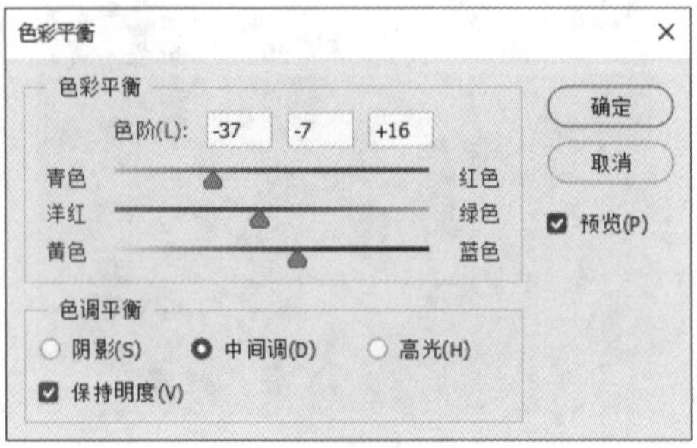

色彩平衡
色彩平衡
色阶(L): -37 -7 +16
青色 红色
洋红 绿色
黄色 蓝色
色调平衡
阴影(S) 中间调(D) 高光(H)
保持明度(V)
确定
取消
预览(P)

图7-39

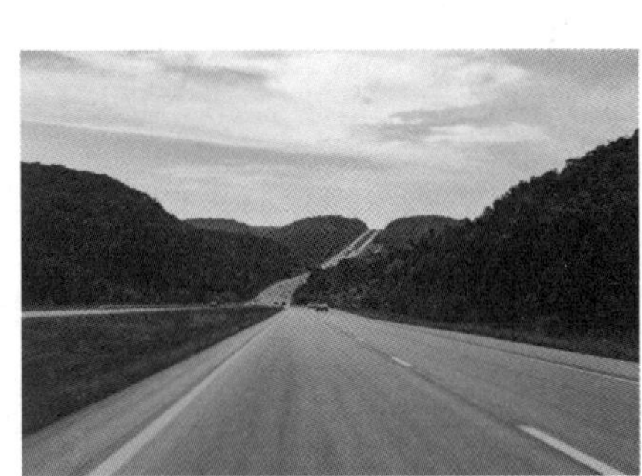

图7-40

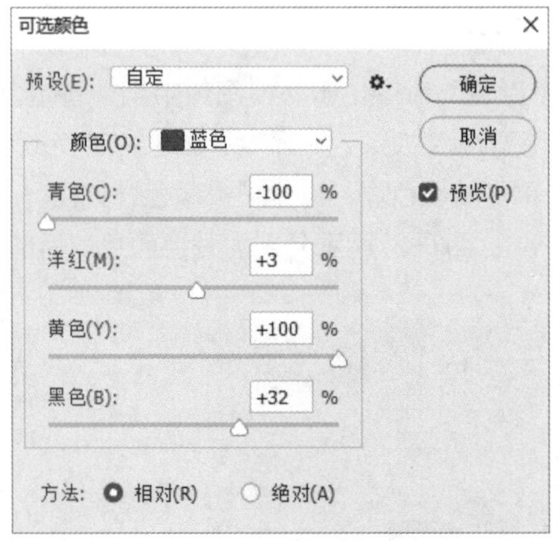

可选颜色
预设(E): 自定
颜色(O): 蓝色
青色(C): -100 %
洋红(M): +3 %
黄色(Y): +100 %
黑色(B): +32 %
方法: 相对(R) 绝对(A)
确定
取消
预览(P)

图7-41

图7-42

自然饱和度
自然饱和度(V): +35
饱和度(S): +37
确定
取消
预览(P)

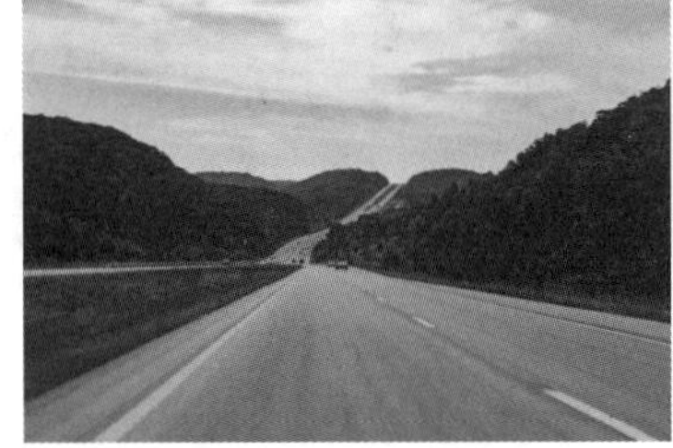

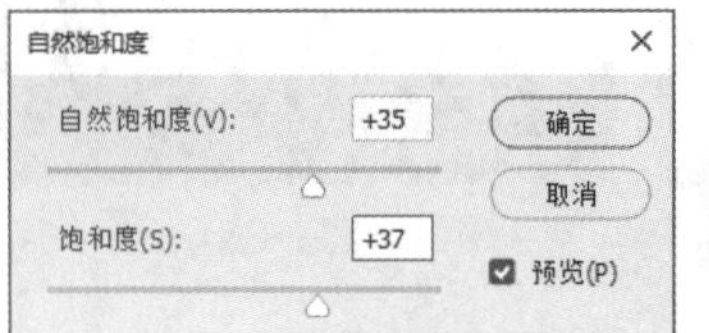

图7-43

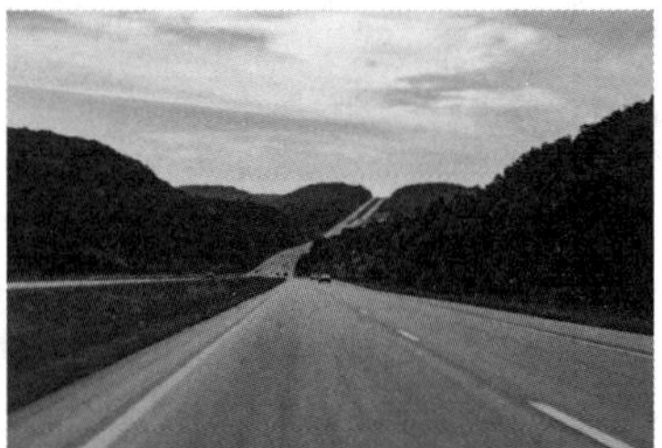

图7-44

Step 05 选择“快速选择工具”，创建选区，如图7-45所示。

Step 06 按Ctrl+U组合键，在弹出的“色相/饱和度”对话框中设置参数，如图7-46所示。

Step 07 应用效果后取消选区，选择“历史记录画笔工具”，设置不透明度为10%，涂抹公路部分，最终效果如图7-47所示。

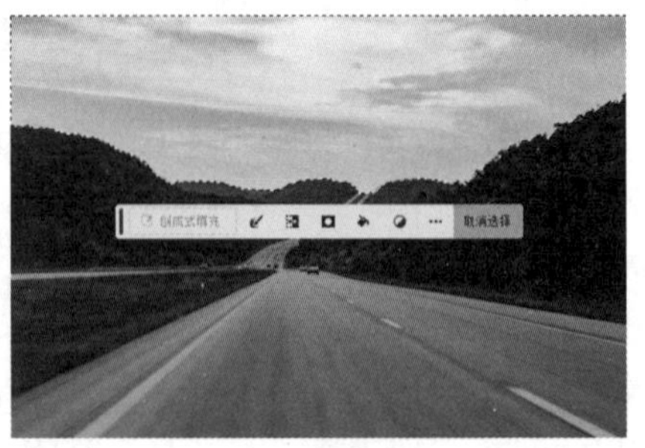

图7-45

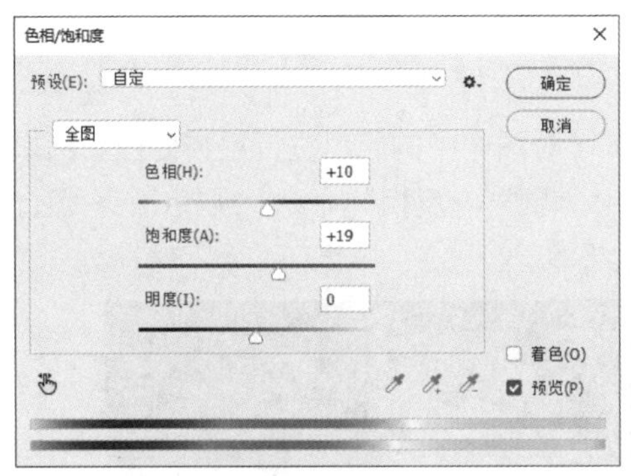

图7-46

图7-47

7.3 图像色彩的特殊调整

在Photoshop中，可以通过“去色”“黑白”“反相”“阈值”“渐变映射”命令对图像色彩进行特殊调整。

7.3.1 去色

“去色”命令可用于快速将彩色图像转换为黑白图像。但是，它不提供对颜色通道的精细控制。执行“图像 > 调整 > 去色”命令或按Shift+Ctrl+U组合键即可。图7-48、图7-49所示分别为图像去色前后的效果。

图7-48

图7-49

7.3.2 黑白

“黑白”命令可用于将彩色图像转换为高品质的黑白图像。与“去色”命令相比，它提供了更多的细节和控制选项。执行“图像 > 调整 > 黑白”命令，弹出“黑白”对话框，可以拖曳不同颜色通道的滑块来模拟传统黑白摄影中的滤镜效果，如图7-50所示。单击“自动”按钮，可以一键应用黑白效果，勾选“色调”复选框，可以为图像添加单色效果。图7-51、图7-52所示分别为执行“黑白”命令前后的效果。

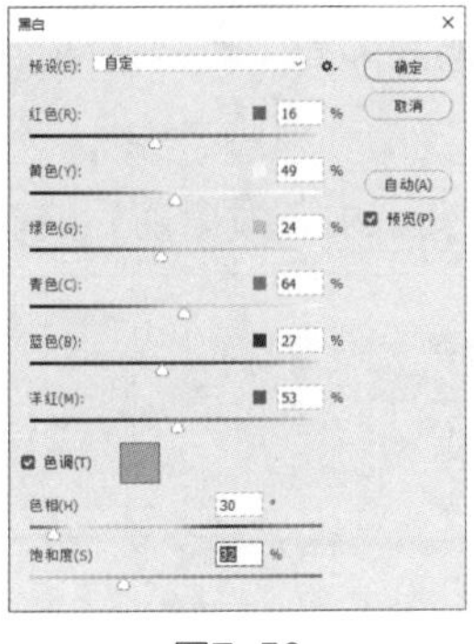

图7-50

图7-51

图7-52

7.3.3 反相

“反相”命令主要是针对颜色色相进行操作，可以对图像中的颜色进行反转处理。例如，将黑色转换为白色，将白色转换为黑色。执行“图像 > 调整 > 反相”命令，或按Ctrl+I组合键即可。图7-53、图7-54所示分别为图像反相前后的效果。

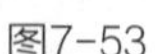
图7-53

图7-54

7.3.4 阈值

“阈值”命令可用于将灰度或彩色图像转换为高对比的黑白图像，通过将图像中的像素与指定的阈值进行比较，然后将比阈值亮的像素转换为白色、比阈值暗的像素转换为黑色，从而实现图像的黑白转换。执行“图像 > 调整 > 阈值”命令，弹出“阈值”对话框，如图7-55所示。

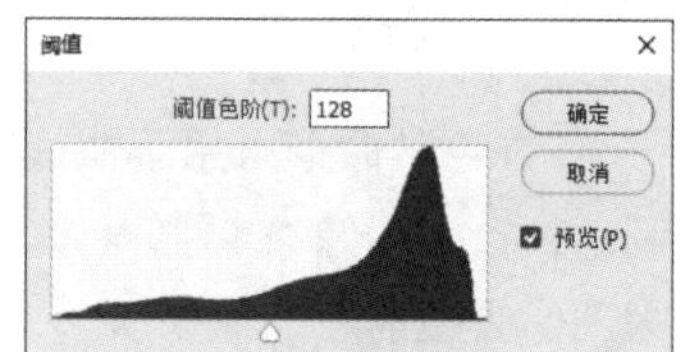

图7-55

图7-56、图7-57所示分别为执行“阈值”命令前后的效果。

图7-56

图7-57

7.3.5 渐变映射

“渐变映射”命令主要是先将图像转为灰度图像，再将相等的图像灰度映射到指定的渐变填充色，但不能应用于没有任何像素的完全透明图层。执行“图像 > 调整 > 渐变映射”命令，弹出“渐变映射”对话框，如图7-58所示。

图7-59、图7-60所示分别为执行“渐变映射”命令前后的效果。

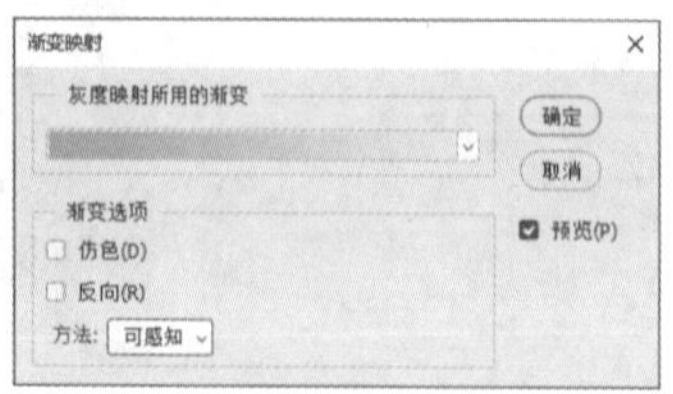

图7-58

图7-59

图7-60

7.3.6 课堂实操：制作木版画效果

实操7-3 / 制作木版画效果

实例资源 ▶ \第7章\制作木版画效果\木版画.jpg

本案例将制作木版画效果，涉及的知识点有图层的编辑调整、阈值及不透明度的设置。具体操作方法如下。

Step 01 将素材文件拖至Photoshop中，如图7-61所示。

Step 02 按Ctrl+J组合键复制背景图层，执行“图像 > 调整 > 阈值”命令，在弹出的对话框中设置参数，如图7-62所示。

Step 03 单击“确定”按钮，效果如图7-63所示。

图7-61

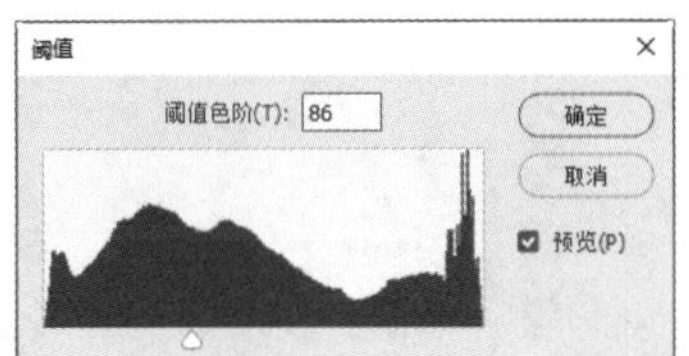

图7-62

图7-63

Step 04 按Ctrl+J组合键复制背景图层，调整图层顺序，如图7-64所示。

Step 05 执行“图像 > 调整 > 阈值”命令，在弹出的对话框中设置参数，如图7-65所示。

Step 06 调整图层的不透明度为60%，效果如图7-66所示。

图7-64

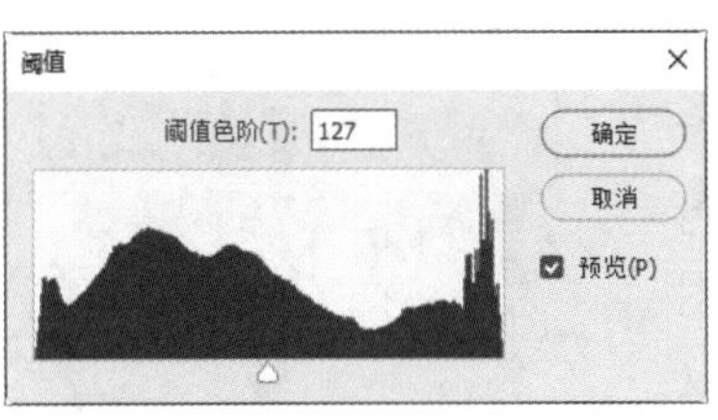

图7-65

图7-66

Step 07 按Ctrl+J组合键复制背景图层，调整图层至最顶层，执行“图像 > 调整 >阈值”命令，在弹出的对话框中设置参数，如图7-67所示。

Step 08 调整图层的不透明度为50%，效果如图7-68所示。

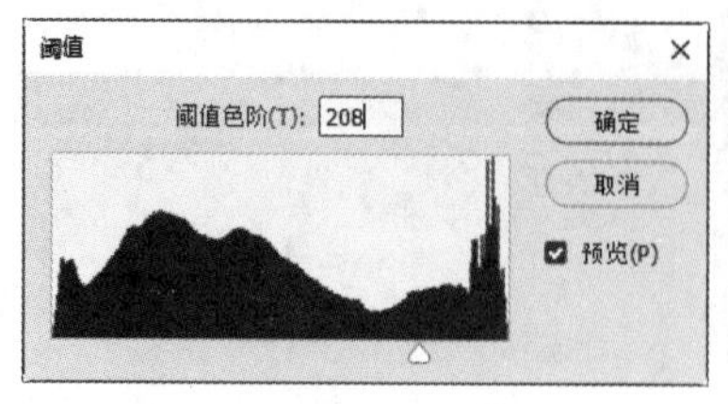

图7-67

图7-68

7.4 图像色彩的非破坏性调整

在Photoshop中，非破坏性调整方式可以在不更改原始图像数据的情况下进行各种色彩调整，为后续的编辑和处理保留更多的灵活性，同时降低误操作导致的风险。

7.4.1 填充或调整图层

通过创建填充或调整图层，可以在不更改原始图像的情况下应用色彩调整。在“图层”面板中单击“创建新的填充或调整图层”按钮，在弹出的菜单中可选择填充或者调整选项，如图7-69所示。在调整图层的“属性”面板中可对参数进行设置，如图7-70所示。完成调整后，可以随时双击调整图层的缩览图，在“属性”面板中进行进一步的微调，如图7-71所示。

图7-69

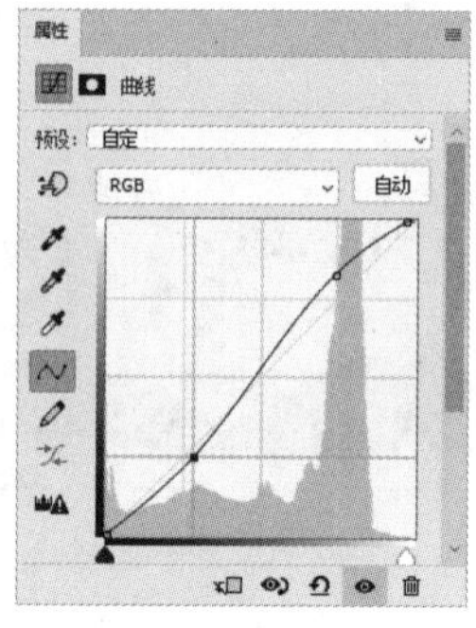

图7-70

图7-71

7.4.2 智能对象图层

使用智能对象图层调整图像色彩是一种非破坏性的编辑方式。对智能对象所做的任何更改都会保留在原始图像数据中，可以随时返回到原始状态或进行进一步的编辑。使用智能对象图层进行色彩调整时，应尽量避免直接在智能对象图层上进行破坏性操作。例如，在文档中置入素材，如图7-72所示。执行任意一个色彩调整命令，应用后将实时反映在智能对象图层上，如图7-73所示。

图7-72

图7-73

系统默认置入的图像为智能对象，如图7-74所示。要取消该功能，在“首选项”中取消勾选“在置入时始终创建智能对象”复选框即可，如图7-74所示。

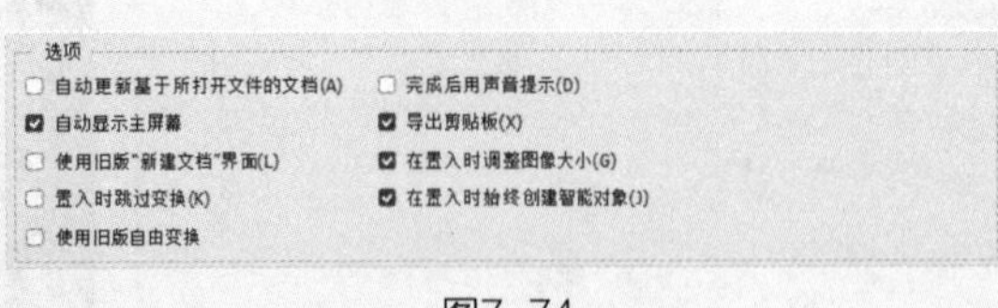

图7-74

7.4.3 课堂实操：制作渐隐老照片效果

实操7-4 制作渐隐老照片效果

实例资源 ▸ \第7章\制作渐隐老照片效果\街道.jpg

本案例将制作渐隐老照片效果，涉及的知识点有“黑白”命令的应用，以及“渐变”调整图层的创建与编辑。具体操作方法如下。

Step 01 新建文档，将素材文件拖至Photoshop中，如图7-75、图7-76所示。

图7-75

图7-76

Step 02 执行“图像 > 调整 > 黑白”命令，在弹出的“黑白”对话框中设置参数，如图7-77所示。

Step 03 勾选“色调”复选框，调整参数，如图7-78所示。

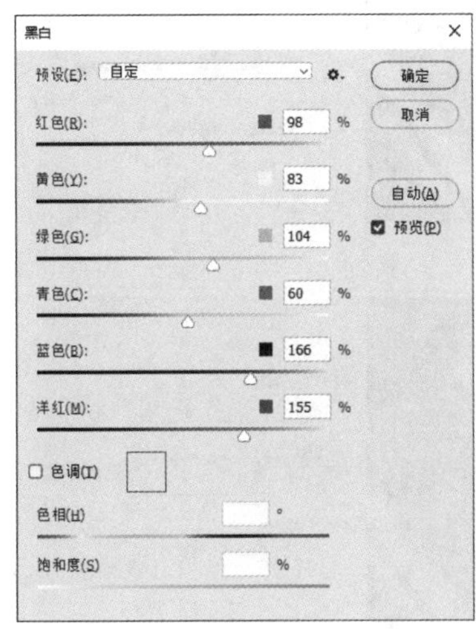

图7-77

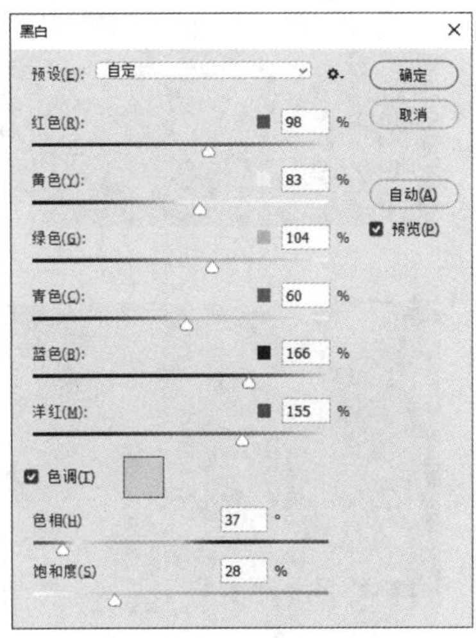

图7-78

Step 04 在“图层”面板中创建“渐变”调整图层，在“渐变填充”对话框中设置参数，其中颜色值为#6e5d41，如图7-79所示。

Step 05 最终应用效果如图7-80所示。

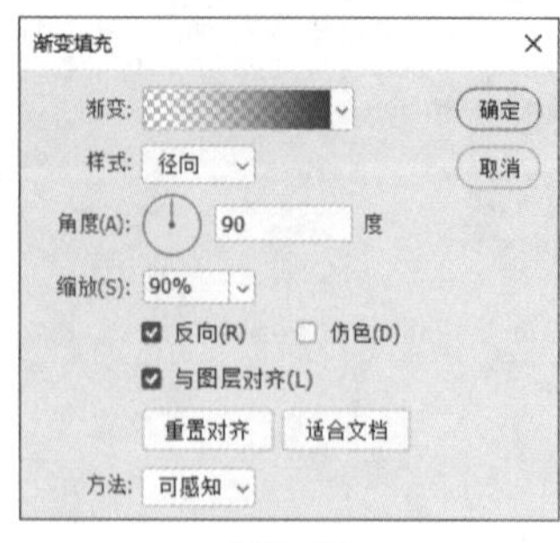

图7-79

图7-80

7.5 实战演练：制作具有通透感的水果效果

实操7-5 / 制作具有通透感的水果效果

实例资源 ▸ \第7章\制作具有通透感的水果效果\草莓.jpg

本章实战演练将制作具有通透感的水果效果，综合运用本章的知识点，以熟练掌握和巩固调整图层的创建，以及“色阶”“色彩平衡”等命令的应用。具体操作方法如下。

Step 01 将素材文件拖至Photoshop中，如图7-81所示。

Step 02 创建“色阶”调整图层，在“属性”面板中设置参数，如图7-82所示。应用效果如图7-83所示。

Step 03 创建“色彩平衡”调整图层，在“属性”面板中设置参数，如图7-84所示。应用效果如图7-85所示。

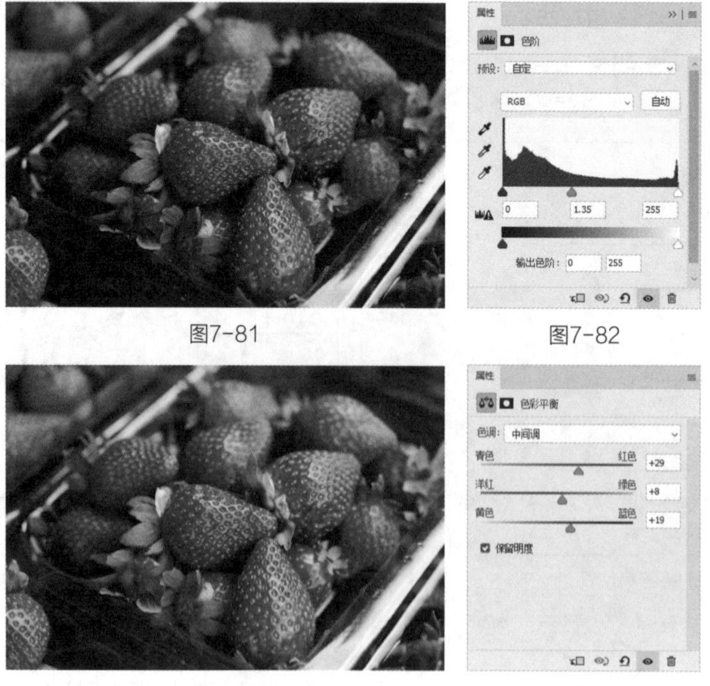

图7-81

图7-82

图7-83

图7-84

Step 04 创建“可选颜色”调整图层，在“属性”面板中选择“红色”通道，设置参数，如图7-86所示。

Step 05 选择“黄色”通道，设置参数，如图7-87所示。

Step 06 选择“绿色”通道，设置参数，如图7-88所示。应用效果如图7-89所示。

图7-85　　图7-86

图7-87　　图7-88　　图7-89

Step 07 创建“曲线”调整图层，在“属性”面板中设置参数，如图7-90所示。应用效果如图7-91所示。

Step 08 按Shift+Alt+Ctrl+E组合键盖印图层，如图7-92所示。

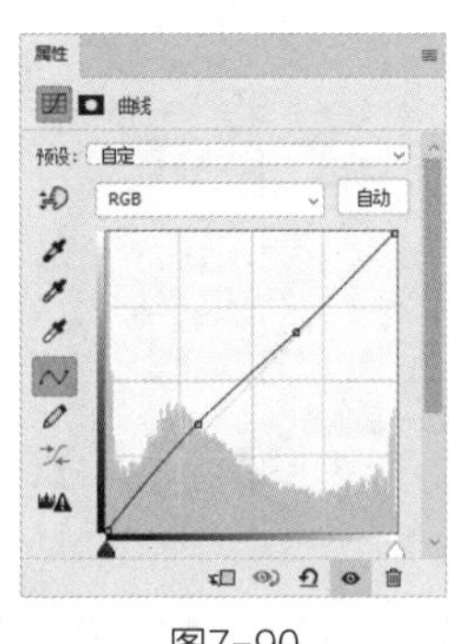

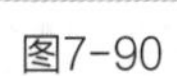

图7-90　　图7-91　　图7-92

Step 09 使用“污点修复画笔工具”去除玻璃上的瑕疵，使用“混合器画笔工具”涂抹进行修复，使其变得更加平滑通透，如图7-93所示。

Step 10 创建“自然饱和度”调整图层，在“属性”面板中设置参数，如图7-94所示。最终应用效果如图7-95所示。

图7-93

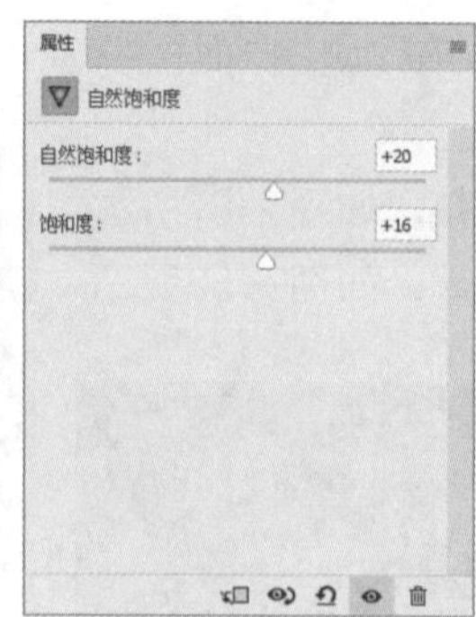

图7-94

图7-95

7.6 拓展练习

实操7-6 制作胶片质感图像

实例资源 ▶ \第7章\制作胶片质感图像\门.jpg

下面执行"色彩平衡""照片滤镜""色阶""自然饱和度"等命令制作胶片质感图像，前后的效果分别如图7-96、图7-97所示。

图7-96

图7-97

技术要点：

- 调整图层的创建与编辑；
- "调色"命令的应用。

分步演示：

①打开图像，复制图层，添加"杂色"滤镜效果；

②依次创建调整图层；

③应用调整效果；

④创建黑白径向渐变填充调整图层，为其添加暗角效果。

①

②

③

④

第 8 章

PS

合成：通道蒙版深度解析

内容导读

本章将对通道与蒙版的应用进行讲解，包括“通道”面板、通道类型、通道的基础编辑、蒙版的类型，以及蒙版的编辑调整。了解并掌握这些基础知识，可以更高效地进行色彩调整、图层混合、特效制作等操作。

学习目标

- 了解通道的类型
- 掌握通道的编辑方法
- 掌握蒙版的类型与创建方法
- 掌握蒙版的编辑调整

素养目标

- 根据具体的设计需求，灵活运用通道和蒙版解决问题。
- 通过调整通道和蒙版，设计师可以更加敏锐地察觉图像中的色彩变化、光影效果和细节差异，从而提高观察力和分析能力。

案例展示

优化计算通道

文字穿插叠加效果

合成创意菠萝房子

8.1 “通道”面板

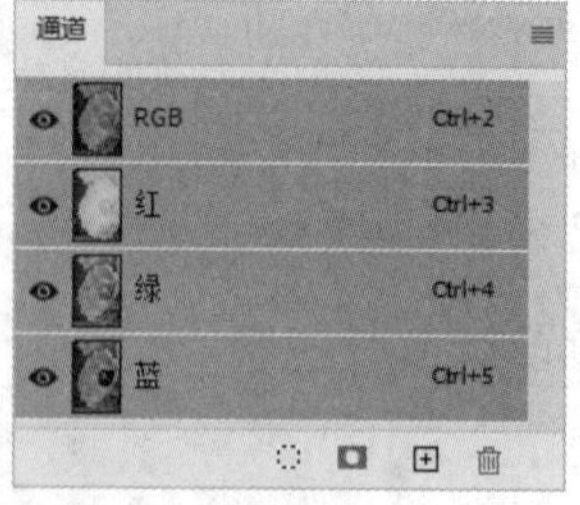

图8-1

在Photoshop中，“通道”是一个核心概念，主要用于管理和编辑图像的颜色信息及选区数据。执行“窗口>通道”命令，打开“通道”面板，如图8-1所示。

该面板中主要选项的功能如下。

• 指示通道可见性图标：当图标为状态时，图像窗口显示该通道的图像。单击该图标后，图标变为形状，将隐藏该通道的图像。

• 将通道作为选区载入：单击该按钮，可将当前通道快速转化为选区。

• 将选区存储为通道：单击该按钮，可将图像中选区之外的图像转换为蒙版的形式，将选区保存在新建的Alpha通道中。

• 创建新通道：单击该按钮，可创建一个新的Alpha通道。

• 删除当前通道：单击该按钮，可删除当前通道。

8.1.1 颜色通道

颜色通道是指保存图像颜色信息的通道。不同色彩模式下，有不同的颜色通道。常见的有RGB色彩模式和CMYK色彩模式，其颜色通道如下。

1. RGB色彩模式

在RGB色彩模式下，一个图像有4个通道，包括一个复合通道（RGB通道）和3个分别代表红色、绿色、蓝色的通道。每个通道的取值范围均为0~255，其中0代表无光亮度（黑色）、255代表最大光亮度（白色）。调整每个通道的亮度级别，可以得到不同的颜色。提高红色通道的亮度会使图像整体偏向红色，提高绿色通道或蓝色通道的亮度则会使图像整体偏向绿色或蓝色。

导入素材图像，如图8-2所示。选择红色通道并调整亮度，如图8-3所示。应用后的图像整体偏向红色，返回到复合通道（RGB通道）即可查看效果，如图8-4所示。

2. CMYK色彩模式

在CMYK色彩模式下，一个图像有5个通道，包括一个复合通道（CMYK通道）和4个分别代表青色、洋红色、黄色和黑色的通道，如图8-5所示。调整通道的亮度和对比度，可以改变图像的颜色和色调。青色通道控制蓝色和绿色的组合，洋红通道控制红色和蓝色的组合，黄色通道控制红色和绿色的组合，黑色通道则控制图像的亮度和对比度，并增加图像的深度。

图8-2

图8-3

图8-4

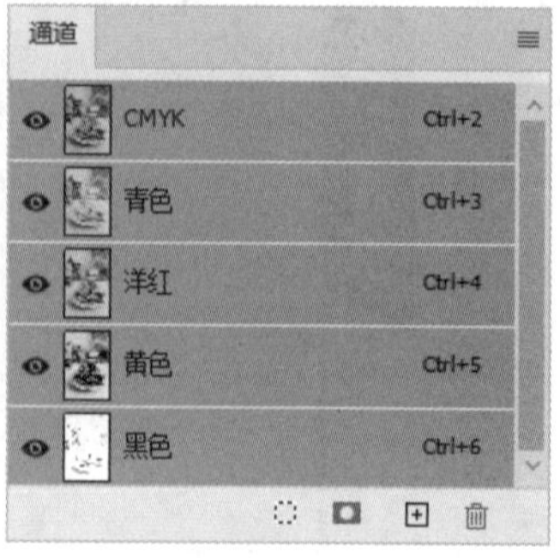

图8-5

导入素材图像，如图8-6所示。选择洋红通道并调整对比度，如图8-7所示。应用后的图像整体偏向绿色，返回到复合通道（CMYK通道）即可查看效果，如图8-8所示。

图8-6

图8-7

图8-8

8.1.2 专色通道

专色通道（也称为专色油墨）是一种特殊的颜色通道，用于补充印刷中的CMYK四色油墨，以呈现那些CMYK四色油墨无法准确混合出的特殊颜色，如亮丽的橙色、鲜艳的绿色、荧光色、金属色等。

单击面板右上角的“菜单”按钮，在弹出的菜单中选择“新建专色通道”选项，弹出“新建专色通道”对话框，如图8-9所示。在该对话框中设置专色通道的名称和颜色，完成后单击“确定”按钮即可新建专色通道，如图8-10所示。

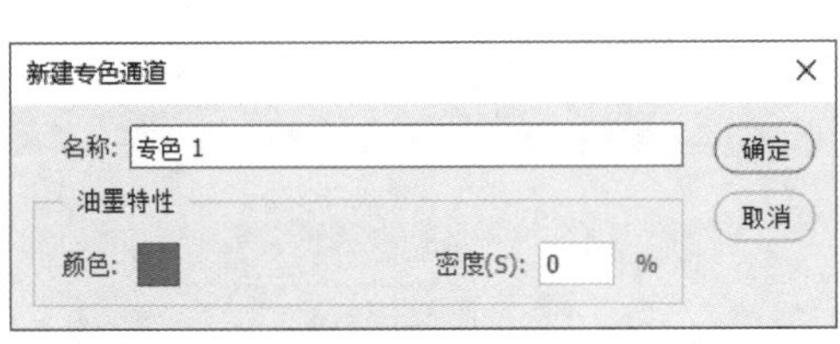

图8-9

图8-10

8.1.3 Alpha通道

Alpha通道主要用于编辑和存储选区信息及图像的透明度级别。其中的黑白灰阶代表图像的透明度层级，白色代表完全不透明，黑色代表完全透明，中间的灰色代表不同程度的半透明。Alpha通道常用于精细地控制图像的边缘羽化、遮罩或者作为保存和载入选区的工具。

单击“通道”面板底部的“创建新通道”⊞按钮，或单击面板右上角的“菜单”按钮，在弹出的菜单中选择“新建通道”选项，弹出“新建通道”对话框，如图8-11所示。在该对话框中设置新通道的名称等参数，完成后单击“确定”按钮即可新建Alpha通道，如图8-12所示。

“新建通道”对话框中主要选项的功能如下。

• 名称：用于设置新通道的名称。其默认名称为“Alpha1”。

• 色彩指示：用于确认新建通道的颜色显示方式。选中“被蒙版区域”单选按钮，表示新建通道中的黑色区域代表蒙版区，白色区域代表保存的选区；选中“所选区域”单选按钮，含义则相反。

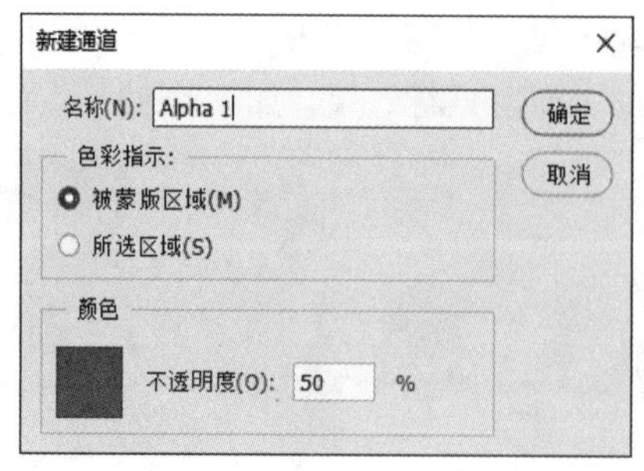

图8-11

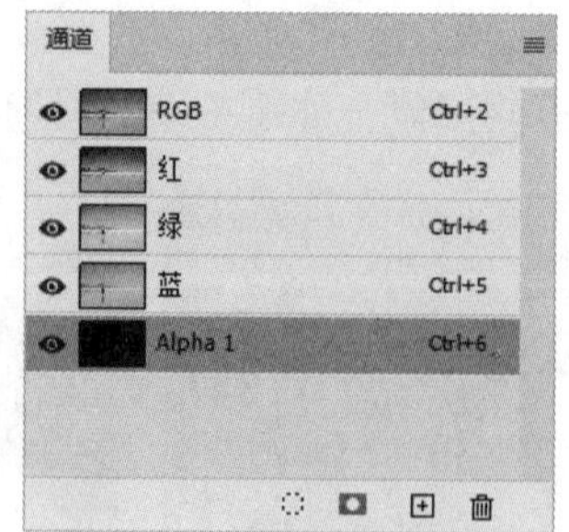

图8-12

- 颜色：单击颜色色块，将弹出“拾色器”对话框，在其中可以设置用于蒙版显示的颜色。

8.2 通道的基础编辑

通道的编辑是Photoshop中非常重要的操作，涉及图像的颜色管理、选区创建及图像合成等多个方面。

8.2.1 查看和分离通道

在Photoshop中打开一张图像，在“通道”面板中单击“指示通道可见性”图标，可以隐藏或显示当前通道。若直接单击通道，则可以看到该对应颜色通道的灰度图像。

这里单击绿色通道，如图8-13所示。图像窗口中会显示灰度图像效果，其中亮度较高的区域表示图像中绿色分量较强的部分，亮度较低的区域表示绿色分量较弱或没有绿色分量的部分，如图8-14所示。

如果想将图像的颜色通道分别导出为独立的灰度图像进行存储和进一步处理，则可以通过分离通道实现。在“通道”面板中单击右上角的“菜单”按钮，如图8-15所示。在弹出的菜单中选择“分离通道”选项，如图8-16所示。

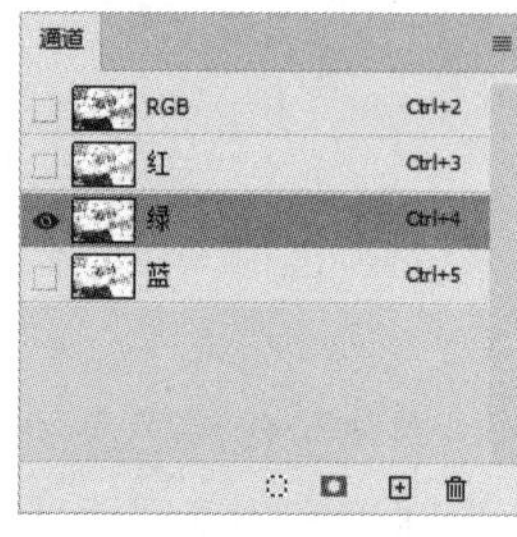

图8-13

图8-14

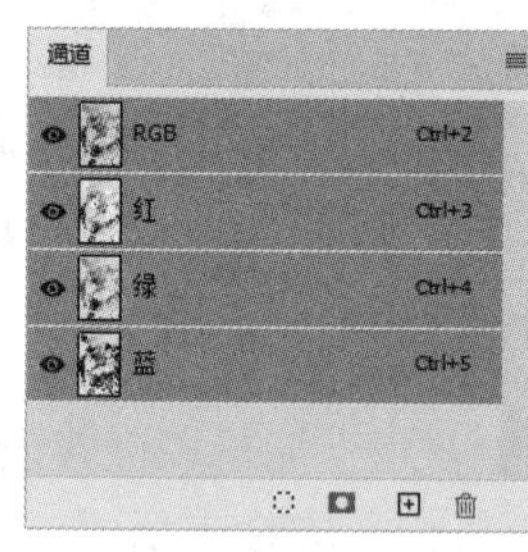

图8-15

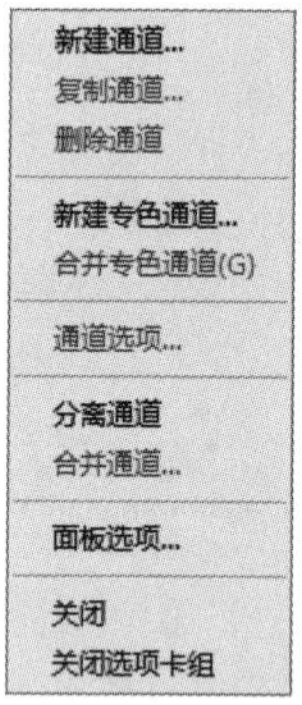

新建通道...
复制通道...
删除通道
新建专色通道...
合并专色通道(G)
通道选项...
分离通道
合并通道...
面板选项...
关闭
关闭选项卡组

图8-16

一旦分离通道完成，原图像将在图像窗口中关闭，并且每个颜色通道都作为一个独立的灰度图像文件打开，标题栏中显示原文件名称加上对应通道名称的缩写。图8-17所示为原图，软件自动将其分离为3个独立的灰度图像；图8-18~图8-20所示分别为红色、绿色、蓝色通道的灰度图像。

知识链接

分离通道通常用于需要将特定通道作为单独图像处理的场合，比如制作单色调图像或进行高级图像处理。此外，某些图像格式（如PSD分层图像）不支持分离通道操作。

图8-17

图8-18

图8-19

图8-20

分离后的灰度图像可以合并回一幅完整的彩色图像。任选一幅分离后的图像，单击“通道”面板右上角的“菜单”按钮，在弹出的菜单中选择“合并通道”选项，如图8-21所示。弹出“合并通道”对话框，在其中设置模式，如图8-22所示。单击“确定”按钮，弹出图8-23所示的“合并RGB通道”对话框，在此可选择红色、绿色、蓝色通道，单击“确定”按钮即可将指定通道合并。

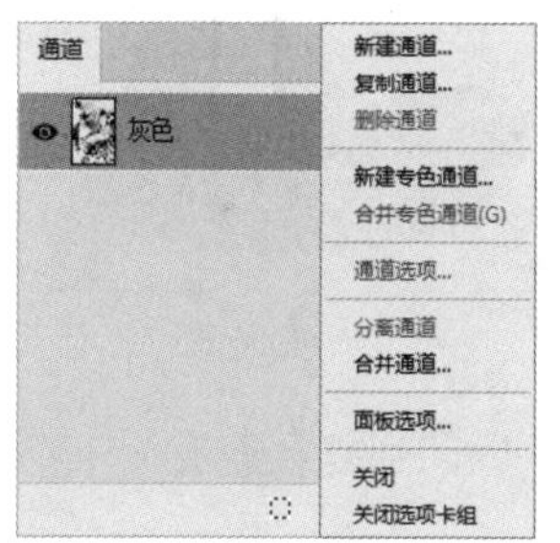

图8-21

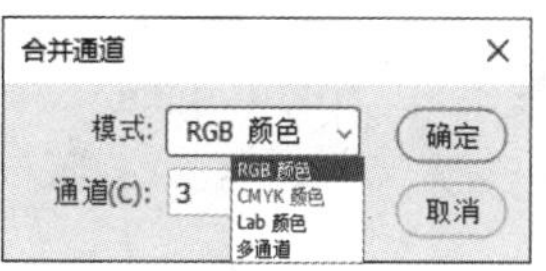

图8-22

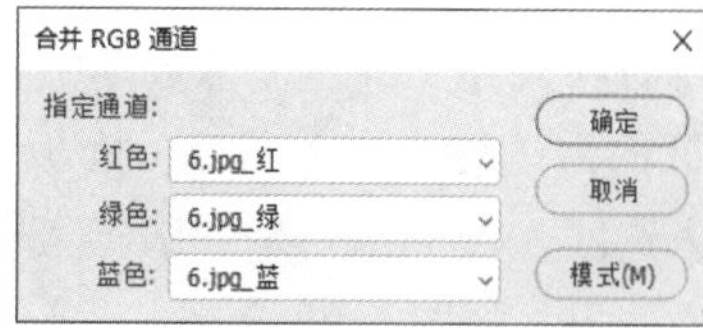

图8-23

知识链接

需合并的图像文件的大小和分辨率必须相同，否则无法进行通道合并。

8.2.2 复制与删除通道

要对通道中的选区进行编辑，可以将该通道的内容，避免编辑后不能还原图像。

1. 复制通道

选中目标通道，单击鼠标右键，在弹出的快捷菜单中选择“复制通道”选项，如图8-24所示。在弹出的“复制通道”对话框中设置参数，如图8-25所示。单击“确定”按钮即可完成通道的复制。

直接将目标通道拖至“创建新通道”按钮上，如图8-26所示。释放鼠标即可完成通道的复制，如图8-27所示。

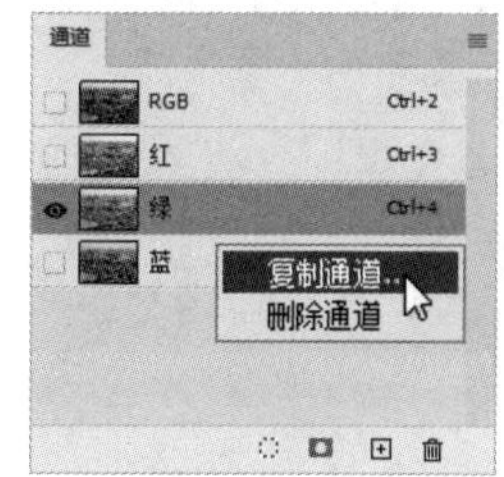

图8-24

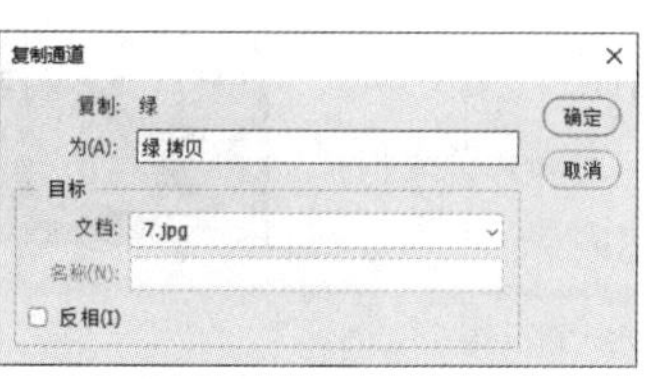

图8-25

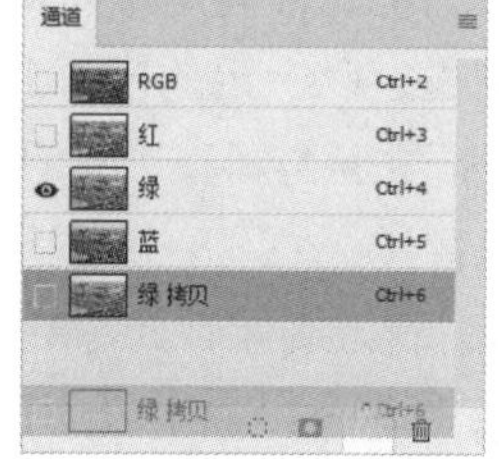

图8-26

图8-27

2. 删除通道

选择要删除的通道，将其拖至“删除当前通道”按钮上，或者单击鼠标右键，选择“删除通道”选项，可以直接删除该通道。若在选中删除通道时单击“删除当前通道”按钮，则会弹出删除提示框，如图8-28所示。单击“是”按钮，跳转至复合通道处，如图8-29所示。

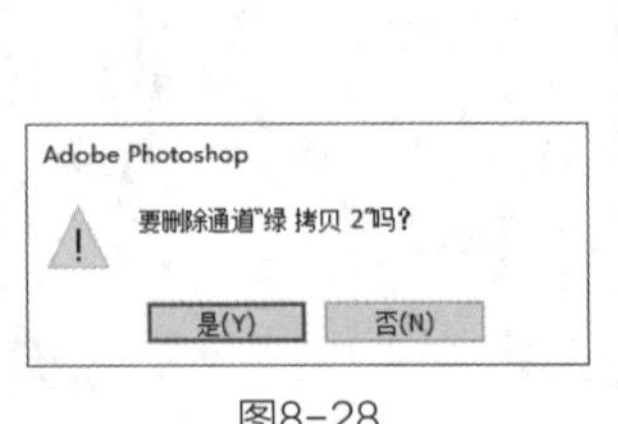

图8-28

图8-29

8.2.3 基于通道创建选区通道

在Photoshop中，基于通道创建选区是一种常见的图像处理技巧，特别是当图像的某个颜色通道与背景形成较大反差时。利用这种反差，可以创建精确的选区，从而方便地对图像进行进一步的编辑。

在“通道”面板中找到反差较大的通道进行复制，如图8-30、图8-31所示。

图8-30

使用各种调整工具提高该通道的对比度，从而进一步提高选区的精确度。在“通道”面板中按住Ctrl键单击缩览图载入选区，按Shift+Ctrl+I组合键反选选区，如图8-32所示。返回到复合通道（RGB通道）即可查看效果，如图8-33所示。

图8-31

图8-32

图8-33

8.2.4 优化计算通道

选区可以有相加、相减、相交的不同算法。Alpha通道同样可以利用计算的方法来实现各种复杂的效果，制作出新的选区图像通道。通道的计算是指将两个来自同一个源图像或多个源图像的通道以一定的模式混合，将一幅图像融合到另一幅图像中，快速得到富于变幻的图像效果。

打开一幅图像作为背景，如图8-34所示。执行“文件 > 置入嵌入图像”命令，置入图像，如图8-35所示。

图8-34

执行“图像 > 计算”命令，弹出“计算”对话框，在其中设置参数，如图8-36所示。在“通道”面板中生成Alpha1通道，图像显示效果如图8-37所示。

图8-35

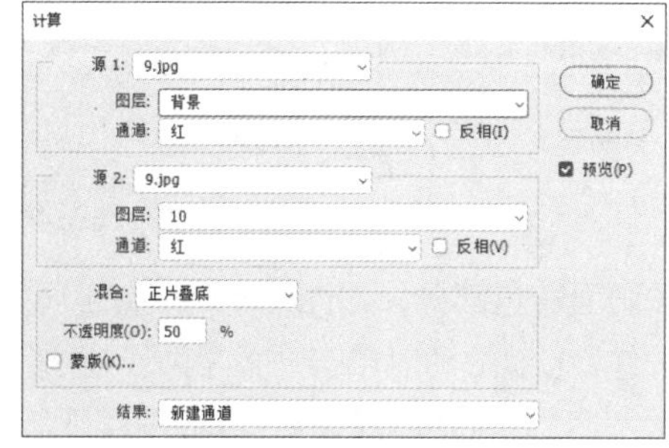

图8-36

单击复合通道（RGB通道）的可视性图标显示通道，即可查看效果，如图8-38、图8-39所示。

图8-37

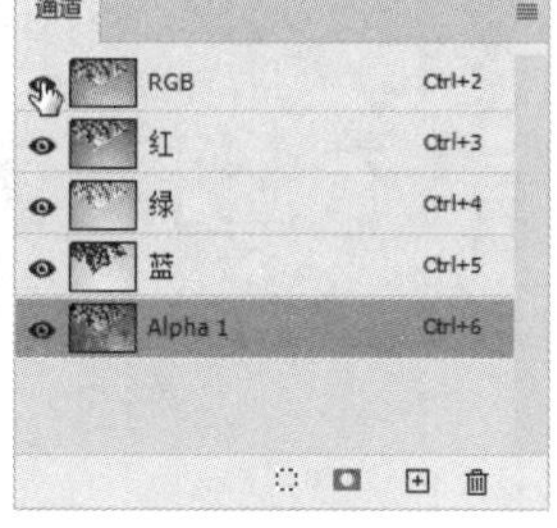

图8-38

图8-39

8.2.5 课堂实操：分离水花与背景

实操8-1 分离水花与背景

实例资源 ▶ \第8章\分离水花与背景\水花jpg和背景.jpg

本案例将使用通道分离水花与背景，涉及的知识点有通道的复制、色阶的调整及选区的创建等。具体操作方法如下。

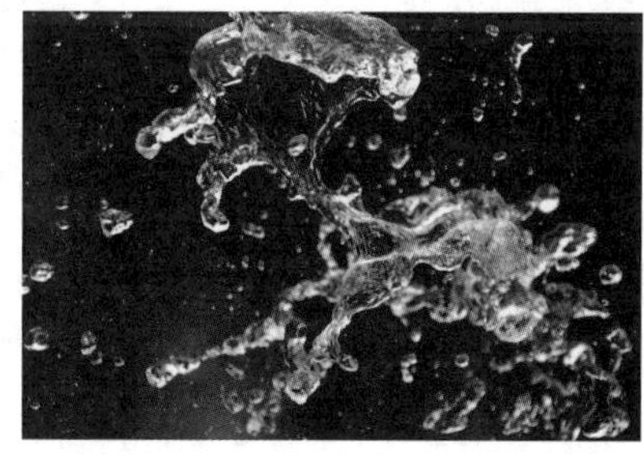

图8-40

Step 01 将素材文件拖至Photoshop中，如图8-40所示。

Step 02 执行“窗口 > 通道”命令，弹出“通道”面板，观察几个通道，“蓝”通道对比最明显，所以将“蓝”通道拖至“创建新通道”按钮上复制该通道，如图8-41所示。

Step 03 按Ctrl+L组合键，在弹出的“色阶”对话框中选择黑色吸管，吸取背景颜色，加强背景与水滴的对比，如图8-42、图8-43所示。

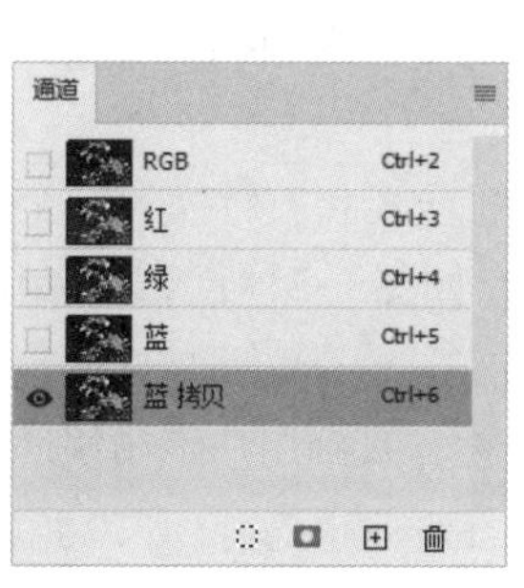

图8-41

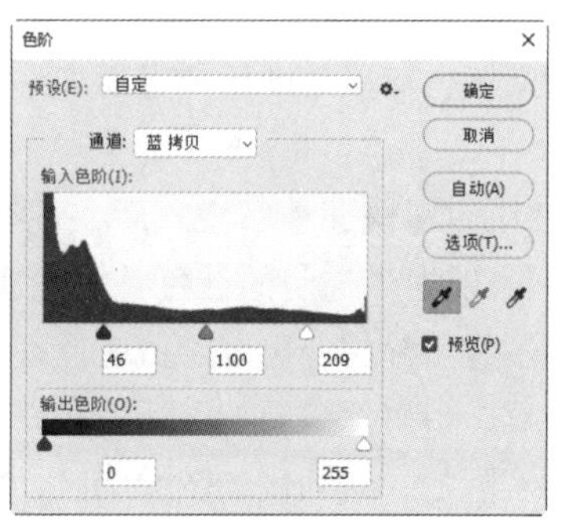

图8-42

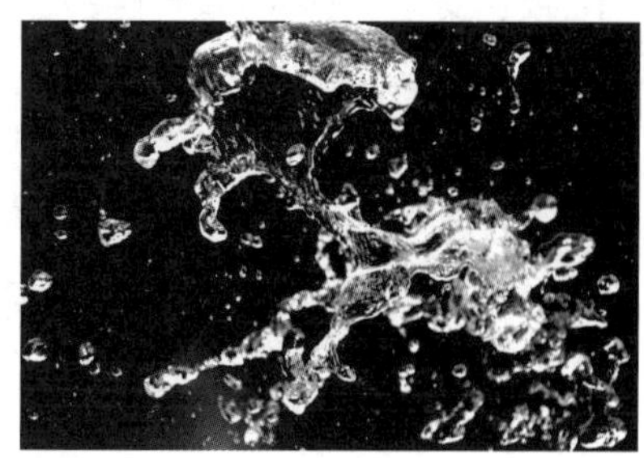

图8-43

Step 04 选择“加深工具”，在选项栏中设置参数，如图8-44所示。

图8-44

Step 05 涂抹画面灰色部分，如图8-45所示。

Step 06 在按住Ctrl键的同时单击“蓝 拷贝”通道缩览图，载入选区，如图8-46所示。

Step 07 单击“图层”面板底部的“添加图层蒙版”按钮，为图层添加蒙版，如图8-47、图8-48所示。

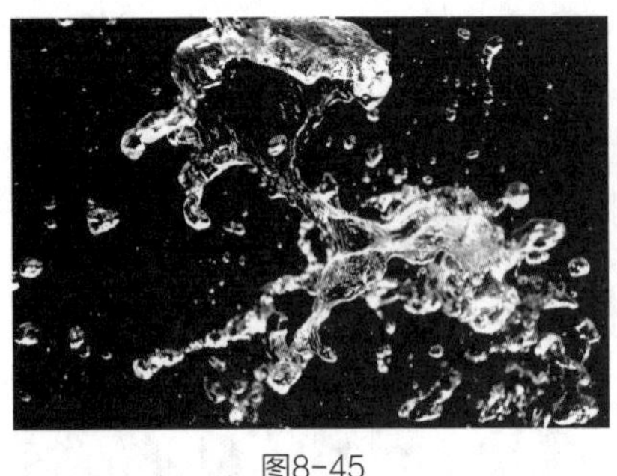

图8-45

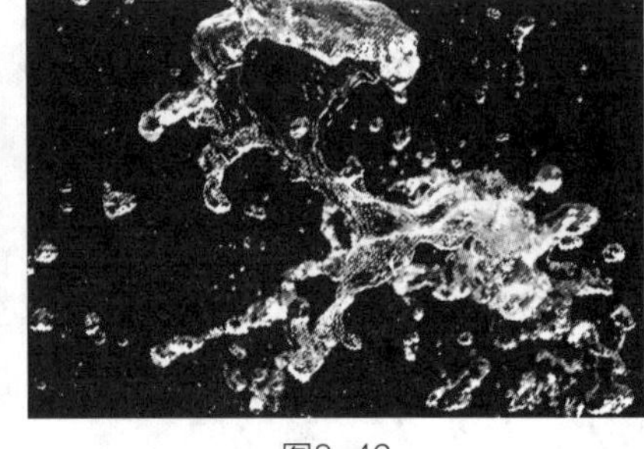

图8-46

图8-47

Step 08 将素材文件拖至Photoshop中，调整图层顺序，如图8-49所示。

Step 09 借助AIGC工具可以生成与之适配的背景，效果如图8-50所示。

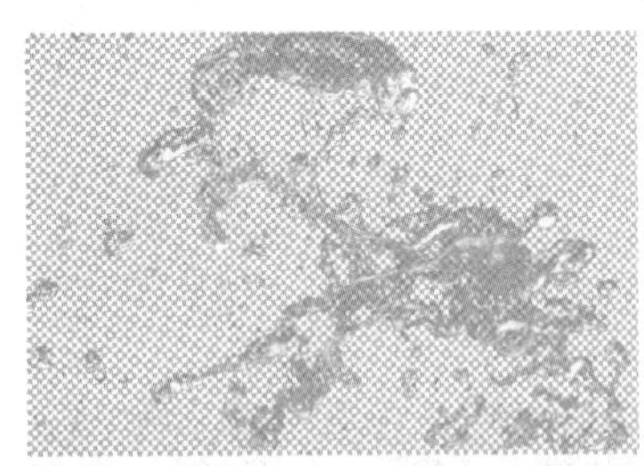

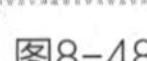

图8-48

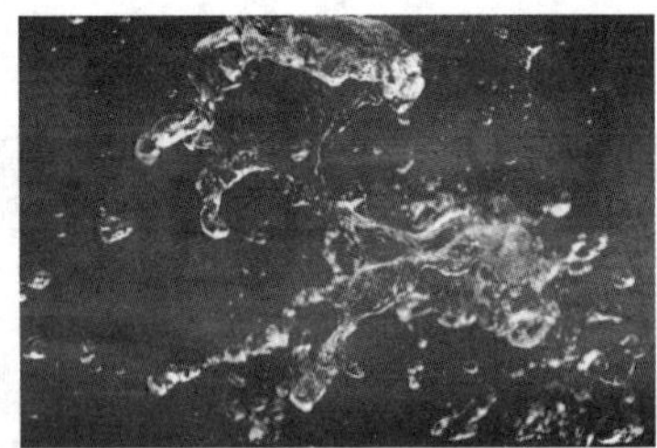

图8-49

图8-50

8.3 蒙版的类型

蒙版主要分为快速蒙版、矢量蒙版、图层蒙版和剪贴蒙版。掌握不同类型的蒙版及其特点，用户可以更加高效地进行图像创作和调整。

8.3.1 快速蒙版

快速蒙版是一种非破坏性的临时蒙版，可以帮助用户直观高效地创建与编辑图像选区，适用于需要手工编辑和调整的复杂选区。

按Q键或者在工具箱中单击按钮启用快速蒙版模式后，现有的选区会被转换为一个临时的、可视化的蒙版图层，默认情况下表现为半透明的红色叠加图层，如图8-51所示。使用画笔工具、橡皮擦工具及其他绘图工具在图像上涂抹，可以隐藏或显现特定区域，进而精确调整选区边界。这一过程不会影响原始图像数据，可确保编辑的灵活性和安全性，直到用户退出快速蒙版模式时，所编辑的蒙版将重新转化为实际的、精细化的图像选区，如图8-52所示。

图8-51

图8-52

8.3.2 图层蒙版

图层蒙版是最常见的一种蒙版类型，它附着在图层上，用于控制图层的可见性，通过隐藏或显示图层的部分区域来实现各种图像编辑效果。

选择想要添加蒙版的图像，如图8-53所示。单击“图层”面板底部的“添加图层蒙版”按钮，在图层上添加一个全白的蒙版缩略图，如图8-54所示。

图8-53

选择“画笔工具”，设置前景色为黑色，在图层蒙版上绘制，可以调整画笔的不透明度，以实现柔和的过渡效果，如图8-55所示。在“图层”面板中，蒙版上的白色表示完全显示该图层的内容，黑色表示完全隐藏该图层的内容，灰色则表示不同程度的透明度，如图8-56所示。

图8-54

图8-55

图8-56

知识链接

在按住Alt键的同时单击“添加图层蒙版”按钮，可以创建一个全黑的蒙版，也就是空蒙版，表示该图层的内容将完全隐藏。

8.3.3 矢量蒙版

矢量蒙版也称为路径蒙版，是配合路径一起使用的蒙版。它的特点是可以任意放大或缩小而不失真，因为矢量蒙版是矢量图形。矢量蒙版适用于需要精确控制图像显示区域和创建复杂图像效果的场景。

选择“矩形工具”，在选项栏中设置“路径”模式，在图像中绘制路径，如图8-57所示。在“图层”面板中按住Ctrl键的同时，单击“图层”面板底部的“添加图层蒙版”按钮，如图8-58所示。

图8-57

创建的矢量蒙版效果如图8-59所示。矢量蒙版中的路径都是可编辑的，可以根据需要随时调整其形状和位置，进而改变图层内容的遮罩范围，如图8-60所示。

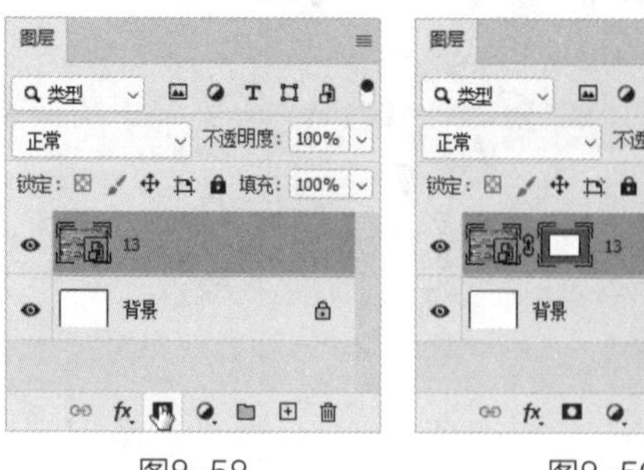

图8-58　　图8-59

图8-60

8.3.4 剪贴蒙版

剪贴蒙版是使用处于下方图层的形状来限制上方图层的显示状态。剪贴蒙版由两部分组成：一部分为基层，即基础层，用于定义显示图像的范围或形状；另一部分为内容层，用于存放将要表现的图像内容。

图8-61

图8-62

在“图层”面板中选中内容层，将鼠标指针移至内容层与其下方图层之间的分隔线上，当鼠标指针变为形状时，单击鼠标左键即可创建剪贴蒙版，如图8-61、图8-62所示。或在选中内容层后，按Alt+Ctrl+G组合键创建剪贴蒙版，再次按Ctrl+Alt+G组合键释放剪贴蒙版。

8.3.5 课堂实操：替换窗外的风景

实操8-2 替换窗外的风景

实例资源 ▶ \第8章\替换窗外的风景\窗.jpg

本案例将替换窗外的风景，涉及的知识点有弯度钢笔工具的使用、选区的创建与编辑，以及剪贴蒙版的应用。具体操作方法如下。

Step 01 将素材文件拖至Photoshop中，如图8-63所示。

Step 02 选择“弯度钢笔工具”，绘制选区，如图8-64所示。

Step 03 按Ctrl+Enter组合键创建选区，按Ctrl+J组合键复制选区，如图8-65所示。

图8-63

图8-64

图8-65

Step 04 动素材图像至Photoshop中，按Ctrl+Alt+G组合键创建剪贴蒙版，如图8-66所示。

Step 05 调整图像的位置，如图8-67所示。

Step 06 借助AIGC工具可以直接替换窗内的风景，如图8-68所示。

图8-66

图8-67

图8-68

8.4 蒙版的编辑调整

蒙版在图像处理和图形设计中扮演着重要的角色，用于对图像的特定部分进行调整或保护，而不会影响图像的其他部分。

8.4.1 转移与复制蒙版

创建蒙版后，要将一个图层的蒙版转移到另一个图层，首先要确保目标图层没有蒙版。然后将当前图层的蒙版缩览图直接拖到目标图层上，如图8-69所示。释放鼠标后，当前图层的蒙版就会被转移到目标图层中，而原图层则不再拥有蒙版，如图8-70所示。

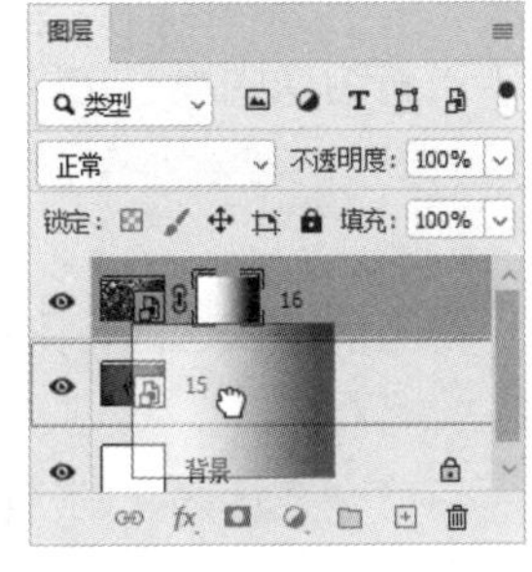

图8-69

图8-70

在按住Alt键的同时，将当前图层的蒙版缩览图拖到另一个图层上，如图8-71所示。释放鼠标后，当前图层的蒙版就会被复制到目标图层中，并且两个图层都会拥有各自的蒙版，如图8-72所示。

在“图层”面板中的蒙版缩览图上单击鼠标右键，在弹出的快捷菜单中选择“删除图层蒙版”选项，如图8-73所示。或者直接拖曳图层蒙版缩览图到“删除图层”按钮上，如图8-74所示。

图8-71

图8-72

图8-73

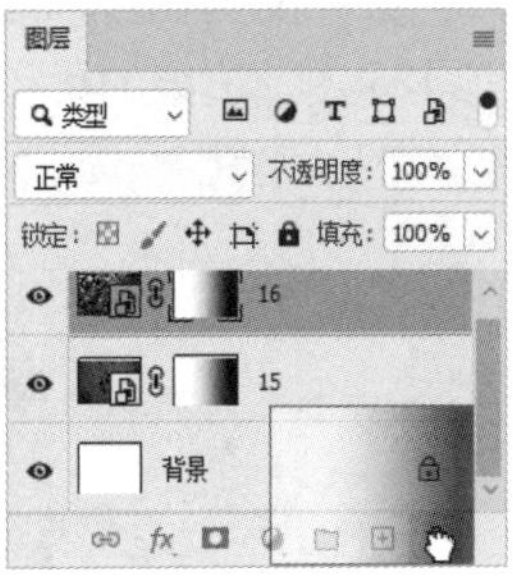

图8-74

8.4.2 停用与启用蒙版

停用与启用蒙版可以对图像使用蒙版前后的效果进行更多的对比观察。

在“图层”面板中右击图层蒙版缩览图，在弹出的快捷菜单中选择“停用图层蒙版”选项，如图8-75所示。或在按住Shift键的同时，单击图层蒙版缩览图，此时图层蒙版缩览图中会出现一个红色的“×”标记，如图8-76所示。

要重新启用图层蒙版的功能，可以右击图层蒙版缩览图，在弹出的快捷菜单中选择“启用图层蒙版”选项，如图8-77所示。或在按住Shift键的同时，单击图层蒙版缩览图启用蒙版，如图8-78所示。

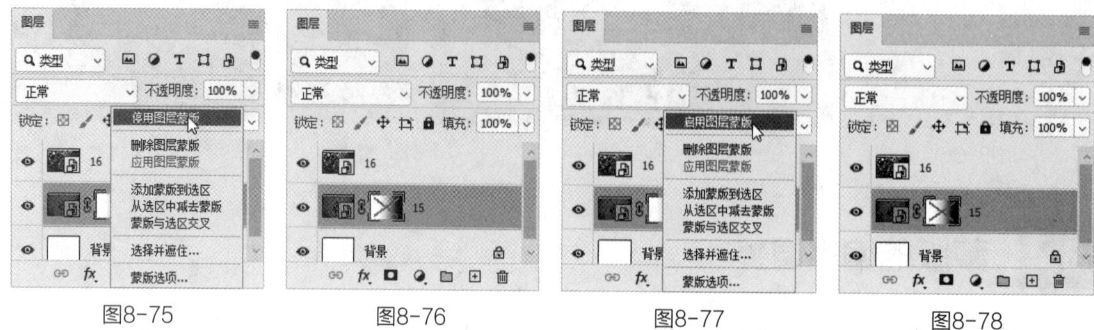

图8-75　　图8-76　　图8-77　　图8-78

8.4.3 蒙版的选区运算

右击图层蒙版缩览图，弹出的快捷菜单中有3个蒙版和选区运算的命令，如图8-79所示。

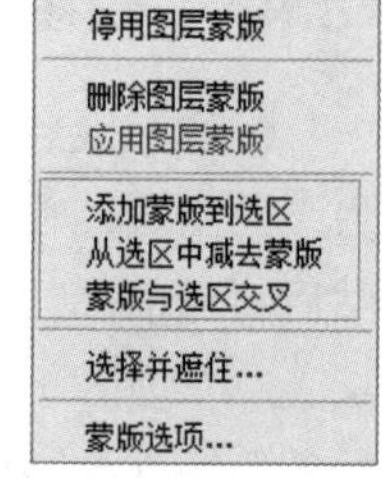

图8-79

- 添加蒙版到选区：若当前图像中没有选区，则选择“添加蒙版到选区”选项，可以载入图层蒙版到选区；若当前存在选区，则可以将蒙版的选区添加到当前选区中。
- 从选区中减去蒙版：若当前存在选区，则选择“从选区中减去蒙版”选项，可以从当前选区中减去蒙版的选区。
- 蒙版与选区交叉：若当前存在选区，则选择“蒙版与选区交叉”选项，可以得到当前选区与蒙版选区的交叉区域。

8.4.4 蒙版的羽化与边缘调整

蒙版的羽化与边缘调整可以实现更加自然、柔和的图像过渡效果，避免边缘生硬。

1. 蒙版的羽化

蒙版的羽化可以通过设置蒙版中的渐变工具，将图片的透明度从不透明逐渐变为透明，从而实现图片边缘的柔和效果。置入素材图像后创建蒙版，选择“渐变工具”，在选项栏中设置参数，可以根据需要调整渐变的范围和不透明度。图8-80、图8-81所示分别为羽化前后的效果。

图8-80

图8-81

2. 边缘调整

蒙版的边缘调整可以优化蒙版与图像之间的过渡效果，使边缘看起来更加柔和、自然。创建蒙版后，单击上下文任务栏中的“修改蒙版的羽化和密度”按钮，如图8-82所示。在弹出的对话框中设置羽化参数，效果如图8-83所示。

若对密度进行设置，则可以调整其不透明度，如图8-84所示。当密度为0%时，蒙版完全不透明，如图8-85所示。

用户也可以在“属性”面板中对参数进行设置，如图8-86所示。

图8-82

图8-83

图8-84

图8-85

• 添加像素蒙版/添加矢量蒙版：单击“添加像素蒙版”按钮，可为当前图像添加一个像素蒙版；单击“添加矢量蒙版”按钮，可为当前图层添加一个矢量蒙版。

• 密度：该选项类似于图层的不透明度，用于控制蒙版的不透明度，也就是蒙版遮盖图像的强度。

• 羽化：用于控制蒙版边缘的柔化程度。数值越大，蒙版边缘越柔和；数值越小，蒙版边缘越生硬。

• 选择并遮住：单击该按钮，在弹出的“属性”对话框中修改蒙版边缘。

• 颜色范围：单击该按钮，在弹出的“色彩范围”对话框中修改“颜色容差”来修改蒙版的边缘范围。

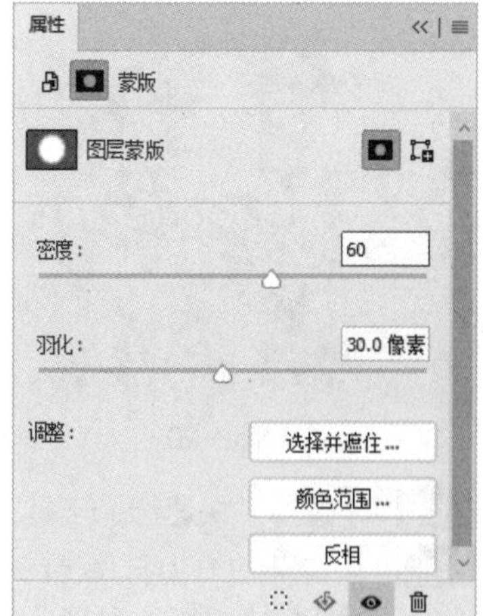

图8-86

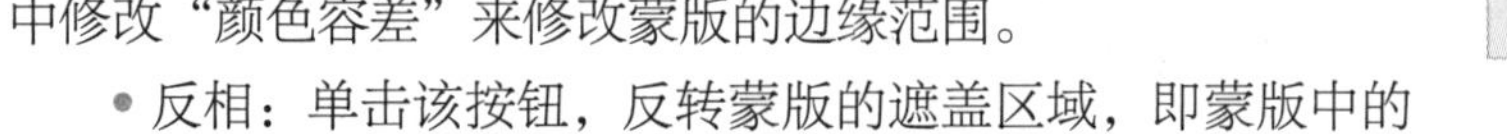

• 反相：单击该按钮，反转蒙版的遮盖区域，即蒙版中的黑色部分变成白色、白色部分变成黑色，未遮盖的图像将边调整为负片效果。

• 从蒙版中载入选区：单击该按钮，可从蒙版中生成选区。按Ctrl键单击蒙版缩览图，也可以载入蒙版的选区。

• 应用蒙版：单击该按钮，可将蒙版应用到图像中，同时删除蒙版及被蒙版遮盖的区域。

• 停用/启用蒙版：单击该按钮，可停用或重新启用蒙版。

• 删除蒙版：单击该按钮，可删除当前选择的蒙版。

8.4.5 课堂实操：文字穿插叠加效果

实操8-3 文字穿插叠加效果

实例资源 ▶ \第8章\文字穿插叠加效果\花.jpg

本案例将制作文字穿插叠加效果，涉及的知识点有文字的创建与编辑、剪贴蒙版的创建、选区的创建与编辑，以及蒙版的停用与启用。具体操作方法如下。

Step 01 新建空白文档并填充颜色（#eceefc），选择“横排文字工具”，在“字符”面板中设置参数，如图8-87所示。

Step 02 输入文字并设置居中对齐，如图8-88所示。

Step 03 置入素材图像后调整大小，如图8-89所示。

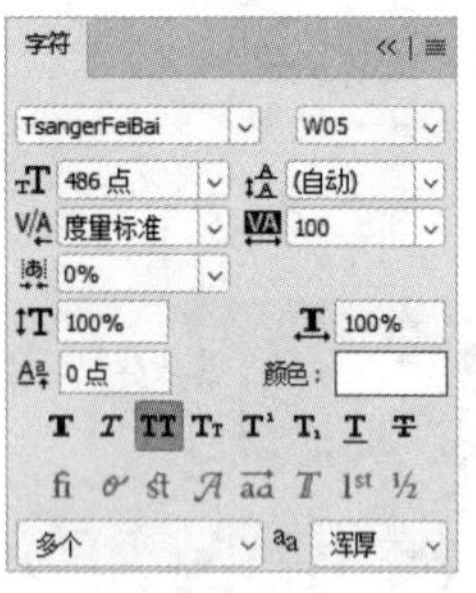

图8-87

图8-88

图8-89

Step 04 按Alt+Ctrl+G组合键创建剪贴蒙版，如图8-90所示。

Step 05 按Ctrl+J组合键复制图层并添加图层蒙版，调整不透明度为40%，如图8-91所示。效果如图8-92所示。

图8-90

图8-91

图8-92

Step 06 选择“快速选择工具”，创建选区，如图8-93所示。

Step 07 按Shift+Ctrl+I组合键反选选区，执行“选择 > 修改 > 扩展”命令，在弹出的“扩展选区”对话框中设置扩展量为2像素，选区效果如图8-94所示。

Step 08 使用“画笔工具”擦除选区内容，如图8-95所示。

图8-93

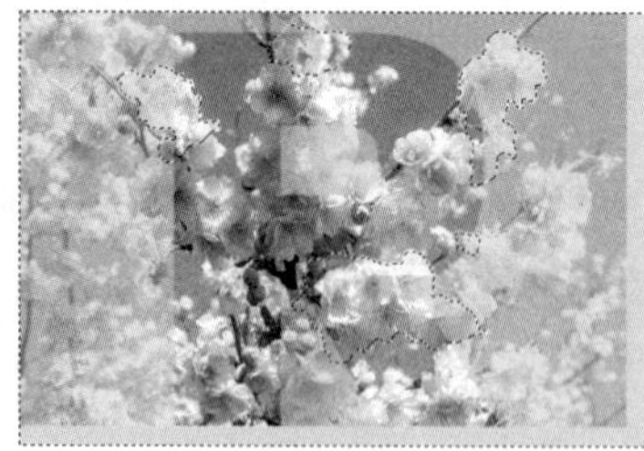
图8-94

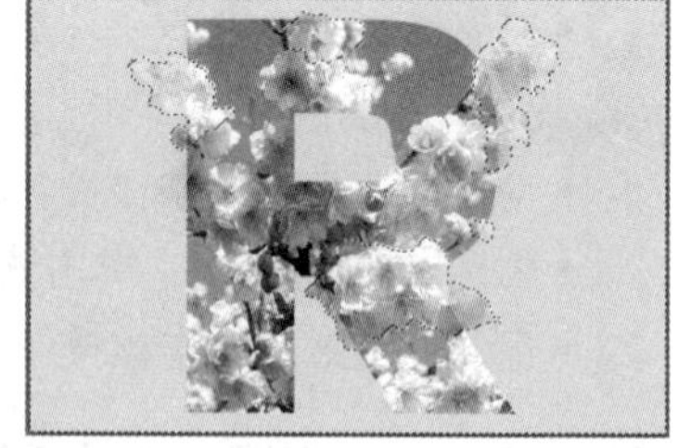
图8-95

Step 09 按Ctrl+D组合键取消选区，调整不透明度为100%，如图8-96所示。

Step 10 借助停用与启用蒙版操作，搭配“画笔工具”继续调整花朵的显示，如图8-97、图8-98所示。

Step 11 双击文字图层，在弹出的“图层样式”对话框中添加内阴影效果，如图8-99所示。效果如图8-100所示。

图8-96

图8-97

图8-98

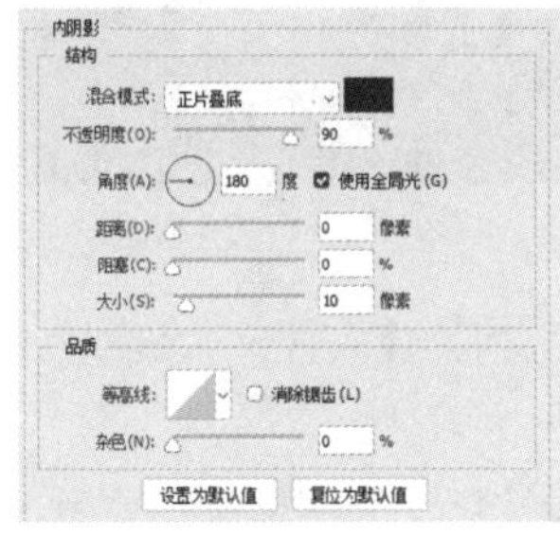

图8-99

图8-100

8.5 实战演练：合成创意菠萝房子

实操8-4 合成创意菠萝房子

实例资源 ▶ \第8章\合成创意菠萝房子\背景.jpg、菠萝.jpg、门.jpg、楼梯.png

本章实战演练将合成菠萝房子，综合运用本章的知识点，以熟练掌握和巩固通道的复制编辑，色阶、曲线的应用，以及蒙版的创建编辑。具体操作方法如下。

Step 01 将素材文件拖到Photoshop中，按Ctrl+J组合键复制背景图层，如图8-101所示。

图8-101

Step 02 在“通道”面板中将“蓝”通道拖至“创建新通道”按钮上，复制该通道，如图8-102所示。

Step 03 按Ctrl+L组合键，在弹出的“色阶”对话框中选择白色吸管，吸取背景颜色增加对比，如图8-103、图8-104所示。

图8-102

图8-103

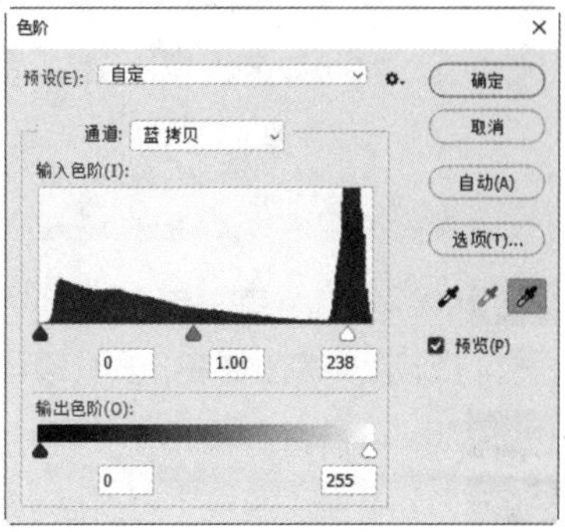

图8-104

Step 04 按Ctrl+M组合键，在弹出的“曲线”对话框中调整曲线状态，如图8-105所示。

Step 05 选择“画笔工具”，设置前景颜色为黑色，涂抹暗部，如图8-106所示。

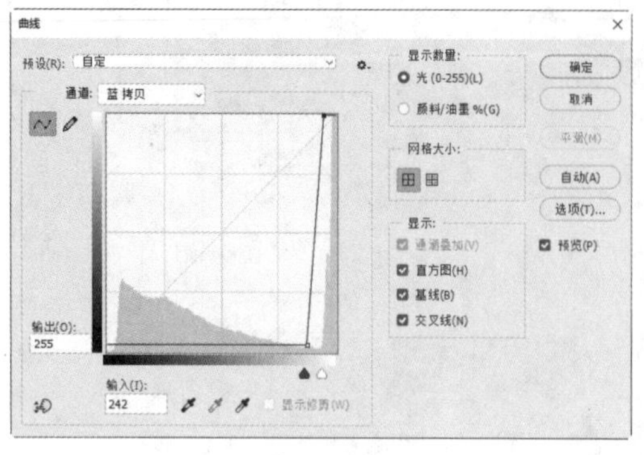

图8-105

图8-106

Step 06 在按住Ctrl键的同时单击“蓝 拷贝”通道缩览图，载入选区，按Ctrl+Shift+I组合键反选选区，如图8-107所示。

Step 07 单击“图层”面板底部的“添加图层蒙版”按钮，为图层添加蒙版，隐藏背景图层，如图8-108所示。

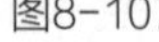

图8-107

图8-108

Step 08 将素材图像拖至文档中，调整大小和图层顺序，如图8-109、图8-110所示。

图8-109

图8-110

Step 09 在“图层”面板中创建“曲线”调整图层，在弹出的“属性”面板中设置参数，如图8-111所示。按Ctrl+Shift+G组合键创建剪贴蒙版，效果如图8-112所示。

Step 10 将素材图像拖至文档中，调整大小，更改不透明度为50%，如图8-113所示。

Step 11 单击“图层”面板底部的“添加图层蒙版”按钮，为图层添加蒙版，选择“画笔工具”涂抹重叠部分，更改不透明度为100%，如图8-114所示。

Step 12 将素材图像拖至文档中，调整大小，更改不透明度为85%，如图8-115所示。

图8-111　　图8-112

图8-113

图8-114

图8-115

Step 13 单击“图层”面板底部的“添加图层蒙版”按钮，为图层添加蒙版，使用“钢笔工具”与“画笔工具”把门、窗以外的部分涂抹隐藏，更改不透明度为100%，效果如图8-116所示。

Step 14 在“图层”面板中创建“曲线”调整图层，在弹出的“属性”面板中设置参数，如图8-117所示。

Step 15 最终效果如图8-118所示。

图8-116

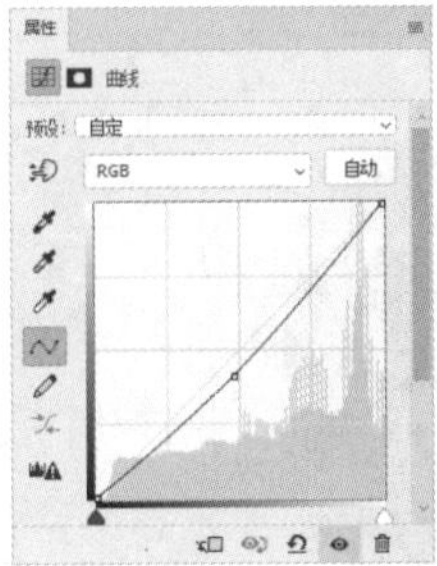

图8-117

图8-118

8.6 拓展练习

实操8-5 爆炸头的抠取

实例资源 ▸ \第8章\爆炸头的抠取\爆炸头.jpg

下面使用通道、“调色”命令及选区抠取爆炸头人物，前后的效果分别如图8-119、图8-120所示。

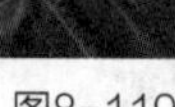
图8-119

图8-120

技术要点：

- 通道的复制、通道与选区的转换；
- 使用“调色”命令与修饰工具，在通道中创建极致的明暗对比。

分步演示：

①打开图像；

②复制对比最强的通道；

③使用色阶、加深与减淡工具增强明暗对比，创建选区；

④返回到复合通道，复制选区后新建图层，调整图层顺序。

第 9 章

PS

滤镜：光影特效的应用

内容导读

本章将对滤镜特效的应用进行讲解，包括智能对象滤镜、独立滤镜组及特效滤镜组。了解并掌握这些基础知识，设计师可以根据图像的内容和需求选择合适的滤镜，并通过灵活调节各项参数，实现对图像效果的优化提升。

学习目标

- 了解智能滤镜的转换
- 掌握滤镜库的应用
- 掌握独立滤镜组滤镜的应用
- 掌握特效滤镜组滤镜的应用

素养目标

- 尝试不同的视觉效果，从而激发创新思维，创作出更具个性和独特性的作品。
- 提高设计师对色彩、构图、光影等视觉元素的感知能力，提升审美水平，更加准确地把握图像的视觉效果和氛围。

案例展示

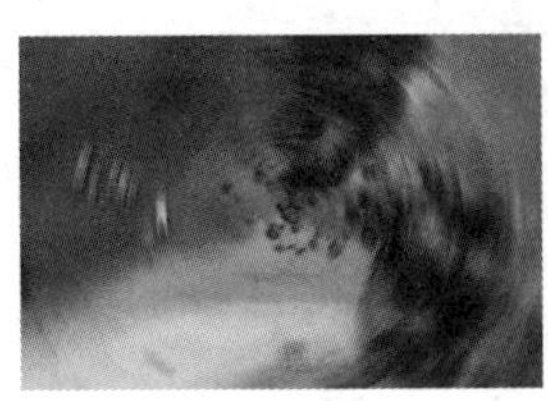
模糊滤镜

制作水彩画效果

制作塑料薄膜效果

9.1 滤镜基础知识

在Photoshop中，滤镜可以用来添加或改变图像的各种视觉效果，从而提升艺术作品的表现力。滤镜主要用于制作特殊效果，如模糊、锐化、扭曲、渲染纹理、调整色彩和光照，以及模拟传统艺术技法等。

9.1.1 认识滤镜

Photoshop中的所有滤镜都在“滤镜”菜单中，如图9-1所示。

该菜单分为以下4栏。

- 第一栏：显示最近使用过的滤镜。
- 第二栏：“转换为智能滤镜”用于整合多个不同的滤镜，并对滤镜效果的参数进行调整和修改，让图像的处理过程更智能化。
- 第三栏：独立特殊滤镜，单击后即可使用。
- 第四栏：滤镜组。每个滤镜组又包含多个滤镜，可通过执行一次或多次滤镜命令为图像添加不一样的效果。

若安装了外挂滤镜，则会出现在“滤镜”菜单底部。

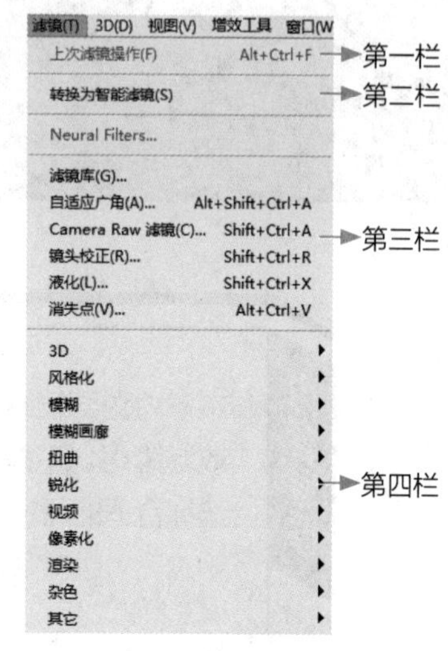

图9-1

9.1.2 智能对象滤镜

智能滤镜是一种非破坏性的滤镜，为智能对象应用的滤镜都可以成为智能对象滤镜。用户可以随时调整和撤销智能对象滤镜效果，而不会对原始图像造成破坏。选择智能对象图层，应用任意滤镜，单击鼠标右键，在弹出的快捷菜单中可对智能滤镜进行编辑，如图9-2所示。

- 编辑智能滤镜混合选项：调整滤镜的模式和不透明度，如图9-3所示。
- 编辑智能滤镜：重新更改应用滤镜的参数。
- 停用智能滤镜：停止使用智能滤镜。
- 删除智能滤镜：删除该智能滤镜。

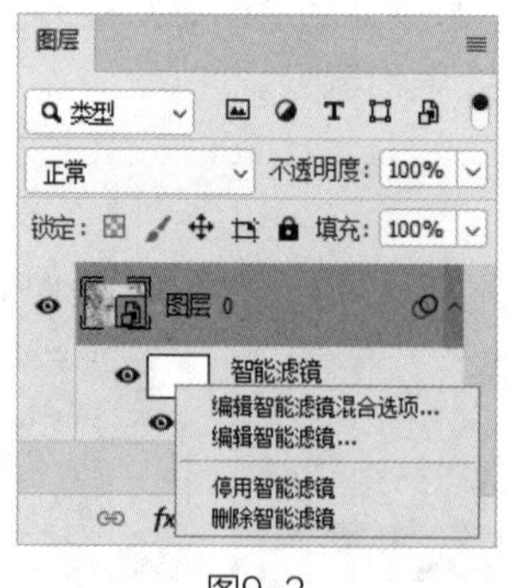

图9-2

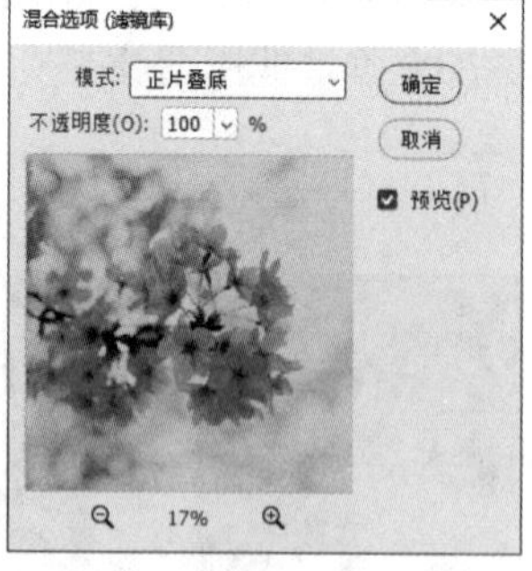

图9-3

9.2 独立特殊滤镜

独立特殊滤镜不包含任何滤镜子菜单，直接执行即可使用，包括滤镜库、自适应广角滤镜、Camera Raw滤镜、镜头校正滤镜、液化滤镜和消失点滤镜。

9.2.1 滤镜库

滤镜库是集成了多种滤镜效果的工具集合。执行“滤镜 > 滤镜库”命令，弹出“滤镜库”对话框，如图9-4所示。在该对话框中可以单击滤镜缩览图来预览该滤镜对图像的效果，并调整右侧参数控制滤镜的强度和其他属性，以达到期望的效果。

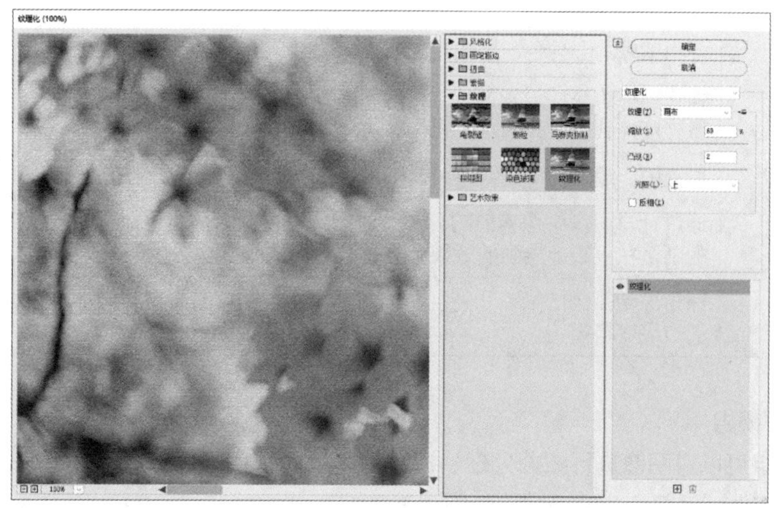

图9-4

该对话框中主要选项的功能如下。

- 预览框：可预览图像的变化效果。单击底部的⊟⊞按钮，可缩小或放大预览框中的图像。
- 滤镜组：该区域显示了“风格化”“画笔描边”“扭曲”“素描”“纹理”“艺术效果”6组滤镜，单击每组滤镜前面的三角形图标展开该滤镜组，即可看到该组中包含的具体滤镜。
- 显示/隐藏滤镜缩览图⊼：单击该按钮，可隐藏或显示滤镜缩览图。
- “滤镜”弹出式菜单与参数设置区：在“滤镜”弹出式菜单中可以选择所需滤镜，在其下方区域可设置当前所应用滤镜的各种参数。
- 选择滤镜显示区域：单击某个滤镜效果图层，显示选择该滤镜，剩下的属于已应用但未选择的滤镜。
- 隐藏滤镜👁：单击效果图层前面的👁图标，隐藏滤镜效果；再次单击，将显示被隐藏的效果。
- 新建效果图层⊞：要同时使用多个滤镜，可以单击该按钮，新建一个效果图层，实现多滤镜的叠加使用。
- 删除效果图层🗑：选择一个效果图层后，单击该按钮即可将其删除。

滤镜组中的6组滤镜介绍如下。

1. 风格化滤镜组

滤镜库中只收录了一种风格化滤镜效果：照亮边缘。使用该滤镜能让图像产生比较明亮的轮廓线，形成一种类似霓虹灯的亮光效果。

2. 画笔描边滤镜组

画笔描边滤镜组用于模拟不同的画笔或油墨笔刷来勾画图像，使图像产生手绘效果。画笔描边滤镜组中各滤镜的功能如表9-1所示。

表 9-1

名称	功能
成角的线条	使用对角描边重新绘制图像，用相反方向的线条来绘制亮区和暗区
墨水轮廓	以钢笔画的风格，用纤细的线条在原细节上重绘图像
喷溅	模拟笔墨喷溅的艺术效果
喷色描边	使用图像的主导色，用成角的、喷溅的颜色线条重新绘制图像
强化的边缘	强化图像边缘。设置高的边缘亮度控制值时，强化效果类似白色粉笔；设置低的边缘亮度控制值时，强化效果类似黑色油墨
深色线条	用短的、绷紧的深色线条绘制暗区；用长的白色线条绘制亮区
烟灰墨	通过计算图像中像素值的分布，对图像进行概括性描述，进而产生用饱含黑色墨水的画笔在宣纸上绘画的效果，也被称为书法滤镜
阴影线	保留原始图像的细节和特征，同时使用模拟的铅笔阴影线添加纹理，并使彩色区域的边缘变粗糙

3. 扭曲滤镜组

扭曲滤镜组可以对图像进行扭曲处理。滤镜库中收录了3种扭曲滤镜效果：玻璃、海洋波纹和扩散亮光。扭曲滤镜组中各滤镜的功能如表9-2所示。

表 9-2

名称	功能
玻璃	使用该滤镜能模拟透过玻璃观看图像的效果
海洋波纹	将随机分隔的波纹添加到图像表面，使图像看上去像在水中
扩散亮光	将图像渲染成像透过一个柔和的扩散滤镜来观看。此滤镜添加透明的白杂色，并从选区的中心向外渐隐亮光

4. 素描滤镜组

素描滤镜组可以为图像增加纹理，模拟素描、速写等艺术效果，也可以在图像中加入底纹而产生三维效果。前景色和背景色的设置将对该组滤镜的效果起决定性作用。素描滤镜组中各滤镜的功能如表9-3所示。

表 9-3

名称	功能
半调图案	在保持连续的色调范围的同时，模拟半调网屏的效果
便条纸	使图像呈现类似浮雕的凹陷压印图案，其中前景色作为凹陷部分，背景色作为凸出部分
粉笔和炭笔	重绘高光和中间调，并使用粗糙粉笔绘制纯中间调的灰色背景。阴影区域用黑色对角炭笔线条替换。炭笔用前景色绘制，粉笔用背景色绘制
铬黄渐变	将图像处理成好像磨光的铬的表面。高光在反射表面上是高点，阴影则是低点
绘图笔	使用细的、线状的油墨描边以获取原图像中的细节。使用前景色作为油墨，并使用背景色作为纸张，以替换原图像中的颜色

续表

名称	功能
基底凸现	使图像产生浅浮雕式的雕刻状和在光照下变化各异的表面。图像的暗区呈现前景色，而浅色使用背景色。该滤镜主要用于制作粗糙的浮雕效果
石膏效果	使图像呈现石膏画效果，并使用前景色和背景色上色，暗区凸起，亮区凹陷
水彩画纸	利用有污点的、像画在潮湿的纤维纸上的涂抹，使颜色流动并混合
撕边	模拟撕破的纸张效果。使用前景色与背景色为图像着色
炭笔	产生色调分离的涂抹效果。主要边缘以粗线条绘制，而中间色调用对角描边进行素描。炭笔是前景色，背景是纸张颜色
炭精笔	模拟图像中纯黑和纯白的炭精笔纹理效果。暗部区域使用前景色，亮度区域使用背景色
图章	简化图像，凸出主体，使之产生用橡皮或木制图章印章的效果
网状	模拟胶片的可控收缩和扭曲的图像效果，从而使图像在暗调区域呈结块状，在高光区域呈轻微颗粒化
影印	模拟影印图像的效果

5. 纹理滤镜组

纹理滤镜组可为图像添加深度感或材质感，主要功能是在图像中添加各种纹理，为设计作品增加立体感、历史感或是抽象的艺术风格。纹理滤镜组中各滤镜的功能如表9-4所示。

表 9-4

名称	功能
龟裂缝	模拟类似高凸现的石膏表面的精细网状裂缝效果
颗粒	用于向图像中添加颗粒状的噪点，模拟胶片颗粒、画布纹理或打印输出时的颗粒效果
马赛克拼贴	将图像转化为类似马赛克瓷砖拼贴的效果，通常会呈现出一定的浮雕感觉
拼缀图	将图像拆分成多个规则排列的小方块，并选用图像中的颜色对各方块进行填充，以产生一种类似建筑拼贴瓷砖的效果
染色玻璃	将图像重新绘制为用前景色勾勒的单色的相邻单元格
纹理化	将选择或创建的纹理应用于图像中

6. 艺术效果滤镜组

艺术效果滤镜组可模拟现实生活，制作绘画效果或特殊效果，为作品添加艺术特色。艺术效果滤镜组中各滤镜的功能如表9-5所示。

表 9-5

名称	功能
壁画	使用短而圆的粗略轻涂的小块颜料，以一种粗糙的风格绘制图像
彩色铅笔	使用彩色铅笔在纯色背景上绘制图像。保留边缘，外观呈粗糙阴影线；纯色背景色透过比较平滑的区域显示出来
粗糙蜡笔	通过模拟蜡笔在带纹理纸张上的绘画效果，亮色区域描边厚重遮盖背景，暗色区域描边轻薄显露背景纹理，实现自然蜡笔画艺术效果

续表

名称	功能
底纹效果	通过添加纹理背景或图案，为图像增添一种独特的质感或风格
干画笔	使用干画笔技术（介于水彩和油彩之间）绘制图像边缘。通过将图像的颜色范围降低至普通颜色范围来简化图像
海报边缘	根据设置的海报化选项减少图像中的颜色数量（对其进行色调分离），并查找图像的边缘，在边缘上绘制黑色线条
海绵	使用颜色对比强烈、纹理较重的区域创建图像，以模拟海绵绘画的效果
绘画涂抹	选取多种类型和大小（1～50）的画笔来创建涂抹效果
胶片颗粒	将平滑图案应用于阴影和中间色调，将一种更平滑、饱合度更高的图案添加到亮区
木刻	模拟木版画或木刻印刷的艺术效果。通过强化图像的轮廓线条，减少色彩渐变和细节，以及增加纹理和质感来呈现
霓虹灯光	模拟霓虹灯光的效果，将各种类型的灯光添加到图像中的对象上
水彩	模拟水彩画的效果，即以水彩的风格绘制图像，简化图像细节
塑料包装	使图像产生表面质感强烈并富有立体感的塑料包装效果
调色刀	减少图像中的细节，以生成描绘得很淡的画布效果，可以显示出下面的纹理
涂抹棒	使用短的对角描边涂抹暗区以柔化图像。亮区变得更亮，以致失去细节

9.2.2 自适应广角滤镜

自适应广角滤镜可以校正由使用广角镜头而造成的镜头扭曲，从而快速拉直在全景图或采用鱼眼镜头和广角镜头拍摄的照片中看起来弯曲的线条。执行“滤镜 > 自适应广角”命令，弹出

图9-5

“自适应广角”对话框，如图9-5所示。

该对话框中主要选项的功能如下。

- 约束工具：使用该工具，单击图像或拖曳端点可添加或编辑约束。按住Shift键单击可添加水平或垂直约束；按住Alt键单击可删除约束。
- 多边形约束工具：使用该工具，单击图像或拖曳端点可添加或编辑多边形约束。单击初

始起点可结束约束；按住Alt键单击图像或端点可删除约束。

- 移动工具✥：使用该工具，拖曳鼠标可以在画布中移动内容。
- 抓手工具✋：放大图像的显示比例后，可使用该工具移动图像，以观察图像的不同区域。
- 缩放工具🔍：使用该工具在预览区域单击，可放大图像的显示比例；按住Alt键在该区域单击，则可缩小图像的显示比例。

9.2.3 Camera Raw滤镜

Camera Raw滤镜是一款功能全面且强大的图像编辑工具。它不仅限于处理原始图像文件，还能处理由不同相机和镜头拍摄的图像，并进行色彩校正、细节增强、色调调整等全面处理。

图9-6

Camera Raw滤镜如图9-6所示。该对话框中“编辑”选项卡中工具的功能如下。

- 基本：使用滑块可对白平衡、色温、色调、曝光度、高光、阴影等进行调整。
- 曲线：使用曲线可微调色调等级，还能在参数曲线、点曲线、红色通道、绿色通道和蓝色通道中进行选择。
- 细节：使用滑块可调整锐化、降噪并减少杂色。
- 混色器：在“HSL”和“颜色”之间选择，以调整图像中的不同色相。
- 颜色分级：使用色轮可精确调整阴影、中间调和高光中的色相，也可以调整这些色相的“混合”与“平衡”。
- 光学：可以删除色差、扭曲和晕影。使用“去边”功能可消除图像中的紫色边或绿色边。
- 几何：可调整不同类型的透视和色阶校正。选择“限制裁切”，可在应用“几何”调整后快速移除白色边框。
- 效果：使用滑块可添加颗粒或晕影。
- 校准：可以从“处理”下拉列表框中选择“处理版本”，并调整阴影、红原色、绿原色和蓝原色滑块。

Camera Raw滤镜的右侧工具栏中提供了多种实用工具以便用户对图像进行更精细的编辑和调整，具体介绍如下。

- 修复🩹：使用修复工具可修复图像的瑕疵。
- 蒙版◎：使用各种工具可编辑图像的任何部分以定义要编辑的区域。

- 红眼：可去除图像中的红眼或宠物眼。
- 预设：可访问和浏览适用于不同肤色、电影、旅行、复古等肖像的高级预设。
- 缩放：可放大或缩小预览图像。双击“缩放”图标可返回“适合视图”。
- 抓手：使用抓手工具可放在视图中移动图像。按住鼠标左键并拖曳图像，可查看图像的不同区域。
- 切换取样器叠加：单击图像任意处，可添加颜色取样器。
- 切换网格覆盖图：切换至网格模式，可以调整网格的大小和不透明度。

9.2.4 镜头校正滤镜

镜头校正滤镜可以修正由于镜头特性引起的图像失真，如桶形失真和枕形失真、相片周边暗角，以及图像边缘出现彩色光晕的色像差。执行“滤镜 > 镜头校正”命令，弹出“镜头校正”对话框，如图9-7所示。

图9-7

该对话框中主要选项的功能如下。

- 移去扭曲工具：可向中心拖曳或脱离中心以校正失真。
- 拉直工具：可绘制一条直线，将图像拉直到新的横轴或竖轴。
- 移动网格工具：使用该工具可以移动网格，以将其与图像对齐。

9.2.5 液化滤镜

液化滤镜可用于对图像的任何区域进行各种变形操作，如推、拉、旋转、反射、折叠和膨胀等。执行“滤镜 > 液化”命令，弹出“液化”对话框。该对话框中提供了液化滤镜的工具、选项和图像预览，如图9-8所示。

图9-8

该对话框中主要选项的功能如下。

- 向前变形工具：使用该工具可以移动图像中的像素，得到变形的效果。
- 重建工具：使用该工具在变形的区域单击或拖曳鼠标进行涂抹，可以使变形区域的图像恢复到原始状态。
- 平滑工具：用于平滑调整后的图像边缘。
- 顺时针旋转扭曲工具：使用该工具在图像中单击或拖曳鼠标时，图像会被顺时针旋转扭曲；按住Alt键单击鼠标时，图像则会被逆时针旋转扭曲。
- 褶皱工具：使用该工具在图像中单击或拖曳鼠标时，画笔区域内的像素会向画笔中心移动，形成褶皱效果。
- 膨胀工具：使用该工具在图像中单击或拖曳鼠标时，画笔区域内的像素会向画笔四周扩散，形成膨胀效果。
- 左推工具：使用该工具可以使图像产生挤压变形的效果。使用该工具垂直向上拖曳鼠标时，像素向左移动；向下拖曳鼠标时，像素向右移动。按住Alt键垂直向上拖曳鼠标时，像素向右移动；向下拖曳鼠标时，像素向左移动。使用该工具围绕对象顺时针拖曳鼠标，可增加其大小；逆时针拖曳鼠标，则减小其大小。
- 冻结蒙版工具：使用该工具可以在预览窗口绘制出冻结区域。在调整时，冻结区域内的图像不会受到变形工具的影响。
- 解冻蒙版工具：使用该工具涂抹冻结区域可以解除该区域的冻结。
- 脸部工具：使用该工具可自动识别人的五官和脸型。当鼠标指针置于五官的上方时，会出现相应的调整控件（如锚点、滑块或箭头），拖曳控件可以改变五官的位置、大小或形状。若要进行精细调整，可以在右侧“人脸识别液化”区域设置相关参数。

9.2.6 消失点滤镜

消失点滤镜可以在保证图像透视角度不变的前提下，对图像进行绘制、仿制、复制或粘贴及变换等操作。操作会自动应用透视原理，按照透视的角度和比例来自适应图像的修改，从而大大节约精确设计和修饰照片所需的时间。执行“滤镜 > 消失点”命令，弹出“消失点”对话框，如图9-9所示。

该对话框中主要选项的功能如下。

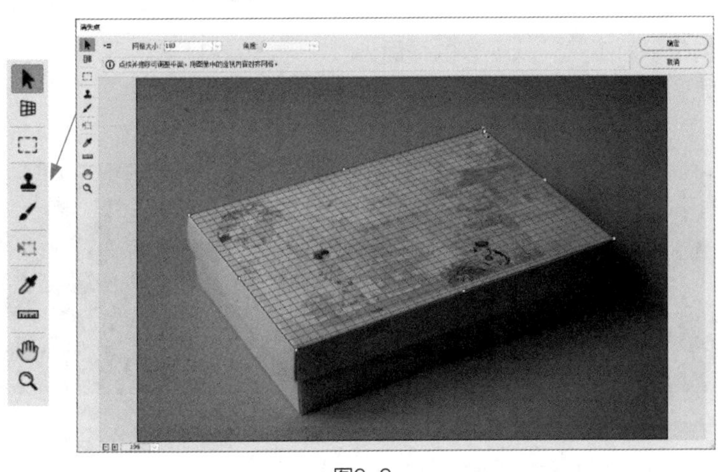

图9-9

- 编辑平面工具：使用该工具可选择、编辑、移动平面和调整平面大小。
- 创建平面工具：使用该工具可以指定四个角点，从而创建一个透视平面。定义平面时，网格线的颜色会发生变化。蓝色表示平面已成功创建并正常；红色或黄色则表示平面未成功创建或存在问题，需要调整角节点的位置。
- 选框工具：使用该工具，在图像中单击并移动可选择该平面上的区域；按住Alt键拖曳选区可将区域复制到新目标；按住Ctrl键拖曳选区可用源图像填充该区域。
- 图章工具：使用该工具，在图像中按住Alt键单击可为仿制设置源点，然后单击并拖曳鼠标来绘画或仿制；按住Shift键单击可将描边扩展到上一次单击处。
- 画笔工具：使用该工具，在图像中单击并拖曳鼠标可进行绘画。按住Shift键单击可将描边扩展到上一次单击处。选择“修复明亮度”可将绘画调整为适应阴影或纹理。
- 变换工具：使用该工具，可以缩放、旋转和翻转当前选区。
- 吸管工具：使用该工具在图像中吸取颜色，也可以单击“画笔颜色”色块，在弹出的“拾色器”对话框中设置颜色。
- 测量工具：使用该工具，可以在透视平面中测量项目中的距离和角度。

9.2.7 课堂实操：消失点透视效果

实操9-1 消失点透视效果

实例资源 ▶ \第9章\消失点透视效果\楼梯.jpg、涂鸦.png

本案例将使用消失点滤镜制作透视效果，涉及的知识点有选区的创建与编辑、消失点滤镜以及图层混合模式的应用。具体操作方法如下：

Step 01 将素材图像拖至Photoshop中，按Ctrl+A组合键全选，按Ctrl+C组合键复制，如图9-10所示。

Step 02 在“图层”面板中新建透明图层，如图9-11所示。

Step 03 继续打开素材图像，执行“滤镜 > 消失点”命令，弹出“消失点”对话框，沿台阶创建平面，如图9-12所示。

Step 04 使用“创建平面工具”从现有的平面伸展节点拖出垂直平面，如图9-13所示。

图9-10

图9-11

图9-12

图9-13

Step 05 使用相同的方法拖出垂直平面，如图9-14所示。

Step 06 按Ctrl+V组合键粘贴图像，如图9-15所示。

Step 07 将图像拖至平面内，按Ctrl+T组合键调整图像大小，如图9-16所示。

图9-14

图9-15

图9-16

Step 08 单击“确定”按钮应用效果，如图9-17所示。

Step 09 在“图层”面板中更改图层的混合模式为“正片叠底”，如图9-18所示。

Step 10 借助AIGC工具可直接在楼梯上生成透视效果，如图9-19所示。

图9-17

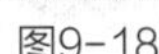
图9-18

图9-19

9.3 滤镜组

滤镜组主要包括风格化、模糊滤镜、扭曲、锐化、像素化、渲染、杂色和其他滤镜组，每个滤镜组又包含多种滤镜效果，用户可根据需要选择想要的滤镜效果。

9.3.1 风格化滤镜组

风格化滤镜组的滤镜主要通过置换图像像素并提高其对比度，在选区中产生印象派绘画及其他风格化的效果。执行“滤镜 > 风格化”命令，弹出其子菜单，执行相应的菜单命令即可实现滤镜效果。

- 查找边缘：查找图像中主色块颜色变化的区域，并为查找到的边缘轮廓描边，使图像看起来像用笔刷勾勒的轮廓。图9-20、图9-21所示分别为应用该滤镜前后的效果。

图9-20

图9-21

- 等高线：查找主要亮度区域，并为每个颜色通道勾勒出主要亮度区域，以获得与等高线图中的线条类似的效果。执行该命令，在弹出的“等高线”对话框中可设置色阶与边缘，如图9-22所示。

• 风：将图像的边缘位移，创建出水平线用于模拟风的动感效果，是制作纹理或为文字添加阴影效果常用的滤镜工具。执行该命令，在弹出的“风”对话框中可设置风的方法与方向，如图9-23所示。

• 浮雕效果：通过勾画图像的轮廓和降低轮廓周围的色值来产生灰色的浮雕效果。执行该命令，图像会自动变为深灰色，产生图像凸出的视觉效果。执行该命令，在弹出的“浮雕效果”对话框中可设置浮雕角度、高度和数量，如图9-24所示。

• 扩散：按指定的方式移动相邻的像素，使图像形成类似透过磨砂玻璃观察物体的模糊效果。执行该命令，在弹出的“扩散”对话框中可设置扩散模式，如图9-25所示。

图9-22

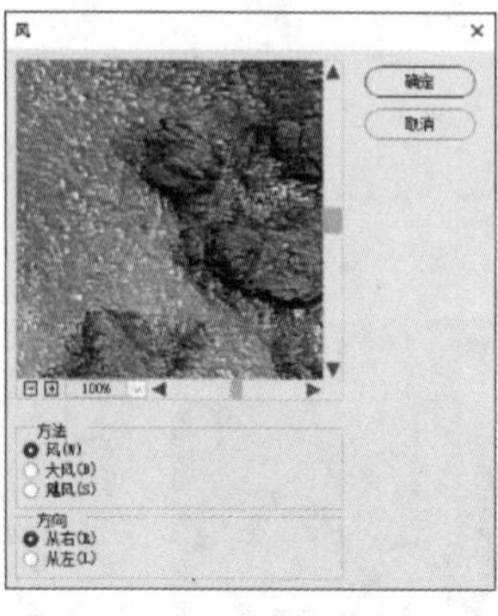

图9-23

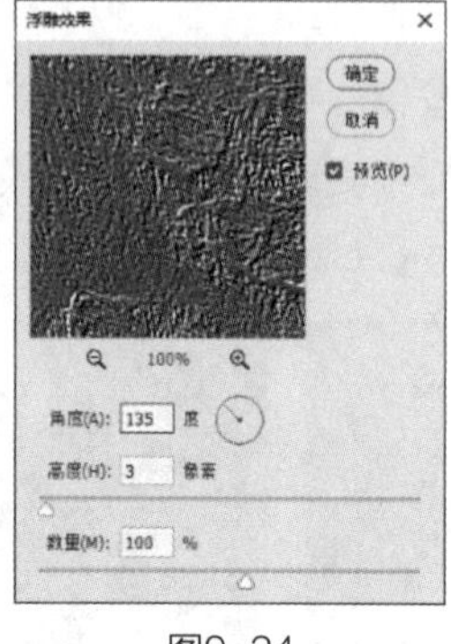

图9-24

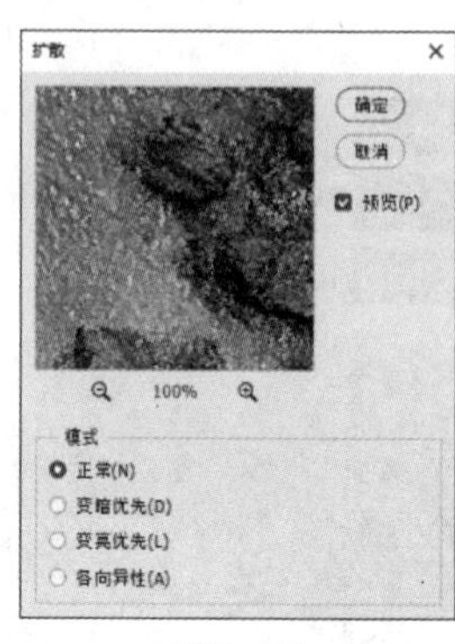

图9-25

• 拼贴：可以将图像分解为一系列块状，并使其偏离原来的位置，进而产生不规则拼砖效果。执行该命令，在弹出的“拼贴”对话框中可设置拼贴数、最大位移及填充空白区域的颜色，如图9-26所示。应用效果如图9-27所示。

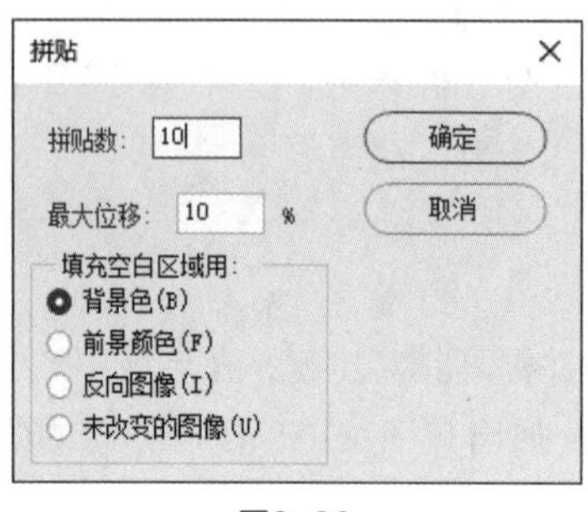

图9-26

图9-27

• 曝光过度：该滤镜可以混合正片和负片图像，产生类似摄影中的短暂曝光效果。

• 凸出：该滤镜可以将图像分解成一系列大小相同且重叠的立方体或椎体，以生成特殊的3D效果。执行该命令，在弹出的“凸出”对话框中可设置凸出类型、大小和深度等参数，如图9-28所示，应用效果如图9-29所示。

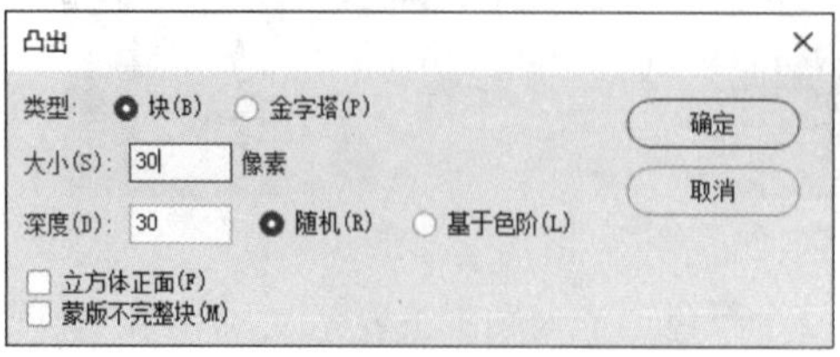

图9-28

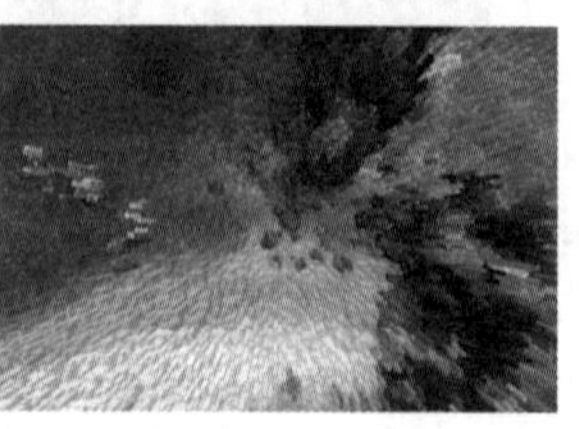
图9-29

• 油画：该滤镜可以为普通图像添加油画效果。执行该命令，在弹出的“油画”对话框中可设置画笔样式及参数，如图9-30所示。应用效果如图9-31所示。

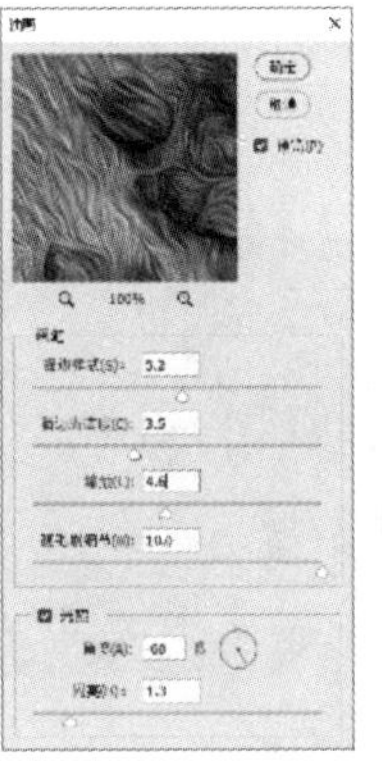

图9-30

图9-31

9.3.2 模糊滤镜组

模糊滤镜组的滤镜主要用于不同程度地减小相邻像素间颜色的差异，使图像产生柔和、模糊的效果。执行“滤镜 > 模糊”命令，在弹出的子菜单中执行相应的菜单命令即可实现滤镜效果。

• 表面模糊：在保留边缘的同时模糊图像，用于创建特殊效果并消除杂色或粒度。执行该命令，在弹出的“表面模糊”对话框中可设置半径与阈值，如图9-32所示。

• 动感模糊：沿指定方向（-360° ~360° ）以指定强度（1~999）进行模糊，类似以固定的曝光时间给一个移动的对象拍照。执行该命令，在弹出的“动感模糊”对话框中可设置角度与距离，如图9-33所示。

• 方框模糊：以邻近像素颜色平均值为基准模糊图像。执行该命令，在弹出的“方框模糊”对话框中可设置半径，如图9-34所示。

• 高斯模糊：高斯是指对像素进行加权平均时所产生的钟形曲线。该滤镜可根据数值快速模糊图像，产生朦胧效果。执行该命令，在弹出的“高斯模糊”对话框中可设置半径，如图9-35所示。

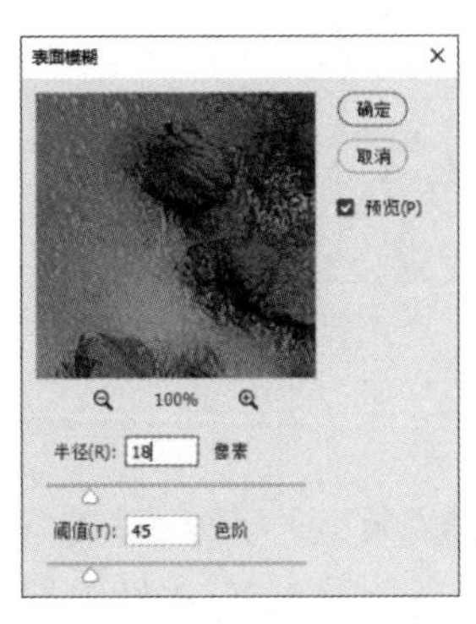

图9-32

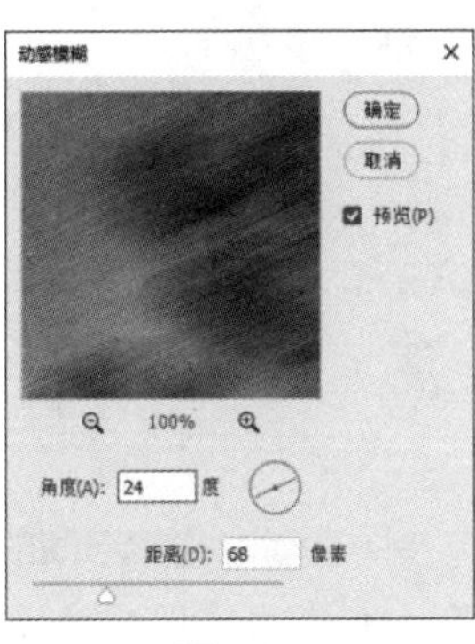

图9-33

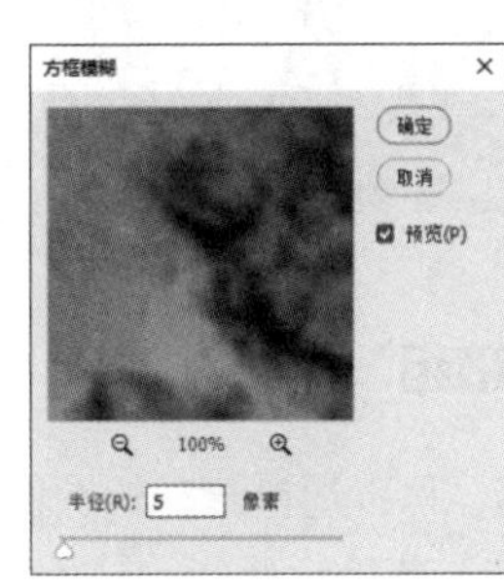

图9-34

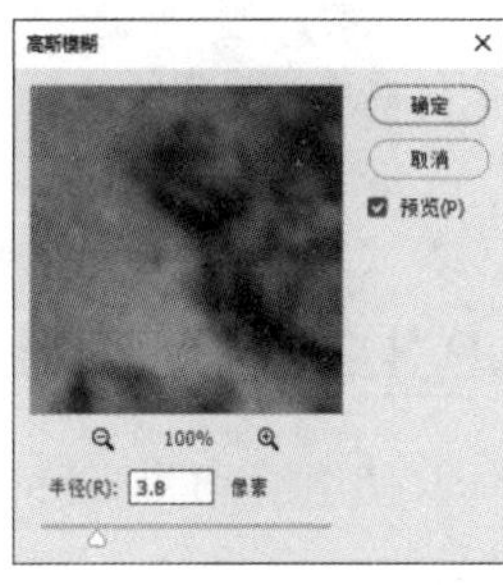

图9-35

• 模糊和进一步模糊：在图像中有显著颜色变化的地方消除杂色。“模糊”滤镜通过平衡已定义的线条和遮蔽区域的清晰边缘旁边的像素，使变化显得柔和。“进一步模糊”滤镜的效果比“模糊”滤镜强3~4倍。

• 径向模糊：可以产生具有辐射性模糊的效果，模拟相机前后移动或旋转产生的模糊效果。执行该命令，在弹出的“径向模糊”对话框中可设置数量、模糊方法和品质等参数，如图9-36所示。效果如图9-37所示。

• 镜头模糊：可向图像中添加模糊以产生更窄的景深效果，使图像中的一些对象在焦点内，另一些区域变模糊。用它来处理照片，可创建景深效果，但需要用Alpha通道或图层蒙版的深度值来映射图像中像素的位置。执行该命令，在弹出的“镜头模糊”对话框中可设置深度映射、光圈和镜面高光等参数，如图9-38所示。

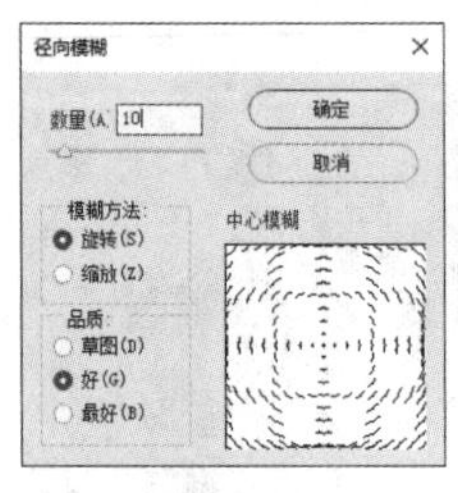

图9-36

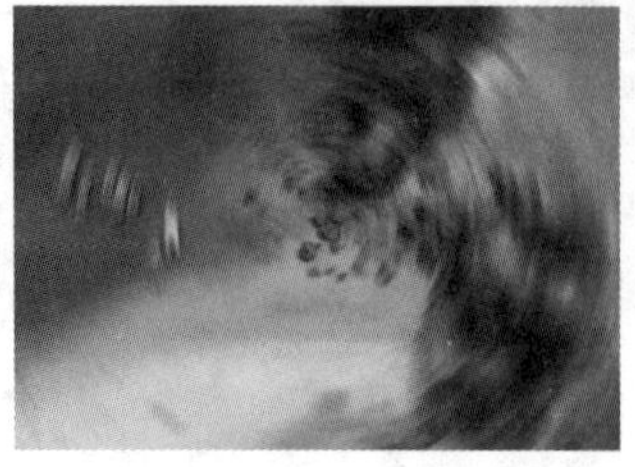

图9-37

图9-38

• 平均：找出图像或选区中的平均颜色，用该颜色填充图像或选区，以创建平滑的外观，如图9-39所示。

• 特殊模糊：精确模糊对象，在模糊图像的同时仍使图像具有清晰的边界，有助于去除图像色调中的颗粒、杂色，从而产生一种边界清晰、中心模糊的效果。执行该命令，在弹出的“特殊模糊”对话框中可以设置半径、阈值、品质和模式，如图9-40所示。

• 形状模糊：使用指定的形状作为模糊中心进行模糊。执行该命令，在弹出的“形状模糊”对话框中可选择一种形状，设置半径调整其大小，如图9-41所示。

图9-39

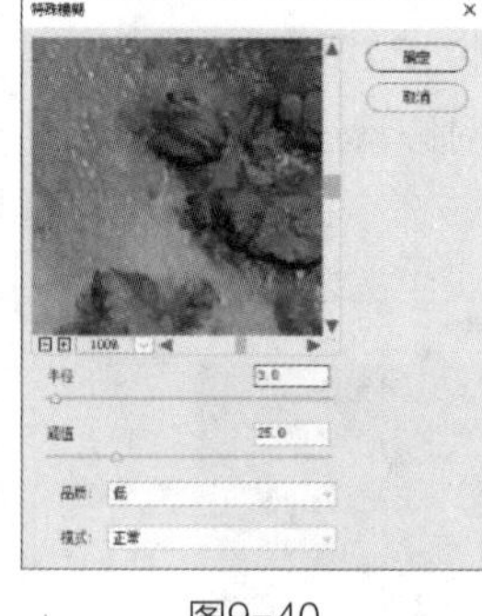

图9-40

图9-41

9.3.3 模糊画廊滤镜组

使用模糊画廊滤镜组，可以通过直观的图像控件快速创建截然不同的模糊效果。执行“滤镜 > 模糊画廊”命令，弹出其子菜单，执行相应的菜单命令即可实现滤镜效果。该滤镜组下的滤镜都可以在同一个对话框中进行调整选择，如图9-42所示。

• 场景模糊：通过定义具有不同模糊量的多个模糊点来创建渐变的模糊效果。将多个图钉添加到图像中，并指定每个图钉的模糊量，最终结果是合并图像上所有模糊图钉的效果。也可在图像外部添加图钉，以对边角应用模糊效果。

• 光圈模糊：模拟浅景深效果，而不管使用的是什么相机或镜头。也可以定义多个焦点，这是使用传统相机技术几乎不可能实现的效果。

• 移轴模糊：模拟倾斜偏移镜头拍摄的图像。此种特殊的模糊效果会定义锐化区域，然后在边缘处逐渐变得模糊，可用于模拟微型对象的照片。

• 路径模糊：沿路径创建运动模糊，还可控制形状和模糊量。Photoshop可自动合成应用于图像的多路径模糊效果。

• 旋转模糊：模拟在一个或更多点旋转和模糊图像。

图9-42

9.3.4 扭曲滤镜组

扭曲滤镜组的滤镜主要用于对平面图像进行扭曲，使其产生旋转、挤压、水波和三维等变形效果。执行“滤镜 > 扭曲”命令，弹出其子菜单，执行相应的菜单命令即可实现滤镜效果。

- 波浪：根据设定的波长和波幅产生波浪效果。执行该命令，在弹出的“波浪”对话框中可设置波长、波幅、比例等参数，如图9-43所示。
- 波纹：根据参数设定产生不同的波纹效果。执行该命令，在弹出的“波纹”对话框中可设置波纹数量和大小，如图9-44所示。
- 极坐标：将图像从直角坐标系转化为极坐标系或从极坐标系转化为直角坐标系，产生极端变形效果。执行该命令，在弹出的“极坐标”对话框中选择极坐标类型，如图9-45所示。

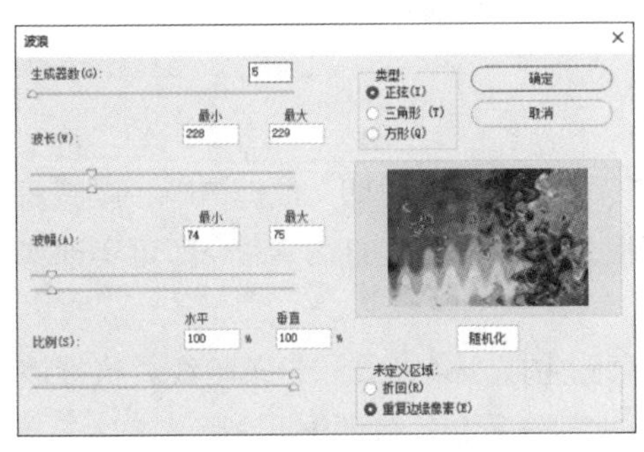

图9-43

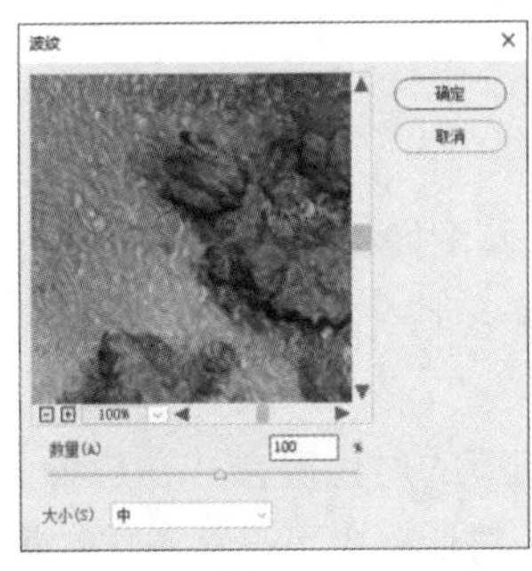

图9-44

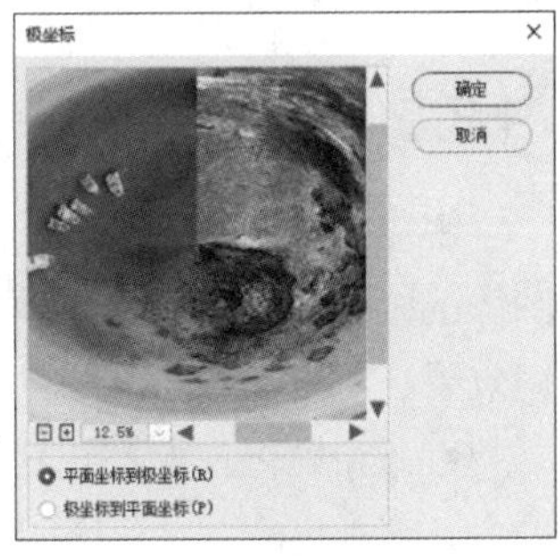

图9-45

- 挤压：使全部图像或选区图像产生向外或向内挤压的变形效果。执行该命令，在弹出的“挤压”对话框中可设置挤压数量，如图9-46所示。
- 切变：该滤镜能根据在对话框中设置的垂直曲线来使图像发生扭曲变形。执行该命令，在弹出的“切变”对话框中可指定曲线及设置扭曲区域，如图9-47所示。
- 球面化：使图像区域膨胀实现球形化，形成类似将图像贴在球体或圆柱体表面的效果。执行该命令，在弹出的“球面化”对话框中可设置数量与模式，如图9-48所示。
- 水波：模仿水面上产生的起伏状波纹和旋转效果，用于制作同心圆类的波纹。执行该命令，在弹出的“水波”对话框中可设置水波数量、起伏和样式，如图9-49所示。

• 旋转扭曲：使图像产生类似风轮旋转的效果，甚至可以产生将图像置于一个大旋涡中心的螺旋扭曲效果。执行该命令，在弹出的“旋转扭曲”对话框中可设置旋转角度，如图9-50所示。

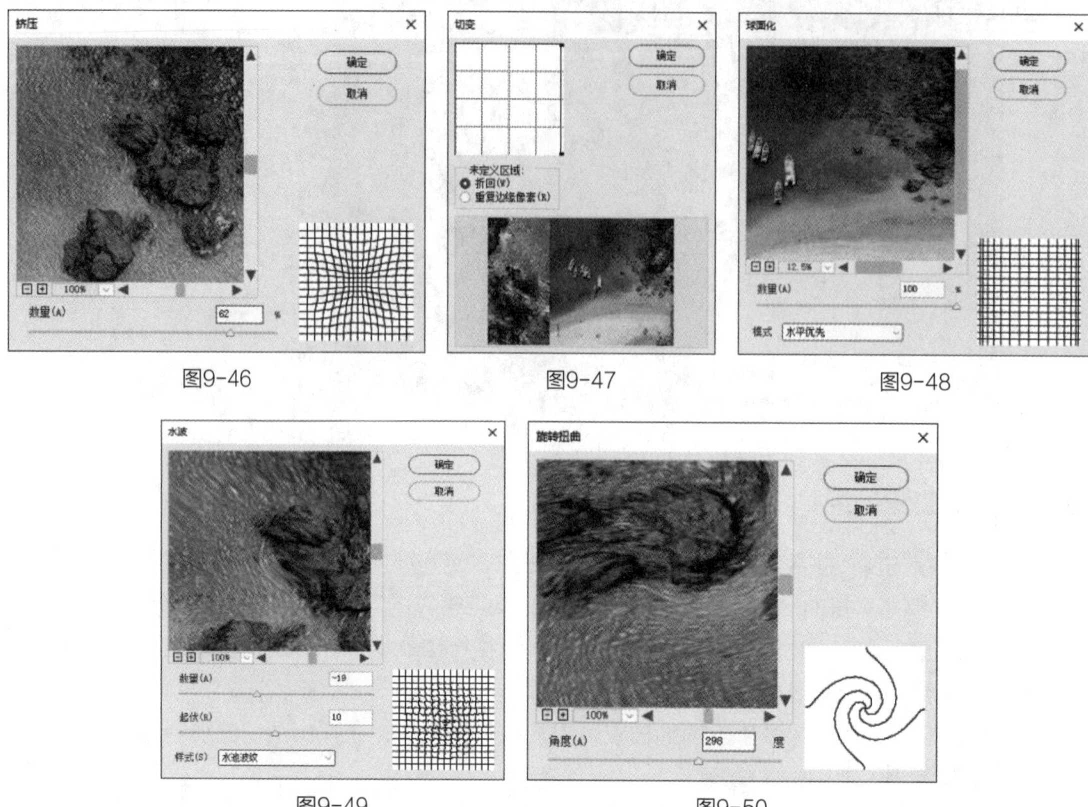

图9-46　图9-47　图9-48

图9-49　图9-50

• 置换：该滤镜可用另一幅图像（必须是PSD格式）的亮度值替换当前图像的亮度值，使当前图像的像素重新排列，产生位移效果。

9.3.5 锐化滤镜组

锐化滤镜组主要是通过提高图像相邻像素间的对比度，使图像轮廓分明、纹理清晰，以减弱图像的模糊程度。执行“滤镜 > 锐化”命令，弹出其子菜单，执行相应的菜单命令即可实现滤镜效果。

• USM锐化：调整边缘细节的对比度，并在边缘的每侧生成一条亮线和一条暗线。执行该命令，在弹出的“USM锐化”对话框中可设置锐化数量、半径和阈值，如图9-51所示。

• 防抖：可有效降低由于抖动产生的模糊。

• 进一步锐化：通过提高图像相邻像素的对比度来达到使图像清晰的目的。

• 锐化：提高图像像素之间的对比度，使图像清晰化，锐化效果微小。

• 锐化边缘：只锐化图像的边缘，同时保留总体的平滑度。

• 智能锐化：通过设置锐化算法或控制阴影和高光中的锐化量来锐化图像。执行该命令，在弹出的“智能锐化”对话框中可选择预设，或者设置锐化数量、半径和阴影/高光，如图9-52所示。

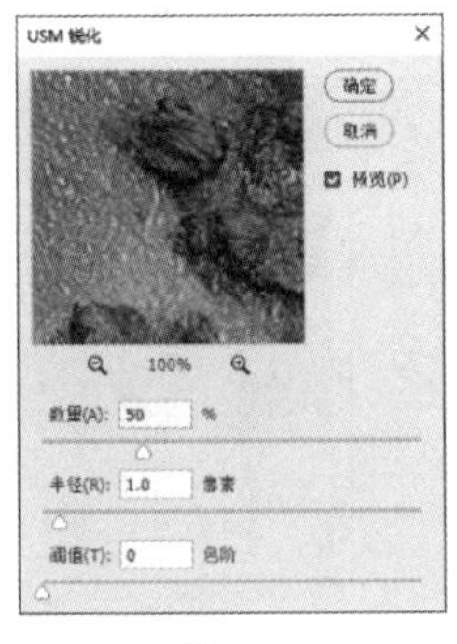

图9-51

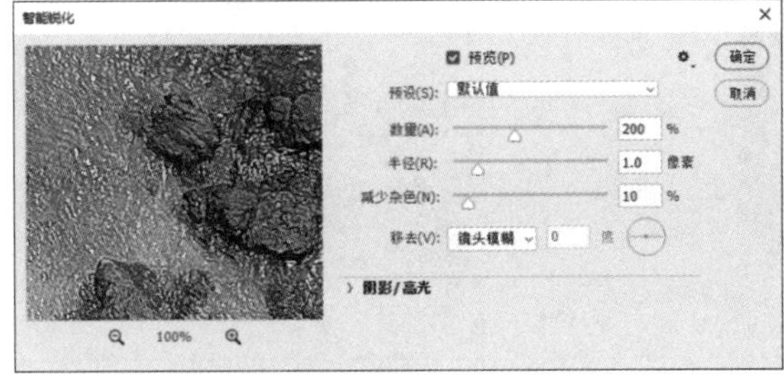

图9-52

9.3.6 像素化滤镜组

像素化滤镜组的滤镜可使单元格中颜色值相近的像素结成块来清晰地定义选区。执行“滤镜 > 像素化”命令，弹出其子菜单，执行相应的菜单命令即可实现滤镜效果。

- 彩块化：使纯色或相近颜色的像素结成相近颜色的像素块。图9-53所示为原图；图9-54所示为应用多次彩块化滤镜的效果。
- 彩色半调：模拟彩色报纸的印刷效果，将图像转换为由一系列网点组成的图案。执行该命令，在弹出的“彩色半调”对话框中可设置半径与通道参数，如图9-55所示。应用效果如图9-56所示。

图9-53

图9-54

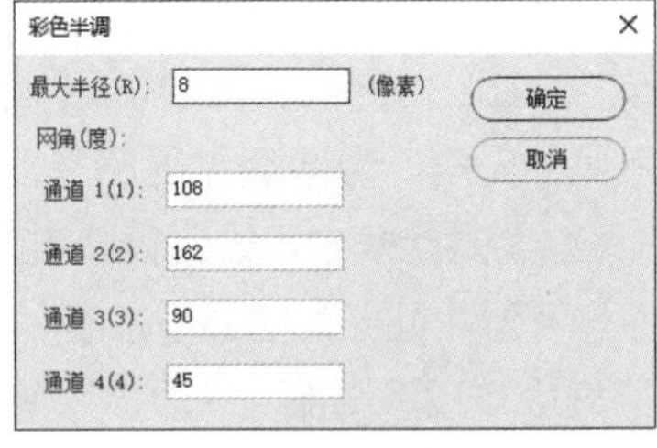

图9-55

- 点状化：在图像中随机产生彩色斑点，点与点间的空隙用背景色填充。执行该命令，在弹出的“点状化”对话框中可设置单元格大小，如图9-57所示。
- 晶格化：将图像中颜色相近的像素集中到一个多边形网格中，从而把图像分割成许多个多边形的小色块，产生晶格化的效果。执行该命令，在弹出的“晶格化”对话框中可设置单元格大小，如图9-58所示。

图9-56

- 马赛克：将图像分解成许多规则排列的小方块，实现图像的网格化，每个网格中的像素均使用本网格内的平均颜色填充，从而产生类似马赛克的效果。执行该命令，在弹出的“晶格化”对话框中可设置单元格大小，如图9-59所示。
- 碎片：可使所创建选区或整幅图像复制4个副本，并将4个副本均匀分布、相互偏移，以得到重影效果，如图9-60所示。
- 铜板雕刻：将图像转换为黑白区域的随机图案或彩色图像中完全饱和颜色的随机图案。执行该命令，在弹出的“铜板雕刻”对话框中可设置图案类型，如图9-61所示。效果如图9-62所示。

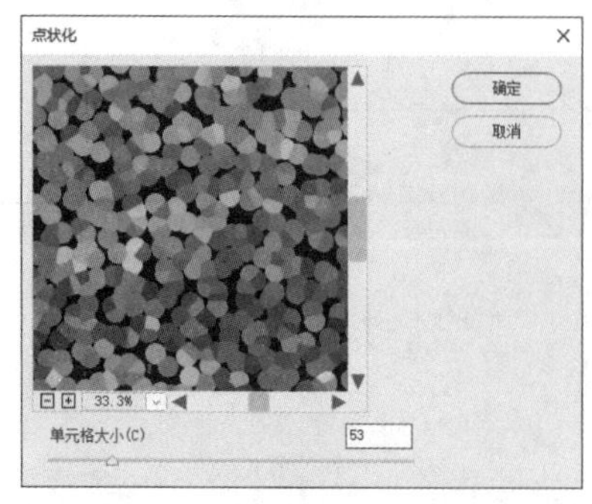

图9-57

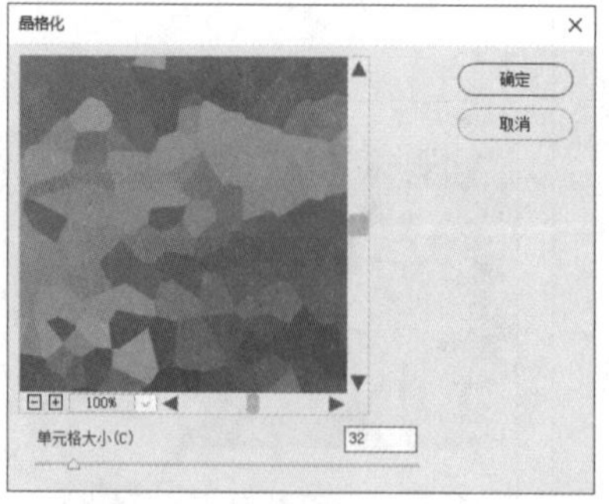

图9-58

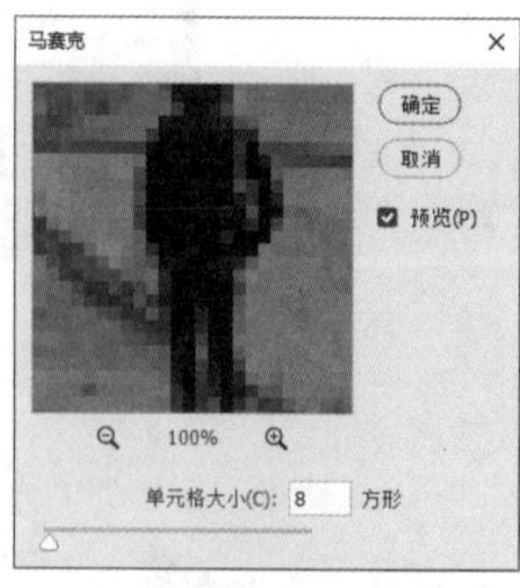

图9-59

图9-60

图9-61

图9-62

9.3.7 渲染滤镜组

渲染滤镜组中的滤镜能够在图像中产生光线照明的效果，还可以制作云彩效果。执行“滤镜 > 渲染”命令，弹出其子菜单，执行相应的菜单命令即可实现滤镜效果。

• 火焰：为图像中的路径添加火焰效果。使用路径工具绘制路径，执行该命令，在弹出的“火焰”对话框中可设置火焰类型、宽度、角度等参数，如图9-63所示。

• 图片框：为图像添加各种样式的边框。新建透明图层，执行该命令，在弹出的“图案”对话框中可设置图案、花、叶子等参数，如图9-64所示。

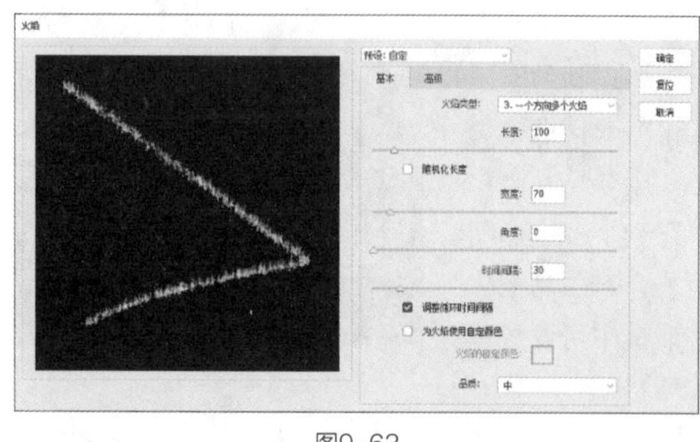

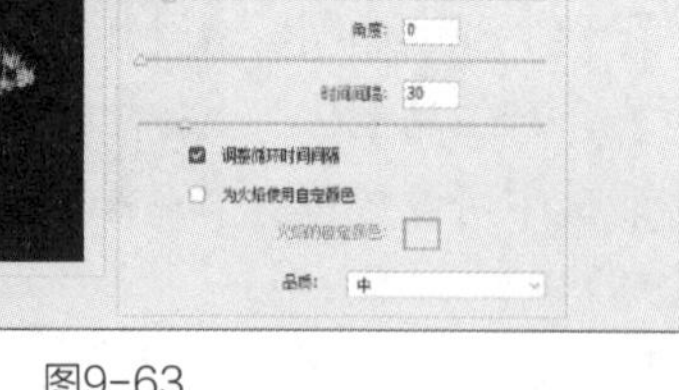

图9-63

图9-64

• 树：为图像添加各种各样的树。新建透明图层，在弹出的“树”对话框中可选择树的类型，设置光照方向、叶子类型、大小等参数，如图9-65所示。

• 分层云彩：可使用前景色和背景色对图像中的原有像素进行差异运算，产生图像与云彩背景混合并反白的效果，如图9-66所示。

• 光照效果：该滤镜包括17种光照风格、3种光照类型和4组光照属性，可在RGB图像上制作出各种光照效果，也可加入新的纹理及浮雕效果，使平面图像产生三维立体效果。执行该命令，在弹出的“光照效果”对话框中可设置光照类型、颜色、光泽等参数，如图9-67所示。

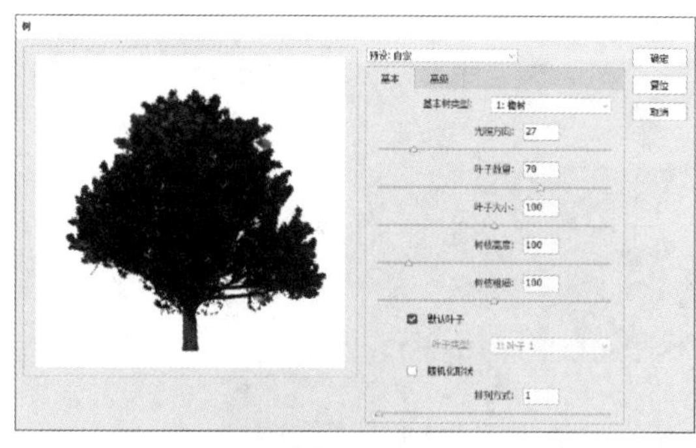
图9-65

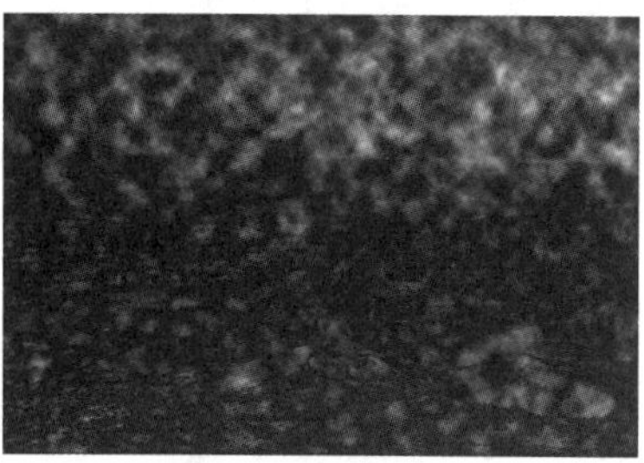
图9-66

图9-67

• 镜头光晕：该滤镜通过为图像添加不同类型的镜头，从而模拟镜头产生的眩光效果。这是摄影技术中一种典型的光晕效果处理方法。执行该命令，在弹出的“镜头光晕”对话框中可设置亮度与镜头类型，如图9-68所示。

• 纤维：将前景色和背景色混合填充图像，从而生成类似纤维的效果。执行该命令，在弹出的“纤维”对话框中可设置差异与强度，如图9-69所示。

• 云彩：使用介于前景色与背景色之间的随机值，生成柔和的云彩图案，通常用于制作天空、云彩、烟雾等效果，如图9-70所示。

图9-68

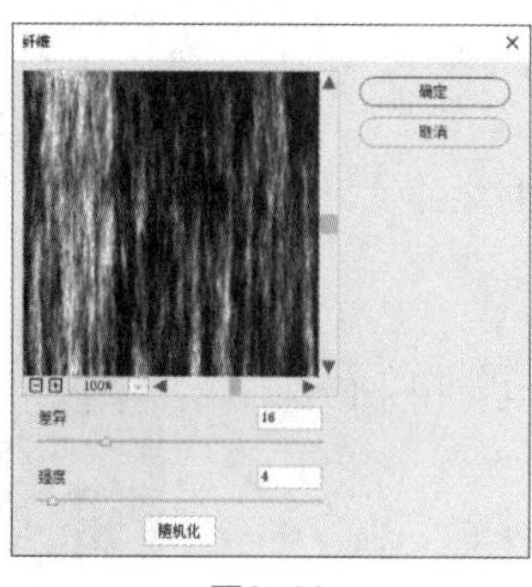

图9-69

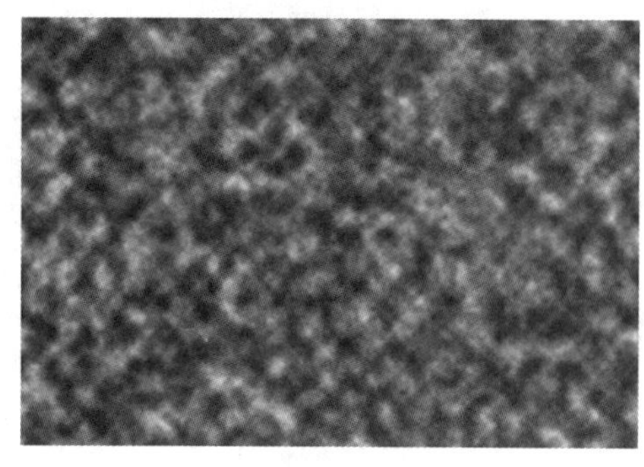
图9-70

9.3.8 杂色滤镜组

杂色滤镜组可为图像添加一些随机产生的干扰颗粒，即噪点；还可以创建不同寻常的纹理或去掉图像中有缺陷的区域。执行“滤镜 > 杂色”命令，弹出其子菜单，执行相应的菜单命令即可实现滤镜效果。

• 减少杂色：用于去除扫描照片和数码相机拍摄的照片上的杂色。执行该命令，在弹出的“减少杂色”对话框中可设置强度、保留细节、减少杂色等参数，如图9-71所示。

图9-71

• 蒙尘与划痕：通过将图像中有缺陷的像素融入周围的像素，从而达到除尘和涂抹的效果。执行该命令，在弹出的“蒙尘与划痕”对话框中可设置半径与阈值，如图9-72所示。

• 去斑：通过对图像或选区内的图像进行轻微的模糊、柔化，从而掩饰图像中的细小斑点、消除轻微折痕。

• 添加杂色：为图像添加一些细小的像素颗粒，使其在混合到图像内的同时产生色散效果，常用于添加杂点纹理效果。执行该命令，在弹出的“添加杂色”对话框中可设置杂色数量与分布情况，如图9-73所示。

• 中间值：采用杂点和其周围像素的折中颜色来平滑图像中的区域，也是一种用于去除杂色点的滤镜，可减少图像中杂色的干扰。执行该命令，在弹出的“中间值”对话框中可设置半径，如图9-74所示。

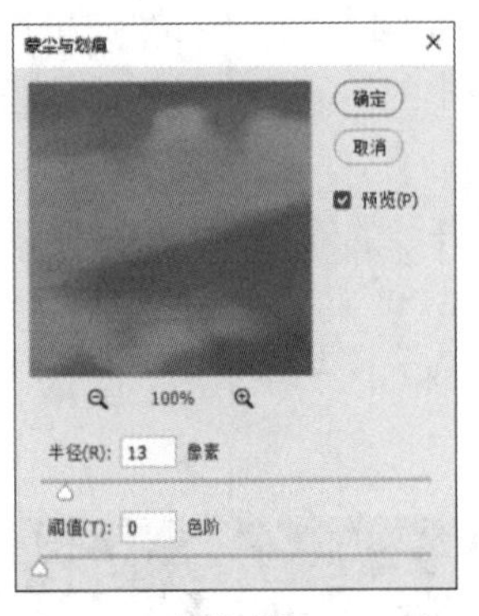

图9-72

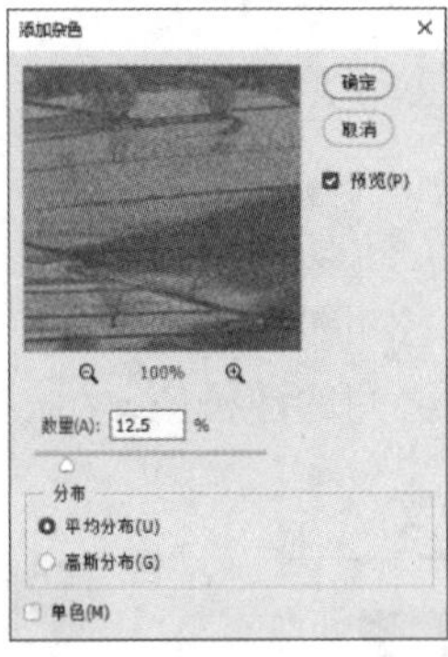

图9-73

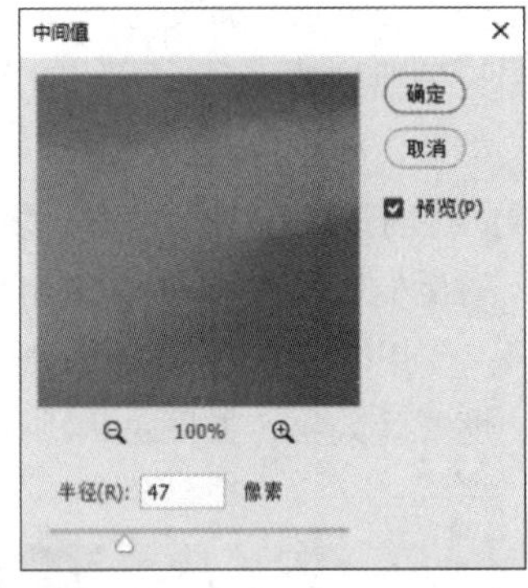

图9-74

9.3.9 其他滤镜组

其他滤镜组可用来创建自定义滤镜，也可用来修饰图像的某些细节部分。执行“滤镜 >其他”命令，弹出其子菜单，执行相应的菜单命令即可实现滤镜效果。

• HSB/HSL：转换图像的色彩模式。执行该命令，在弹出的“HSB/HSL参数”对话框中可设置输入模式与行序（转出的模式），效果如图9-75所示。

图9-75

• 高反差保留：该滤镜可以在有强烈颜色转变发生的地

方按指定的半径保留边缘细节，并且不显示图像的其余部分，与浮雕效果类似。执行该命令，弹出“高反差保留”对话框，如图9-76所示。

• 位移：调整参数值控制图像的偏移。执行该命令，在弹出的“位移”对话框中可设置水平或垂直移动像素，偏移的区域可以填充背景色、重复边缘像素或者折回，如图9-77所示。效果如图9-78所示。

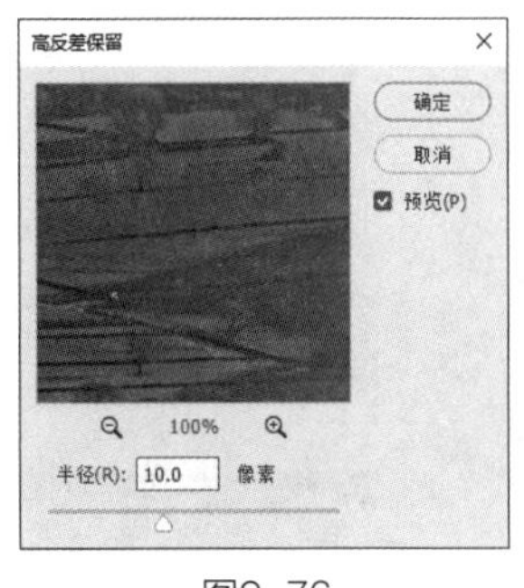

图9-76

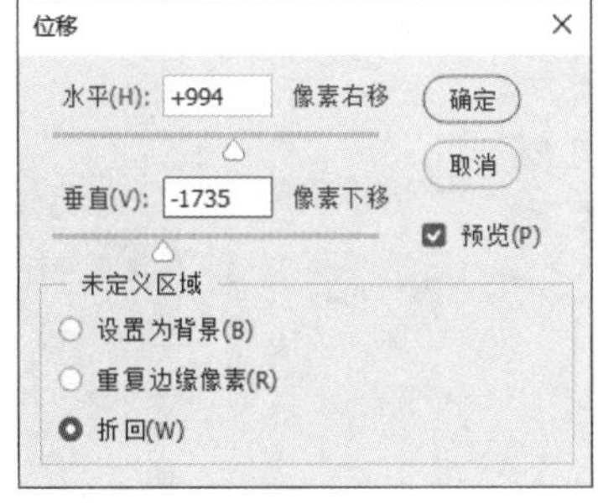

图9-77

图9-78

• 自定义：创建并存储自定义滤镜。根据周围的像素值为每个像素重新指定一个值，可以改变图像中每一个像素的亮度。

• 最大值：应用收缩效果，向外扩展白色区域，并收缩黑色区域。执行该命令，弹出“最大值”对话框，如图9-79所示。

• 最小值：应用扩展效果，向外扩展黑色区域，并收缩白色区域。执行该命令，弹出“最小值”对话框，如图9-80所示。

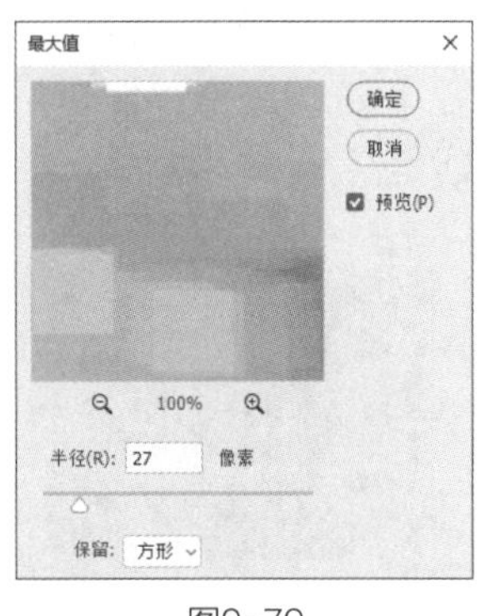

图9-79

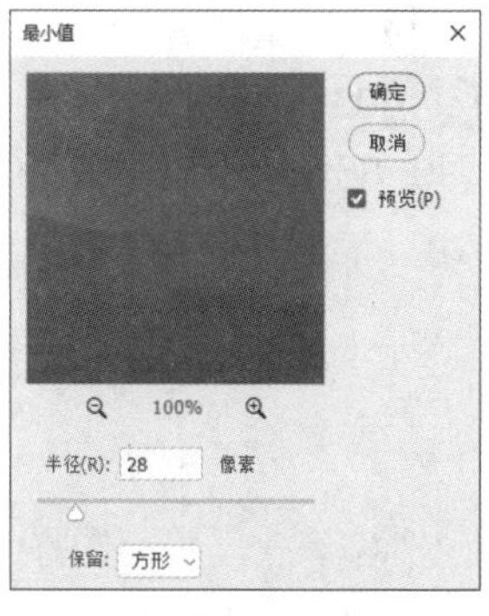

图9-80

9.3.10 课堂实操：制作水彩画效果

实操9-2 制作水彩画效果

实例资源 ▶ \第9章\制作水彩画效果\小镇.jpg

本案例将制作水彩画效果，涉及的知识点包括智能滤镜的转换、滤镜库、模糊滤镜、风格化滤镜及滤镜混合选项的设置等。具体操作方法如下。

Step 01 将素材文件拖至Photoshop中，如图9-81所示。

Step 02 单击鼠标右键，在弹出的快捷菜单中选择“转换为智能对象”选项，如图9-82所示。

图9-81

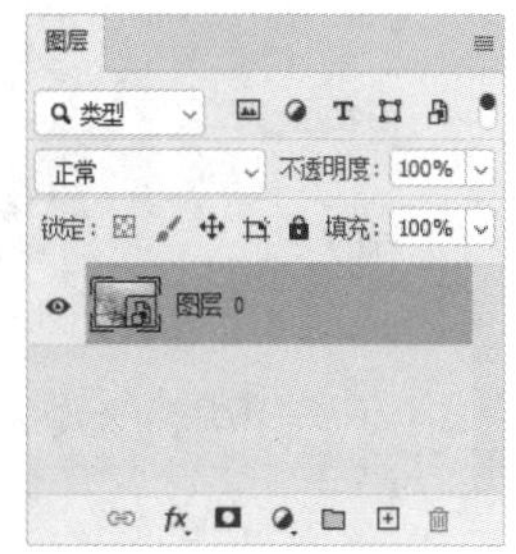

图9-82

Step 03 执行“滤镜 > 滤镜库”命令，选择“干画笔”滤镜，设置参数，如图9-83所示。效果如图9-84所示。

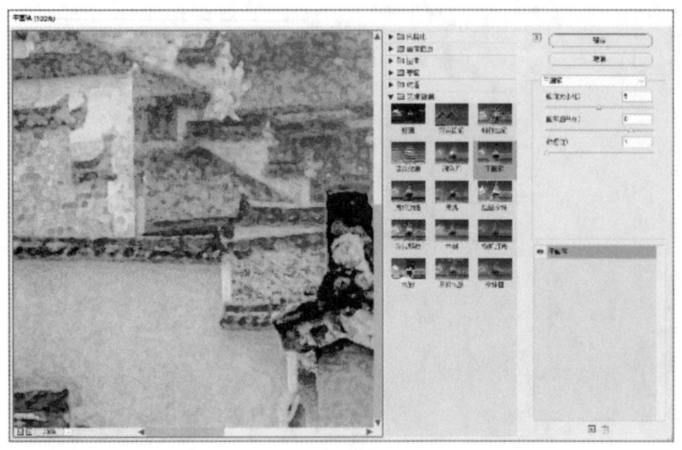

图9-83

图9-84

Step 04 更改图层的混合模式为“点光”，如图9-85所示。

Step 05 执行“滤镜 > 模糊 > 特殊模糊”命令，在弹出的“特殊模糊”对话框中设置参数，如图9-86所示。效果如图9-87所示。

图9-85

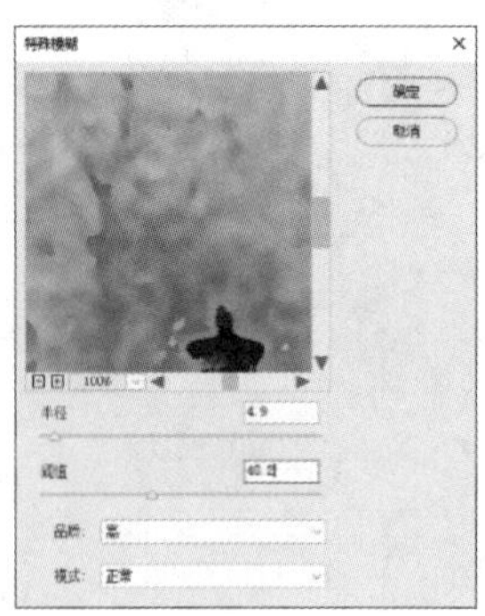

图9-86

图9-87

Step 06 在“图层”面板中单击鼠标右键，选择“编辑智能滤镜混合选项”，在“混合选项（特殊模糊）”对话框中设置参数，如图9-88所示。效果如图9-89所示。

Step 07 执行“滤镜 > 风格化 > 查找边缘”命令，效果如图9-90所示。

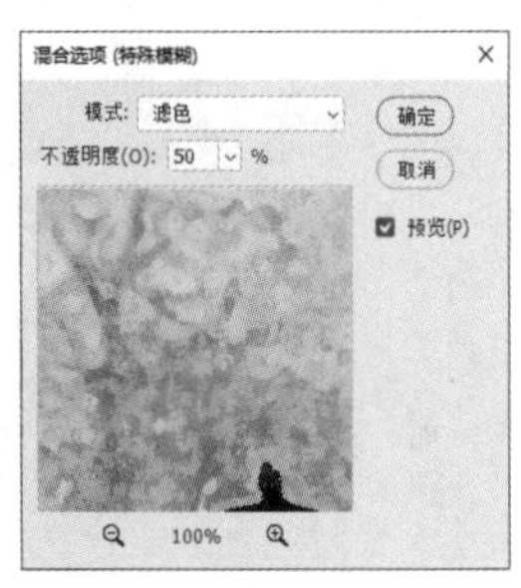

图9-88

图9-89

图9-90

Step 08 在“图层”面板中单击鼠标右键，选择“编辑智能滤镜混合选项”，在“混合选项（查找边缘）”对话框中设置“模式”为“正片叠底”，如图9-91所示。

Step 09 借助AIGC工具直接生成该图的水彩画效果，如图9-92所示。

图9-91

图9-92

9.4 实战演练：制作塑料薄膜效果

实操9-3 制作塑料薄膜效果

实例资源 ▶ \第9章\制作塑料薄膜效果\水果.jpg

本章实战演练将制作塑料薄膜效果，综合运用本章的知识点，以熟练掌握和巩固液化滤镜、素材库滤镜的使用及图层混合模式的设置。其操作方法如下。

Step 01 将素材文件拖至Photoshop中，如图9-93所示。

Step 02 在“图层”面板中新建透明图层，如图9-94所示。

Step 03 执行“滤镜 > 渲染 > 云彩”命令，效果如图9-95所示。

图9-93

图9-94

图9-95

Step 04 执行“滤镜 > 液化”命令，在“液化”对话框中使用“向前变形工具”涂抹图像，如图9-96所示。

Step 05 执行“滤镜 > 滤镜库”命令，选择“绘画涂抹”滤镜，设置参数，如图9-97所示。

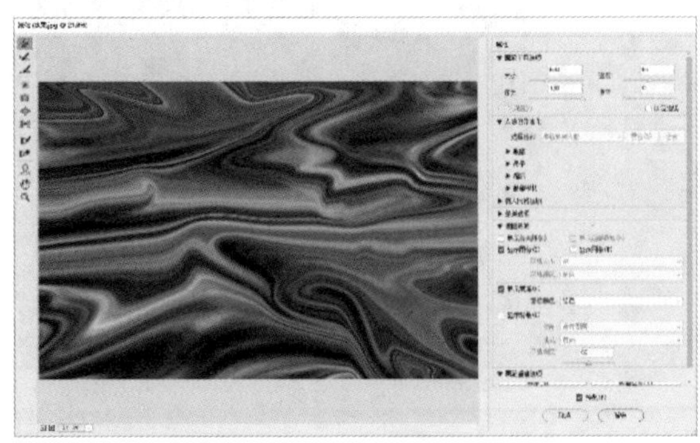
图9-96

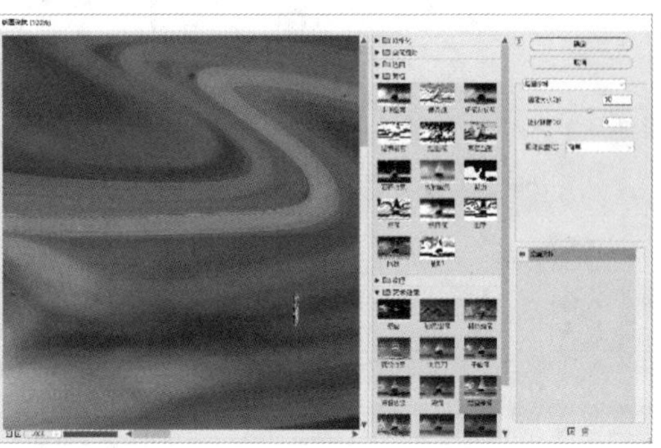
图9-97

Step 06 添加“铬黄渐变”效果图层，设置参数，如图9-98所示。

Step 07 按Ctrl+L组合键，在弹出的“色阶”对话框中设置参数，如图9-99所示。效果如图9-100所示。

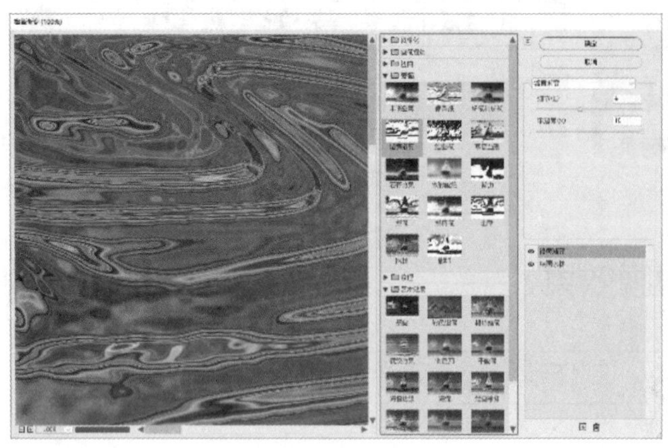

图9-98

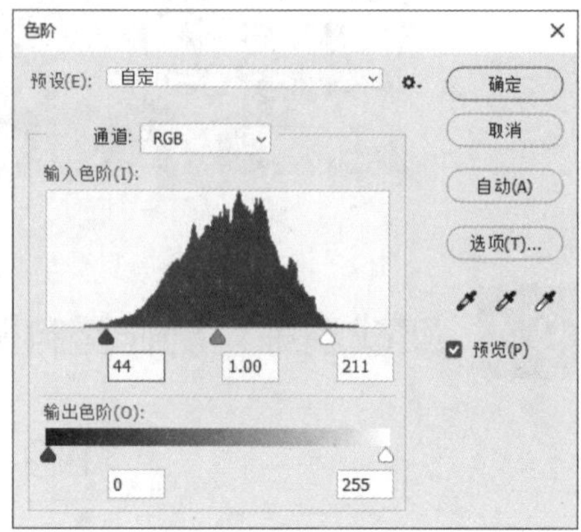

图9-99

Step 08 按Alt+Ctrl+2组合键选中高光部分，如图9-101所示。

Step 09 按Ctrl+J组合键复制高光部分，如图9-102所示。

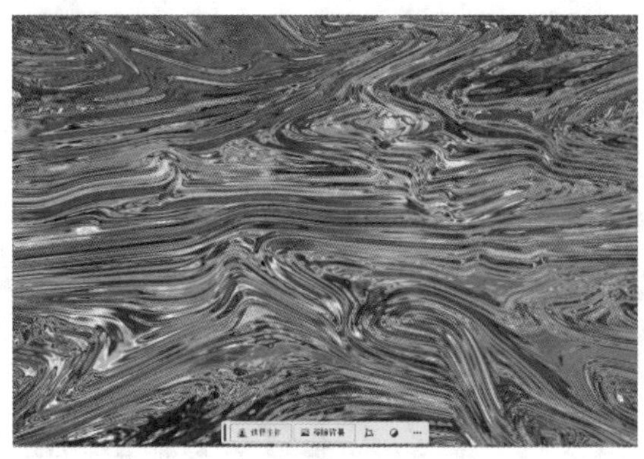

图9-100

图9-101

Step 10 删除“图层1”，更改“图层2”的混合模式为“强光”，如图9-103所示。

Step 11 最终效果如图9-104所示。

图9-102

图9-103

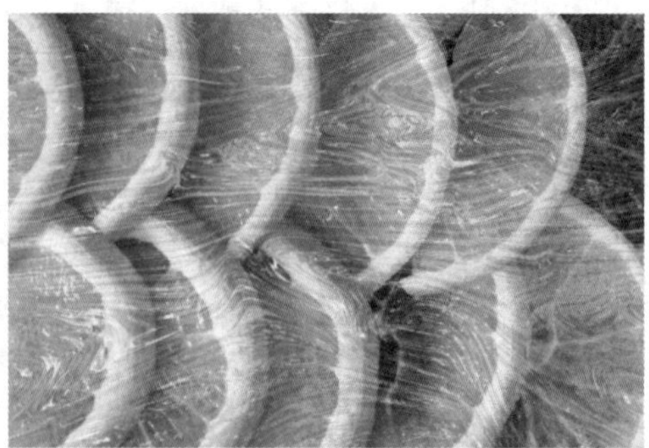

图9-104

9.5 拓展练习

实操9-4 / 置换图像

实例资源 ▶ \第9章\置换图像\背影.jpg、贴画.png

下面使用图层混合模式与置换命令置换图像，效果如图9-105所示。

图9-105

技术要点：

- 去色与图层混合模式的设置；
- 置换命令的应用。

分步演示：

①打开图像；

②复制图层并去色，存储为PSD格式后隐藏图层；

③置入素材，调整大小，擦除部分重叠部分；

④设置图层的层混合模式为“正片叠底”，执行置换命令。

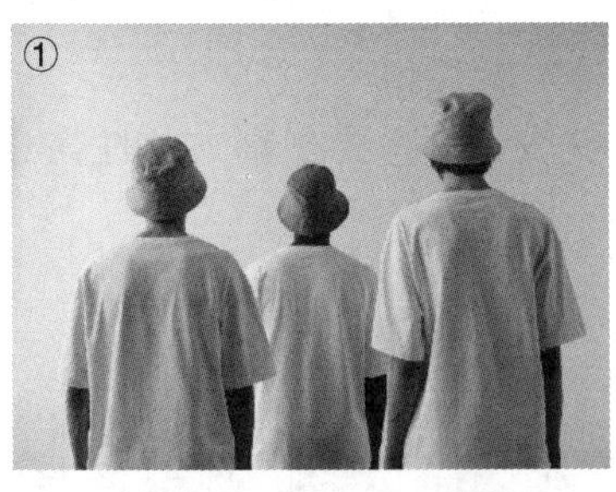

第 10 章

动作：自动化一键出图

PS

内容导读

本章将对动作与自动化命令进行讲解，包括“动作”面板、动作的创建与应用，以及使用“自动”命令处理文件。了解并掌握这些基础知识，设计师可以高效地完成重复性或批量处理的任务，提高工作效率和准确性。

学习目标

- 了解动作的载入与存储
- 掌握动作的创建与应用
- 掌握批处理命令的应用
- 掌握图像处理器、联系表等命令的应用

素养目标

- 将复杂的编辑步骤转化为可反复使用的动作，降低人工操作的时间成本和潜在错误。
- 合理利用批处理减轻工作压力，使设计师有更多精力关注核心设计环节。

案例展示

创建并应用水印动作

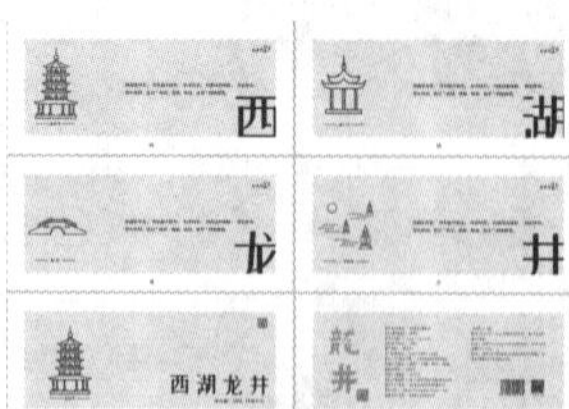

创建 PDF 演示文稿

宠物群像画廊

10.1 “动作”面板

动作是指在单个文件或一批文件上执行的一系列任务，如菜单命令、面板选项、工具动作等。在Photoshop中，动作是快捷批处理的基础，而快捷批处理是一些小的应用程序，可以自动处理被拖到其图标上的所有文件。执行“窗口 > 动作”命令，或按Alt+F9组合键，打开“动作”面板，如图10-1所示。

图10-1

该面板中主要选项的功能如下。

- 切换对话开/关：用于选择在执行动作时是否弹出各种对话框或菜单。若动作中的命令显示该按钮，则表示在执行该命令时会弹出对话框以供设置参数；若隐藏该按钮，则表示忽略对话框，动作按先前设定的参数执行。
- 切换项目开/关：用于选择需要执行的动作。关闭该按钮，可以屏蔽此命令，使其在动作播放时不执行。
- 按钮组：用于对动作进行各种控制，从左至右各个按钮的功能依次是停止播放/记录、开始记录、播放选定的动作。

10.2 创建并应用动作

Photoshop内置了一系列预设动作，可一键执行常见图像编辑任务，涵盖色彩调整、裁切、滤镜应用等。同时，用户也可以自行创作自定义动作，实现个人工作流程自动化。

10.2.1 创建动作组与动作

单击“动作”面板底部的“创建新组”按钮，在弹出的“新建组”对话框中输入动作组名称，如图10-2所示。继续在“动作”面板中单击“创建新动作”按钮，弹出“新建动作”对话框，在其中输入动作名称，如图10-3所示。此时“动作”面板底部的“开始记录”按钮呈红色。软件开始记录用户对图像执行过的每一个动作，待录制完成后单击“停止”按钮即可。

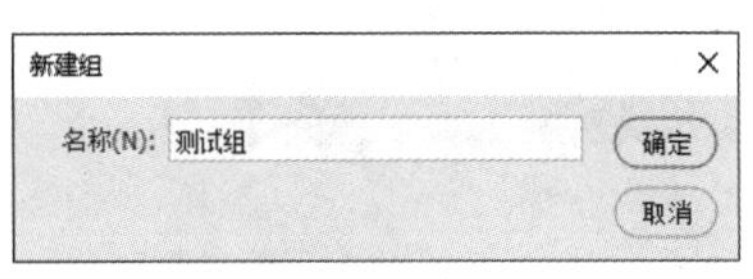

图10-2

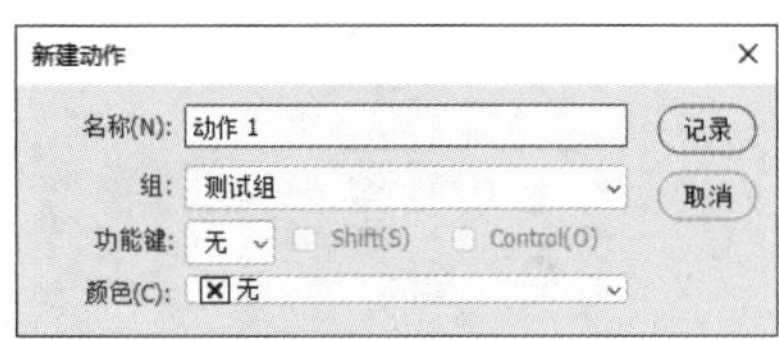

图10-3

知识链接

以下是Photoshop中常见的不能直接记录的命令和操作。

- 使用“钢笔工具”手绘的路径。
- 使用“画笔工具”、“污点修复画笔工具”和“仿制图章工具”等工具进行的操作。
- 选项栏、面板和对话框中的部分参数。
- 窗口和视图中的大部分参数。

10.2.2 添加与应用预设动作

除了默认动作组，Photoshop还自带了多个动作组，每个动作组都包含了许多同类型的动作。单击“动作”面板右上角的“菜单”☰按钮，如图10-4所示。在弹出的图10-5所示的菜单中选择相应的动作，即可将其载入“动作”面板中，包括命令、画框、图像效果、LAB-黑白技术、制作、流星、文字效果、纹理和视频动作，如图10-6所示。

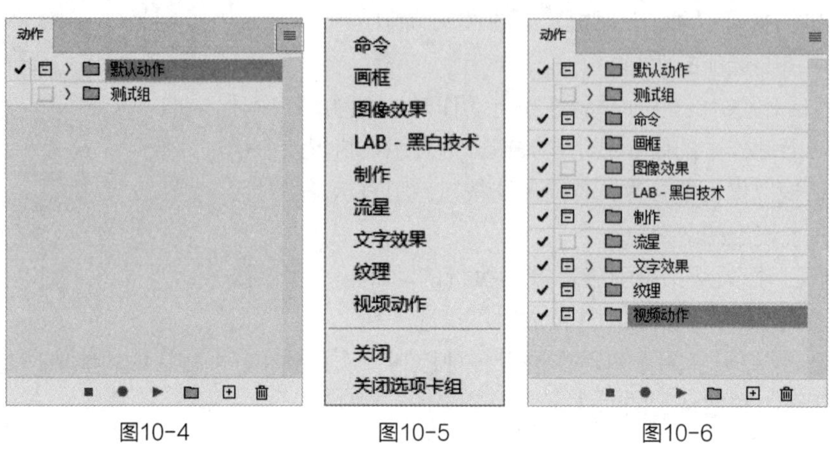

图10-4 图10-5 图10-6

应用预设是指将“动作”面板中已录制的动作应用于图像文件或相应的图层上。选择需要应用预设的图层，然后在“动作”面板中选择目标动作。

如果需要对动作中的特定数值进行个性化调整，可单击动作步骤旁边的“对话开关”☐按钮，如图10-7所示。在执行到该步骤时暂停并弹出对话框供用户设定参数，如图10-7所示。设置完成后，系统将依据新设定执行剩余的动作序列直至结束。在“历史记录”面板中可查看操作记录，如图10-8所示。

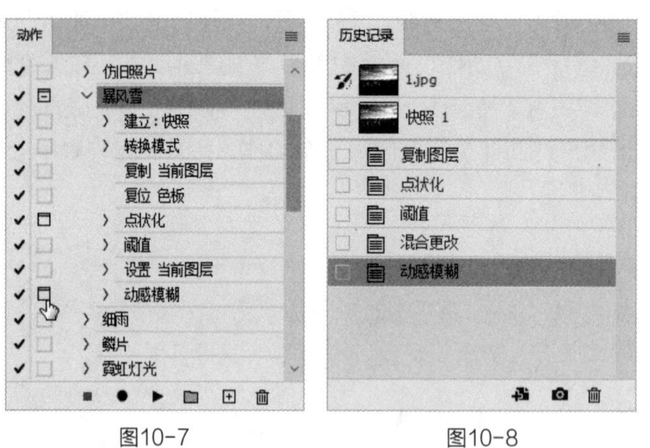

图10-7 图10-8

10.2.3 存储和载入动作

存储动作可以帮助用户自动化处理流程、实现批量处理、分享协作及提高工作效率。选择目标动作组，单击“动作”面板右上角的“菜单”☰按钮，在弹出的菜单中选择“存储动作”选项，如图10-9所示。在弹出的“另存为”对话框中存储为ATN格式文件，如图10-10所示。

图10-9

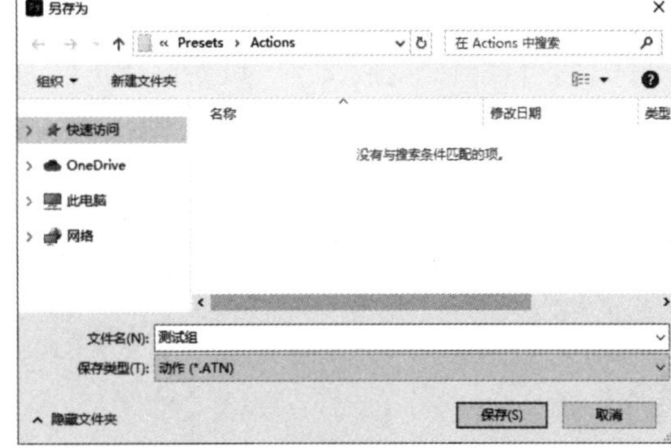

图10-10

载入动作不仅可以帮助用户提高工作效率，还可以利用他人的经验和技巧，快速应用特定效果，并作为学习和参考的资源。单击“动作”面板右上角的“菜单”按钮，在弹出的菜单中选择“载入动作”选项，在弹出的“载入”对话框中选择ATN格式文件载入，如图10-11所示。载入后的动作会在“动作”面板中显示，如图10-12所示。

图10-11

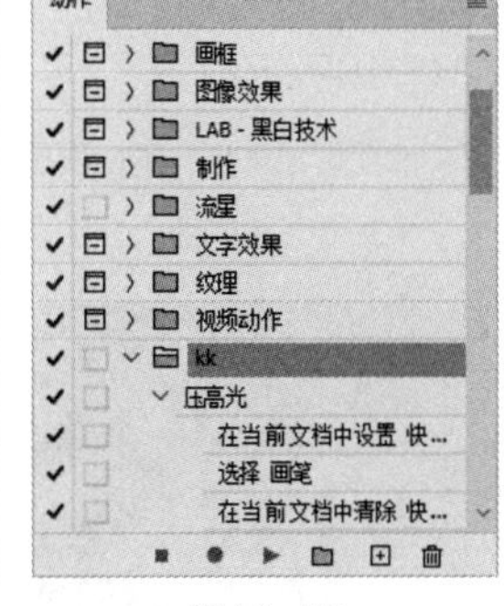

图10-12

10.2.4 课堂实操：创建并应用水印动作

实操10-1 创建并应用水印动作

实例资源 ▸ \第10章\创建并应用水印动作\商品1.jpg、商品2.jpg

本案例将创建并应用水印动作，涉及的知识点有文本的创建与编辑、定义图案及动作的创建与应用。具体操作方法如下。

Step 01 创建宽度为600像素、高度为500像素的透明文档，如图10-13所示。

Step 02 在“字符”面板中设置参数，如图10-14所示。

图10-13

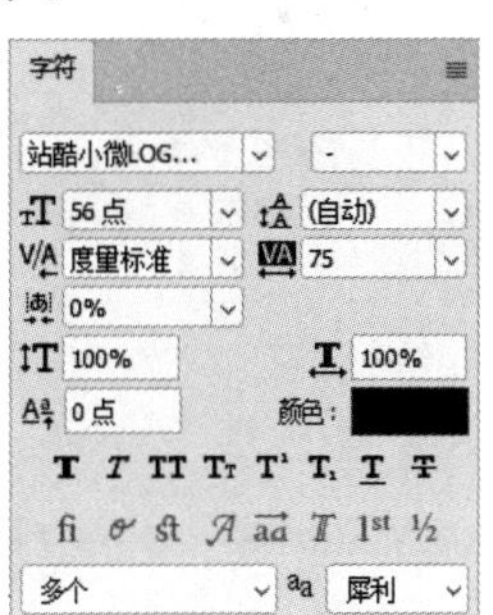

图10-14

Step 03 使用“横排文字工具”输入文字，如图10-15所示。

Step 04 按Ctrl+T组合键自由变换文字，设置旋转角度为-45°，文字效果如图10-16所示。

Step 05 执行“编辑 > 定义图案”命令，在弹出的“图案名称”对话框中设置名称，如图10-17所示。

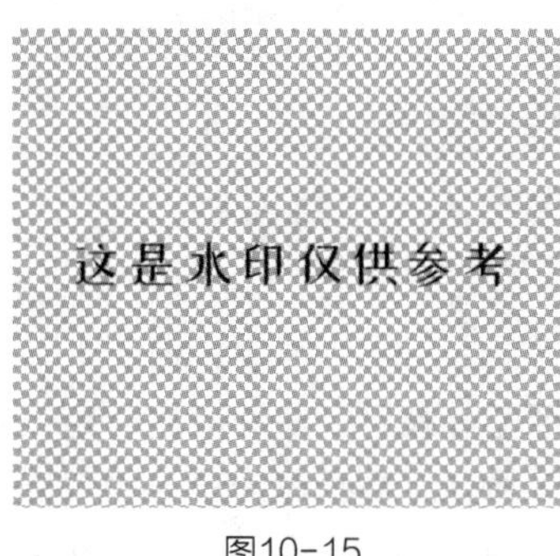

图10-15

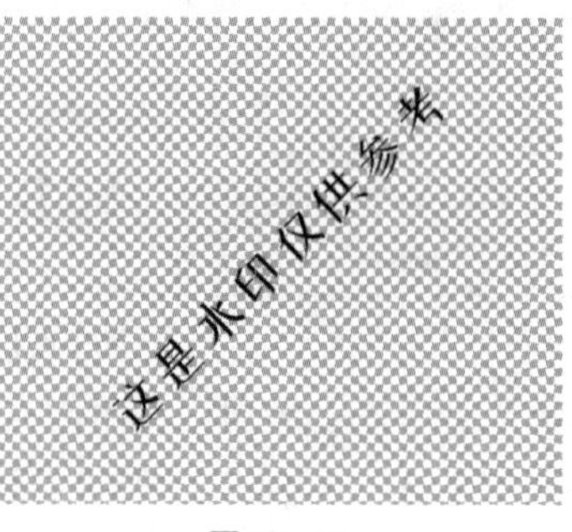

图10-16

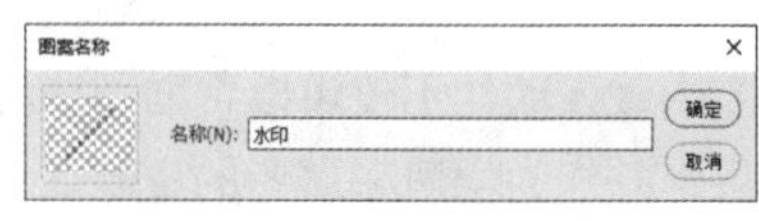

图10-17

Step 06 打开素材文件，如图10-18所示。

Step 07 单击“动作”面板底部的“创建新组” 按钮，在弹出的“新建组”对话框中输入动作组名称，如图10-19所示。

Step 08 单击“创建新动作” 按钮，在弹出的“新建动作”对话框中输入动作名称，如图10-20所示。

图10-18

图10-19

图10-20

Step 09 在“图层”面板中新建透明图层，如图10-21所示。

Step 10 使用“油漆桶工具”填充自定义颜色，如图10-22所示。

Step 11 双击该图层，在弹出的“图层样式”对话框中选择“图案叠加”选项并设置参数，如图10-23所示。效果如图10-24所示。

图10-21

图10-22

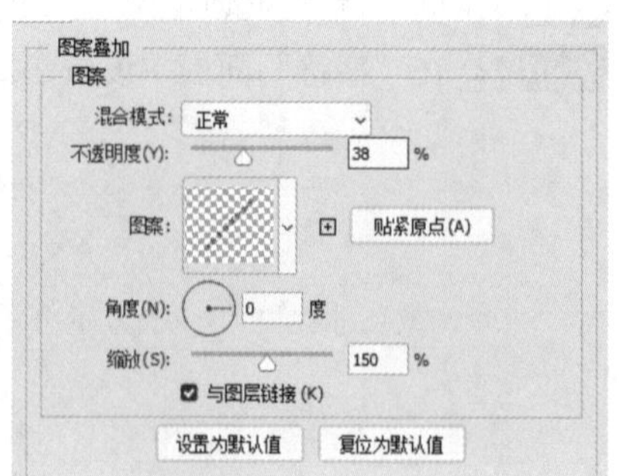

图10-23

Step 12 调整图层的填充不透明度为0%，效果如图10-25所示。

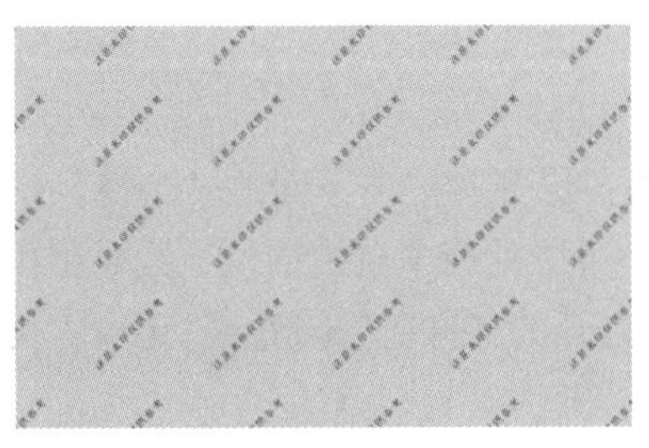

图10-24

图10-25

Step 13 加选背景图层，按Ctrl+E组合键合并图层。在“动作”面板中单击“停止记录”■按钮结束动作录制，如图10-26所示。

Step 14 打开素材图像，单击“播放选定的动作”▶按钮，添加水印，如图10-27所示。

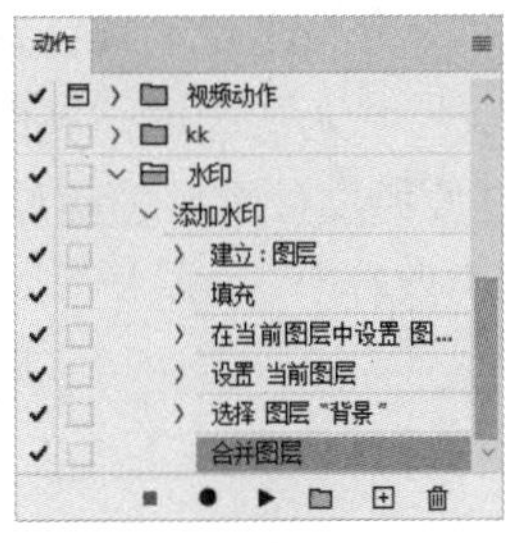

图10-26

图10-27

10.3 自动化处理文件

自动化处理文件可以大大提高工作效率和准确性。创建动作后，运用自动化处理功能，能够高效地应对重复性任务及批量处理需求，迅速完成相关操作流程。

10.3.1 批处理

批处理可以对一个文件夹中的文件应用动作。在执行命令之前，应该确定将要处理的图片存放在同一个文件夹内。动作在被记录和保存之后，执行“文件 > 自动 > 批处理”命令，弹出“批处理”对话框，如图10-28所示。批处理可以对多个图像文件执行相同的动作，从而实现图像自动化处理操作。

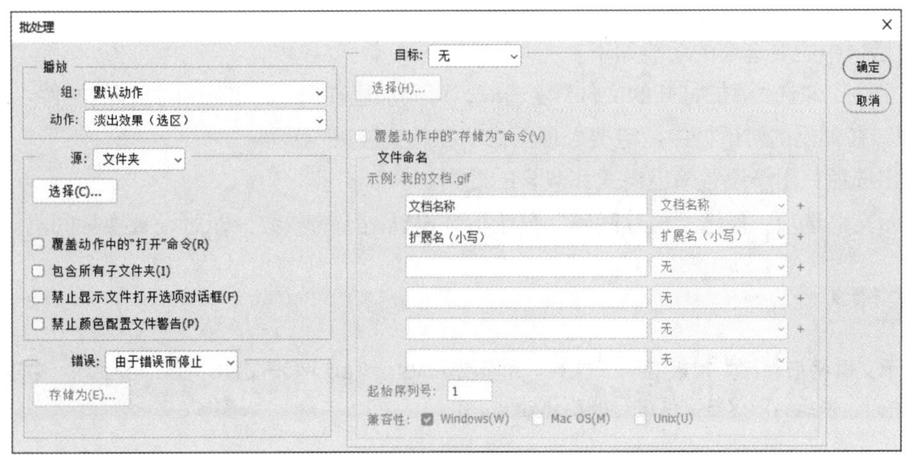

图10-28

“批处理”对话框中主要选项的功能如下。

- 播放：可选择用于处理文件的动作。
- 源：可选择要处理的文件。“文件夹”选项：选择并单击下面的“选择”按钮时，可以在弹出的对话框中选择一个文件夹。“导入”选项：可以处理来自扫描仪、数码相机、PDF文档的图像。“打开的文件”选项：可以处理当前所有打开的文件。“Bridge”选项：可以处理Adobe Bridge中选定的文件。
- 覆盖动作中的“打开”命令：勾选该复选框，在批处理时可以忽略动作中记录的“打开”命令。
- 包含所有子文件夹：勾选该复选框，可将批处理应用到所选文件的子文件中。
- 禁止显示文件打开选项对话框：勾选该复选框，在批处理时不会显示打开文件选项对话框。
- 禁止颜色配置文件警告：勾选该复选框，在批处理时会关闭显示颜色方案信息。
- 目标：用于设置完成批处理以后文件所保存的位置。“无”选项：不保存文件，文件仍处于打开状态。“存储并关闭”选项：将保存的文件保存在原始文件夹并覆盖原始文件。“文件夹”选项：选择并单击下面的“选择”按钮，可以指定文件夹保存。

10.3.2 PDF演示文稿

PDF演示文稿可以使用各种图像来创建多页文档或幻灯片演示文稿。执行“文件 > 自动 > 创建PDF演示文稿”命令，弹出“PDF演示文稿”对话框，如图10-29所示。

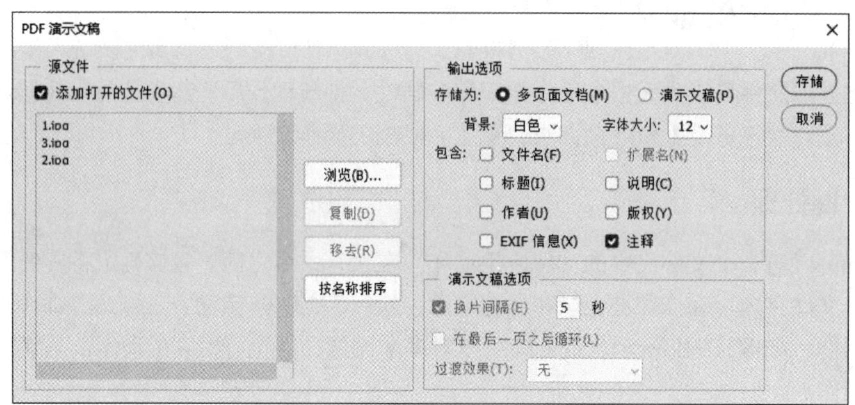

图10-29

该对话框中主要选项的功能如下。

- 源文件：勾选“添加打开的文件”复选框，可添加已在Photoshop 中打开的文件。单击“浏览”按钮，在弹出的对话框中指定要处理图像所在的文件夹位置。
- 输出选项：用于设置输出格式和包含的要素。
- 演示文稿选项：勾选“换片间隔”复选框并设置间隔的秒数，即可设置换片间隔。

PDF演示文稿将被存储为常规的PDF文件，而不是Photoshop PDF文件。在Photoshop中重新打开这些文件时，系统会对这些文件进行栅格化处理。

10.3.3 联系表

联系表可以将多个文件图像自动拼合在一张图中，生成缩览图。执行“文件 > 自动 > 联系表Ⅱ”命令，弹出“联系表Ⅱ”对话框，如图10-30所示。

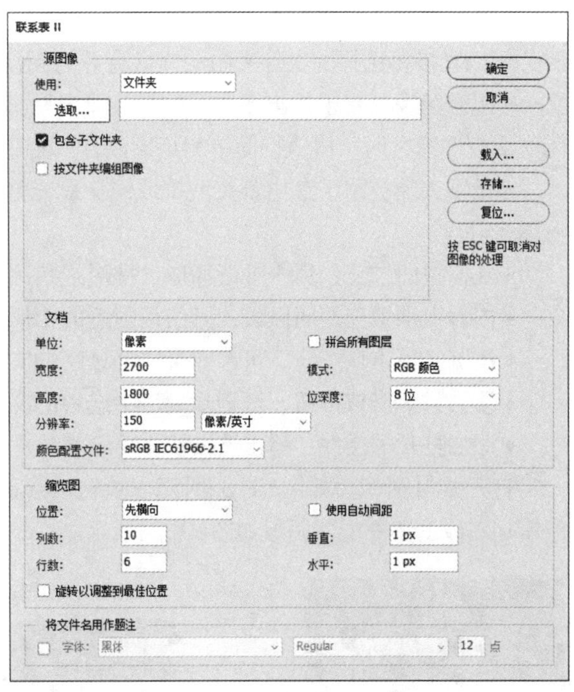

图10-30

该对话框中主要选项的功能如下。

• 源图像：单击“选取”按钮，在弹出的对话框中指定要生成图像缩览图所在文件夹的位置。勾选“包含子文件夹”复选框，可选择所在文件中所有子文件的图像。

• 文档：用于设置拼合图片的一些参数，包括尺寸、分辨率及模式等。勾选“拼合所有图层”复选框，可合并所有图层；取消勾选该复选框，则在图像中生成独立图层。

• 缩览图：用于设置缩览图生成的规则，如先横向还是先纵向、行列数目、是否旋转等。

• 将文件名用作批注：用于设置是否使用文件名作为图片标注、设置字体与大小。

10.3.4 Photomerge图像合成

Photomerge可以将多张处于同一水平线的照片组合成一幅连续的图像。执行“文件 > 自动 > Photomerge”命令，弹出“Photomerge”对话框，如图10-31所示。

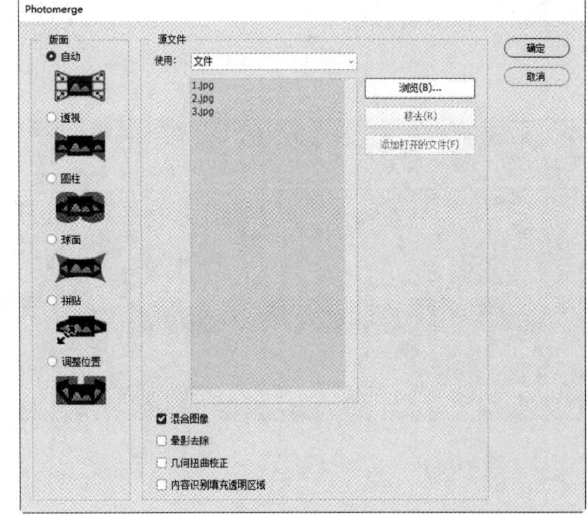

图10-31

该对话框中主要选项的功能如下。

• 版面：用于设置转换为全景图片时的模式。

• 自动：Photoshop分析源图像并应用“透视”“圆柱”“球面”等版面，具体取决于哪一种版面能够生成更好的Photomerge。

• 透视：通过将源图像中的一个图像（默认情况下为中间的图像）指定为参考图像来创建一致的复合图像，然后将变换其他图像（必要时，进行位置调整、伸展或斜切），以便匹配图层的重叠内容。

• 圆柱：通过在展开的圆柱上显示各个图像来减少在“透视”版面中出现的“领结”扭曲。文件的重叠内容仍匹配，将参考图像居中放置，最适用于创建宽全景图。

• 球面：将图像对齐并变换，效果类似映射球体内部，模拟观看360° 全景的视觉体验。如果用户拍摄了一组环绕 360° 的图像，则使用此选项可创建360° 全景图。

• 拼贴：用于对齐图层并匹配重叠内容，同时变换（旋转或缩放）任何源图层。

• 调整位置：用于对齐图层并匹配重叠内容，但不会变换（伸展或斜切）任何源图层。

• 使用：包括文件和文件夹。选择文件时，可以直接将选择的文件合并为图像；选择文件夹时，可以直接将选择的文件夹中的文件合并为图像。

• 混合图像：用于找出图像间的最佳边界并根据这些边界创建接缝，并匹配图像的颜色。关闭“混合图像”时，将执行简单的矩形混合。若手动修饰混合蒙版，此操作将更为可取。

• 晕影去除：用于在由镜头瑕疵或镜头遮光处理不当而导致边缘较暗的图像中去除晕影并执行曝光补偿。

• 几何扭曲校正：用于补偿桶形、枕形或鱼眼失真。

• 内容识别填充透明区域：可使用附近的相似图像内容无缝填充透明区域。

• 浏览：单击该按钮，可选择合成全景图的文件或文件夹。

• 移去：单击该按钮，可删除列表中选中的文件。

• 添加打开的文件：单击该按钮，可以将软件中打开的文件直接添加到列表中。

打开素材图像，如图10-32所示。执行Photomerge命令后拼合的全景照片效果如图10-33所示；对应的“图层”面板如图10-34所示。

1

2

3

图10-32

图10-33

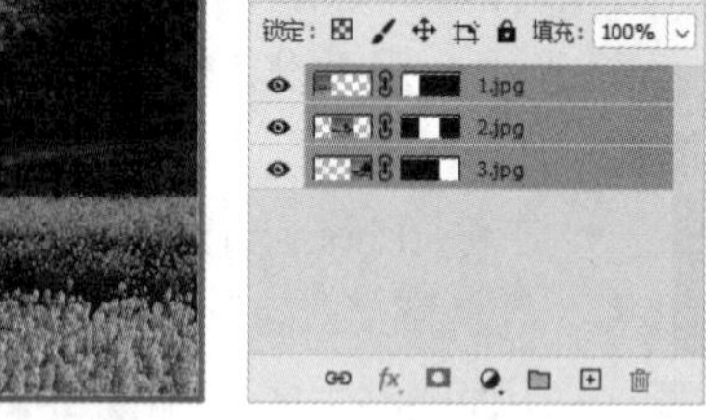

图10-34

10.3.5 图像处理器

图像处理器能快速对文件夹中图像的文件格式进行转换。执行“文件 > 脚本 > 图像处理器”命令，弹出“图像处理器”对话框，如图10-35所示。

该对话框中主要选项的功能如下。

• 选择要处理的图像：单击“选择文件夹”按钮，可在弹出的对话框中指定要处理图像所在的文件夹位置。

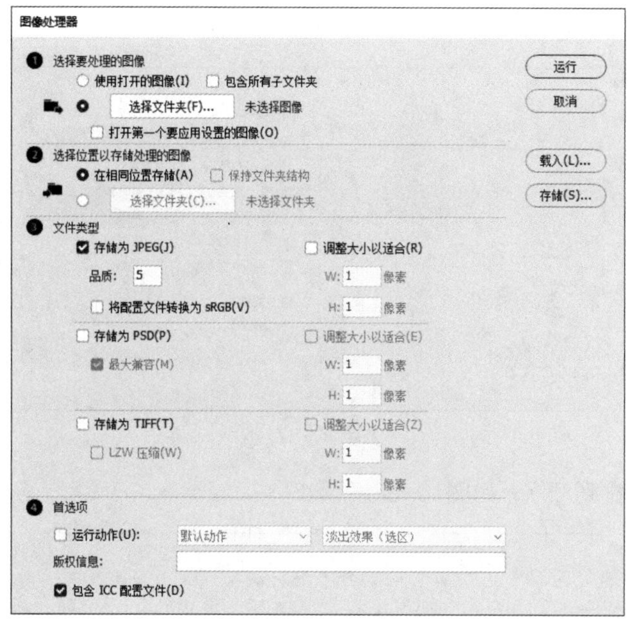

图10-35

• 选择位置以存储处理的图像：单击“选择文件夹”按钮，可在弹出的对话框中指定存放处理后图像的文件夹位置。

• 文件类型：取消勾选“存储为JPEG”复选框，勾选相应格式的复选框，完成后单击“运行”按钮，软件将自动对图像进行处理。

10.3.6 课堂实操：创建PDF演示文稿

实操10-2 / 创建PDF演示文稿

实例资源 ▶\第10章\创建PDF演示文稿\西.jpg、湖.jpg、龙.jpg、井.jpg、正面.jpg、背面.jpg

本案例将创建PDF演示文稿，涉及的知识点为PDF演示文稿的设置与存储。具体操作方法如下。

Step 01 执行“文件 > 自动 > 创建PDF演示文稿”命令，弹出“PDF演示文稿”对话框，单击“浏览”按钮，在弹出的“打开”对话框中添加文件，如图10-36所示。

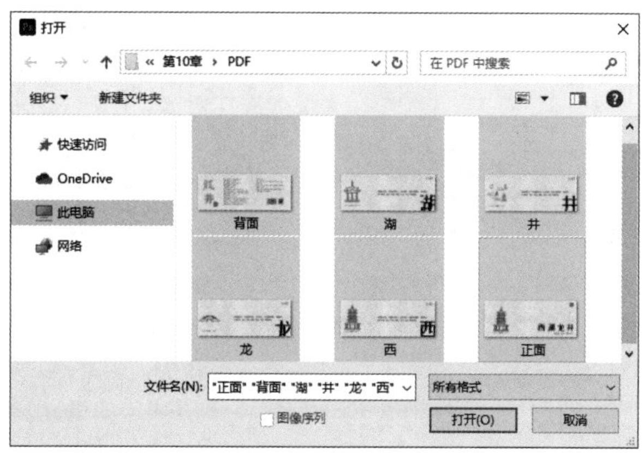

图10-36

Step 02 单击“打开”按钮完成文件的添加，如图10-37所示。

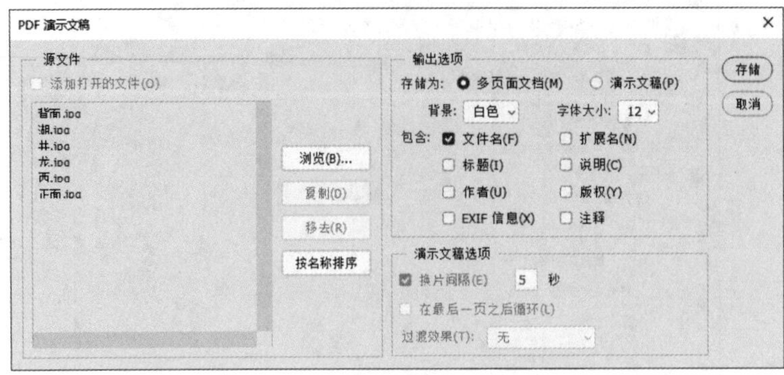

图10-37

Step 03 调整文件的排列顺序，如图10-38所示。

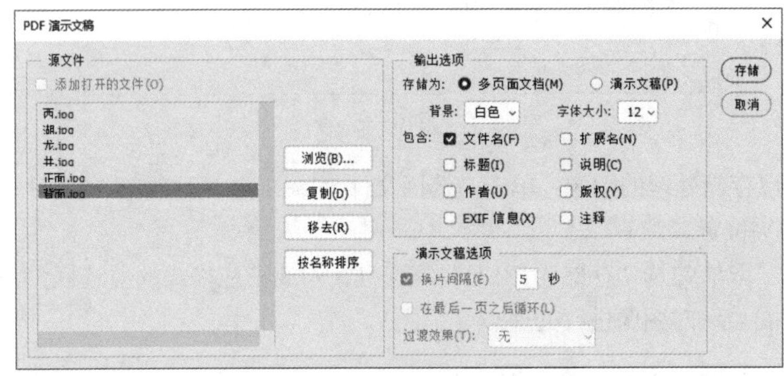

图10-38

Step 04 单击“存储”按钮，在弹出的“另存为”对话框中设置文件名和存储位置，如图10-39所示。

Step 05 打开存储的PDF演示文档查看效果，如图10-40所示。

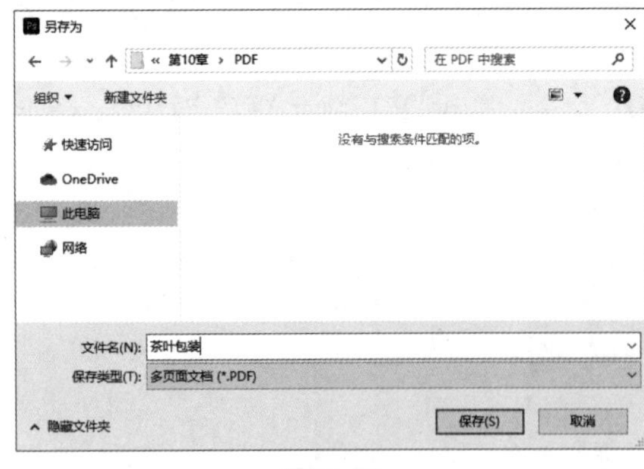

图10-39

图10-40

10.4 实战演练：宠物群像画廊

实操10-3 宠物群像画廊

实例资源 ▶ \第10章\宠物群像画廊\宠物

本章实战演练将制作宠物群像画廊，综合运用本章的知识点，以熟练掌握和巩固联系表的编辑操作，以及图层类型的筛选。具体操作方法如下。

Step 01 利用AIGC工具生成16张风格统一的图，裁剪成统一的大小比例后重命名，如图10-41所示。

Step 02 执行“文件 > 自动 > 联系表Ⅱ”命令，在弹出的“联系表Ⅱ”对话框中设置参数，如图10-42所示。

图10-41

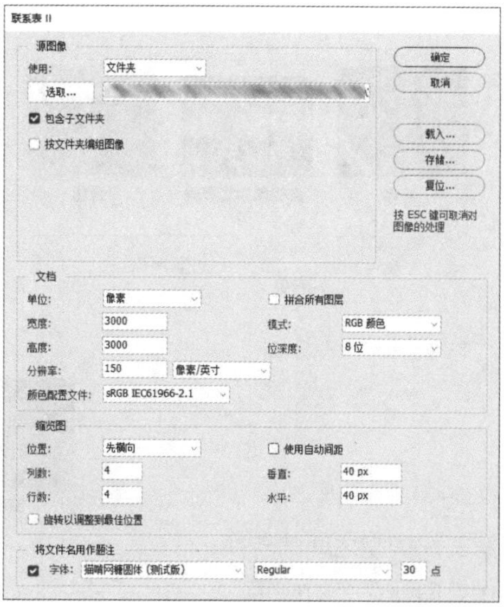

图10-42

Step 03 系统自动排列图片和文字，如图10-43所示。

Step 04 在“图层”面板中单击“文字图层过滤器” T 按钮，选中所有图层，如图10-44所示。

Step 05 向下移动（按↓键4次），如图10-45所示。

图10-43

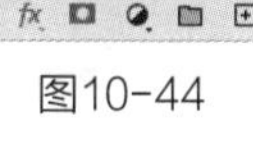

图10-44

图10-45

Step 06 调整完成后保存文件，导出为JPG格式图像。

10.5 拓展练习

实操10-4 / 转换图像的格式

实例资源 ▶\第10章\转换图像的格式\PSD格式文档

下面批量转换图像的格式，转换前后的效果如图10-46、图10-47所示。

图10-46

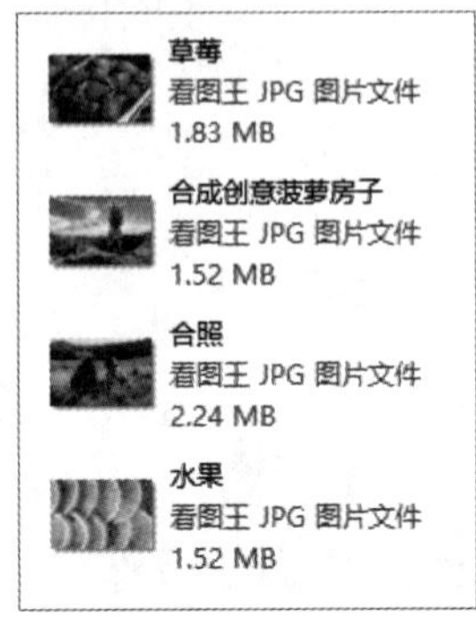

图10-47

技术要点：

- 了解文件类型之间的转换；
- 图像处理器命令的应用。

分步演示：

①将需要转换的PSD格式文档放置在一个文件中；

②执行“文件 > 脚本 > 图像处理器”命令，在“图像处理器”对话框中设置参数；

③系统自动生成JPG格式文档。

①

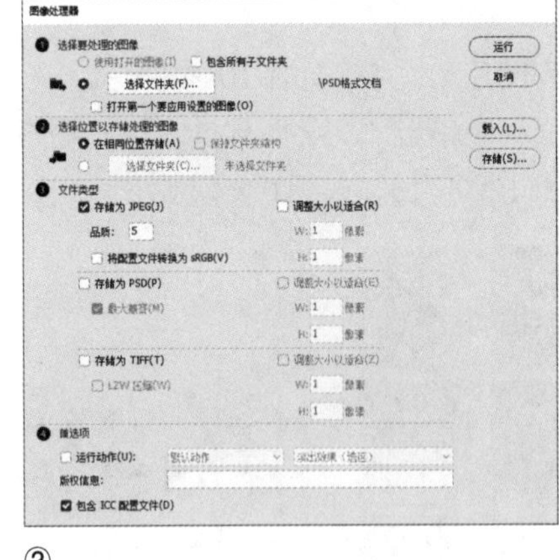

②

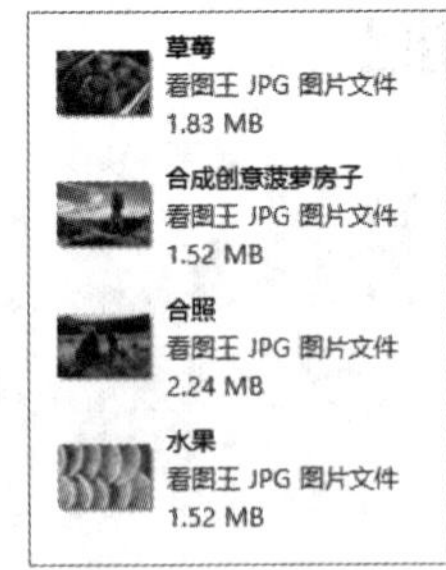

③

第 11 章

宣传画册的设计与制作

PS

内容导读

本章将对宣传画册的设计与制作进行讲解，包括宣传画册的特点、构成、尺寸、纸张选择和装订方式。了解并掌握这些基础知识，设计师可以更好地规划和设计宣传画册，使其更好地传达企业或产品的信息，吸引目标受众的注意，达到宣传的目的。

学习目标

- 了解宣传画册的特点
- 熟悉宣传画册的装订方式
- 掌握宣传画册的构成
- 掌握宣传画册的尺寸与纸张选择

素养目标

- 提高设计师的空间分配能力，构建逻辑清晰、视觉流畅的阅读路径。
- 合理选择尺寸和装订方式有助于设计师在满足设计需求的同时兼顾生产成本，从而为客户创造更高性价比的解决方案。

案例展示

目录 contents
01 民宿环境介绍
02 民宿房型介绍
03 特色项目介绍
04 预定联系方式

宣传画册部分效果展示

11.1 宣传画册设计概述

宣传画册设计是一种视觉传达方式，旨在通过精心策划和设计，向目标受众传递企业或产品的核心价值和特点。

11.1.1 宣传画册的特点

宣传画册中所有的文字、图片、排版、配色等内容，在符合设计美学要求的同时，还要能够表达市场推广策略。无论是哪种宣传册，都具有一些共同的特点。

（1）目标明确

宣传画册的设计目的是宣传企业或产品，因此设计前必须明确目标受众，然后针对目标受众的需求和兴趣点展开。无论是色彩、排版还是内容，都需要紧密围绕宣传目的进行规划。

（2）内容精简

宣传画册的内容要精简、有力，突出企业的核心竞争力和产品特点。避免冗余和无关的信息，确保受众能够在短时间内了解企业的价值。

（3）设计精美

宣传画册的设计要注重艺术感和视觉效果，通过精美的排版和图形设计吸引目标受众的眼球，提高其阅读兴趣。同时，设计也要符合企业或产品的品牌形象和风格。

（4）图文并茂

宣传画册通过高质量的图片和精练的文字结合，生动形象地展示产品、服务或品牌形象，使信息传达更加直观易懂。

（5）针对性强

针对不同的行业、不同的目标受众及不同的宣传目的，宣传画册的设计风格和内容要有所不同。例如，针对高端客户的产品，可能需要更加稳重、专业的设计风格。而针对年轻人的产品，则需要采用更为时尚、设计感强的设计风格。

（6）材质讲究

宣传画册的材质选择也很重要，要选择高质量的纸张和印刷工艺，保证画册的质感和视觉效果。同时，也要考虑到环保和可持续性等因素。

（7）易于传播

宣传画册通常用于各种展览、会议、活动等场合，因此设计时要考虑到其易于传播的特点。例如，可以通过二维码等方式，方便受众分享和传播。

11.1.2 宣传画册的构成

宣传画册的构成主要包括封面、目录、内容页和封底。

1. 封面/封底

封面是宣传画册的重要组成部分，通常包括企业标志、产品名称、宣传语等关键信息。封面设计要吸引眼球，传达出企业或产品的核心价值和特点，如图11-1所示。封底通常包括企业联系方式、地址、二维码等信息。在设计上要与封面相呼应，保持整体设计的统一性和美观性。

2. 目录

目录页提供了宣传画册内容的概览，可方便读者快速了解画册的结构和内容。目录应该清晰明了，列出各个章节的标题和页码，如图11-2所示。

3. 内容页

内容页是宣传画册的主体部分，包括对企业或产品的详细介绍、产品特点、应用场景、用户反馈等。内容页的设计要注重版式的统一和美观，同时要注重文字与图片的配合，使得信息传达清晰明了。

图11-1

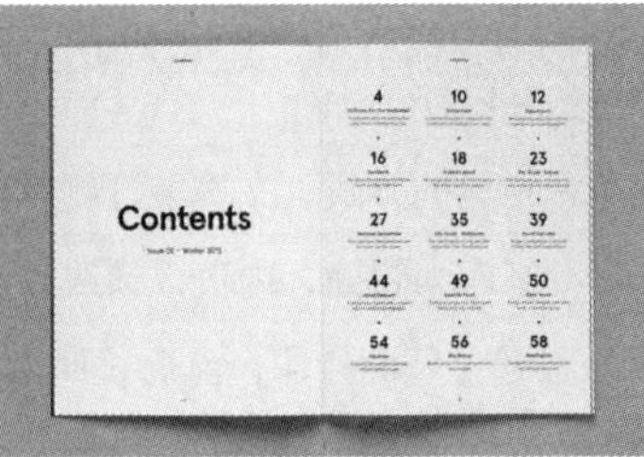

图11-2

图11-3

11.1.3 宣传画册的尺寸

常用的宣传画册尺寸有210mm×275mm（A4）、210mm×140mm（A5）、140mm×100mm（A6）、420mm×285mm（A3）。除此之外，还可以设置为方形画册尺寸：210mm×210mm、250mm×250mm、285mm×285mm。做比较高档的画册，如珠宝、楼房、豪车等的画册，尺寸可以设置为370mm×250mm和420mm×285mm。

比较不常用的画册尺寸有128mm×250mm、138mm×285mm、140mm×105mm、125mm×285mm。具体的尺寸可以根据客户的要求进行设置。

A4的国标标注为210mm×297mm，但一般情况下会设置为大度16开的210mm×285mm，避免造成纸张浪费。

11.1.4 宣传画册的纸张选择

宣传画册的纸张选择对最终成品的质量、视觉效果，以及体现品牌风格都至关重要。下面是比较常见的纸张类型。

- 铜版纸：表面光滑，色彩还原度高，适合印刷高清图片和需要给人以强烈视觉冲击力的内容。纸张克重多样，如105g、128g、157g、200g、250g、300g等。封面通常会选择克重较重的纸张，内页则依据内容和预算选择适当克重。
- 哑粉纸：具有较低的光泽度，给人以柔和、典雅的感觉。与铜版纸类似，哑粉纸也有多种克重可供选择。
- 艺术纸：包括纹理纸、珠光纸、触感纸、新美感纸等多种类型，常用于封面或特殊页面，以增强画册的触觉体验和视觉层。
- 双胶纸：适用于文字较多且对阅读舒适度有较高要求的宣传册。

11.1.5 宣传画册的装订方式

宣传画册的装订方式主要根据画册的页数和纸张的厚度决定。常见的装订方式及其说明如表11-1所示。

表 11-1

装订方式	说明
骑马钉	对折成页沿折线使用铁丝钉装订，如图11-4所示。页码数要求是4的倍数。书脊超过3mm时不可以使用骑马钉
平钉	即用铁丝平钉，是将印好的书页经折页、配帖成册后，在钉口一边用铁丝钉牢，再包上封面的装订方法，页码数一般在200页以内
圈装	有胶圈装订和铁圈装订两种常见的方式。文本装订侧需留出7～12mm的打孔距离
精装	使用硬纸裱以铜版纸或特种纸作为封面，内页以锁线胶装的方式经热熔胶装订成册
蝴蝶精装	将展开相邻的内页放在一张纸上单面打印，然后按照顺序把隔页相邻的两个内页背靠背粘成一张，最后把封面粘上。页码数要求为偶数
锁线胶订	用线将各页穿在一起，然后用胶水将印品的各页固定在书脊上的一种装订方式。页码数要求是4的倍数，页码数较多时可以使用该方式
无线胶订	用胶水将印品的各页固定在书脊上的一种装订方式，如图11-5所示。页码数要求为偶数

图11-4

图11-5

知识链接

画册常见的为20p～32p，p是“页”的意思，指画册的面数，1面是1p，1张为2p。骑马钉和锁线胶订的要求是p数的4倍，常用的p数为16p、20p、24p、28p、32p等。

11.2 制作民宿宣传画册

学习了宣传画册的相关知识后，下面将知识转化为实操，对某民宿的宣传画册进行设计。

11.2.1 案例分析

进行案例分析有助于我们理解优秀设计的构成要素和原理，并从中吸取灵感。下面从设计背景、设计元素分析两方面进行介绍。

1. 设计背景

- 产品名称：青城居民宿宣传画册。
- 设计目的：展示民宿的特色、环境、服务及联系方式，吸引目标受众的兴趣，提升民宿的知名度和预订率。
- 目标受众：潜在民宿客户、旅游爱好者、本地居民。

2. 设计元素分析

- 封面元素：使用醒目的色块与民宿外部环境的图片，吸引观众的注意力。
- 封底元素：与封面色块相呼应，增强整体设计的连贯性和统一感。添加标志和二维码，强化品牌识别度与互动性。
- 内页元素：采用绿色作为主色调。目录页为受众提供了内容概览，右侧的长色块加民宿标志作为固定模板，强化了设计的统一性和识别度。其他页面采用对开排列，图文并茂。

11.2.2 创意阐述

该民宿宣传画册使用横版布局，充分利用空间优势，展现民宿的整体风貌与细节特色。封面左侧使用醒目的色块设置，右侧放置民宿外部环境的照片，吸引观众的注意力。封底与封面色块相呼应，增强整体设计的连贯性和统一感。在色块上放置民宿标志，强化品牌识别度。同时添加二维码，方便客户快速扫码获取更多信息或进行预定。

内页采用绿色作为主色调。在目录右侧设计一个长色块，加上民宿标志。色块上的民宿标志与封面和封底的标志相呼应，形成整体设计的统一感。其他页面采用对开排列方式，图文并茂地展示民宿的特色、设施、服务等内容。右侧的版面在目录的基础上添加标题，使内容清晰明了。最后一个页面为联系方式，可方便目标用户进行预定。

11.2.3 制作过程

实操11-1 民宿宣传画册

实例资源▶\第11章\民宿宣传画册\民宿画册

1. 封面封底设计

Step 01 新建宽度为426mm、高度为291mm的文档，如图11-6所示。

Step 02 选择“矩形工具”，绘制矩形并填充颜色（#668363），如图11-7所示。

图11-6

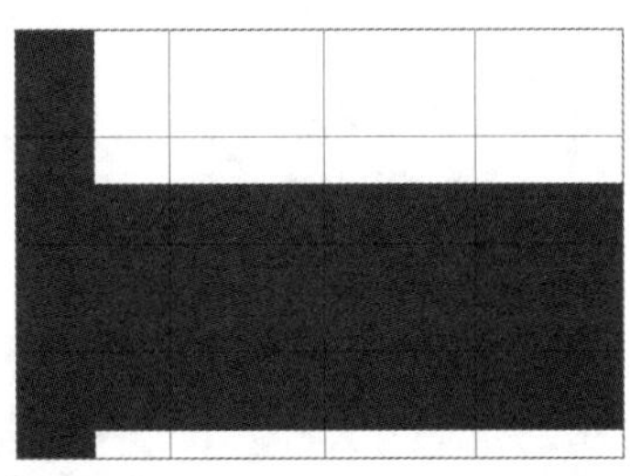

图11-7

Step 03 置入素材并调整大小，如图11-8所示。

Step 04 按Ctrl+Alt+G组合键创建剪贴蒙版，如图11-9所示。

图11-8

图11-9

Step 05 创建“亮度/对比度”调整图层，在“属性”面板中设置参数，如图11-10所示。效果如图11-11所示。

图11-10　　　　图11-11

Step 06 选择“横排文字工具”，输入文字，在“字符”面板中设置参数，如图11-12、图11-13所示。

图11-12　　　　图11-13

Step 07 继续输入文字并设置参数，如图11-14所示。效果如图11-15所示。

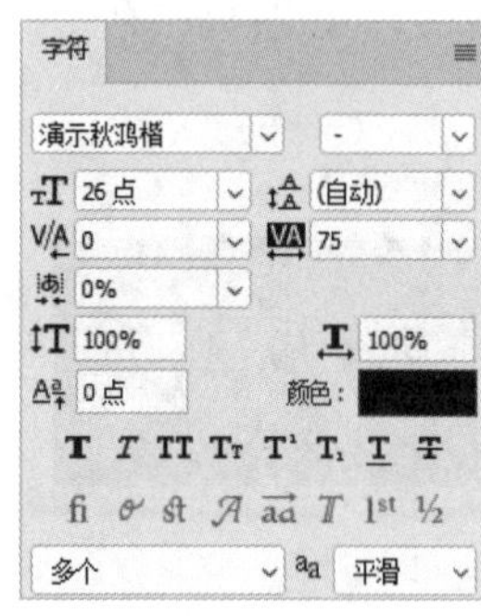

图11-14

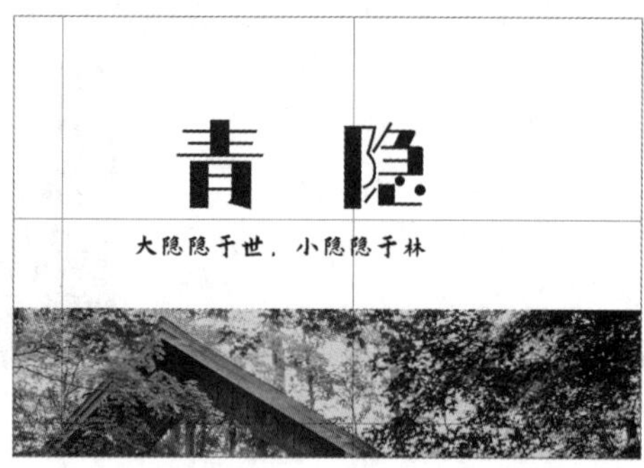

图11-15

知识点拨

使用CMYK色彩模式时，若使用黑色文字，则CMY均为0、K为100即可。

Step 08 置入素材并调整显示，如图11-16所示。

Step 09 在“字符”面板中设置参数，如图11-17所示。

Step 10 输入文字，如图11-18所示。

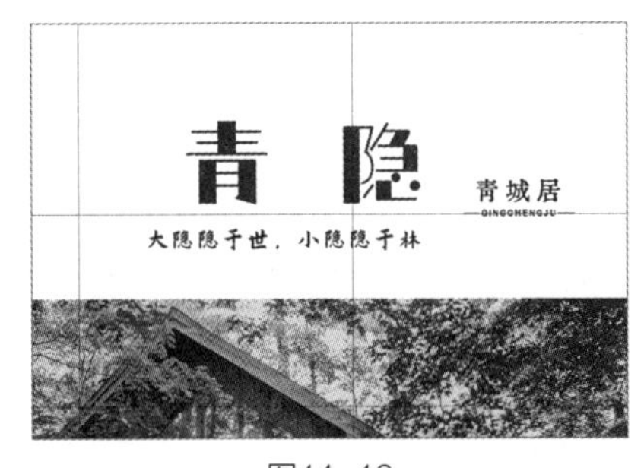

图11-16

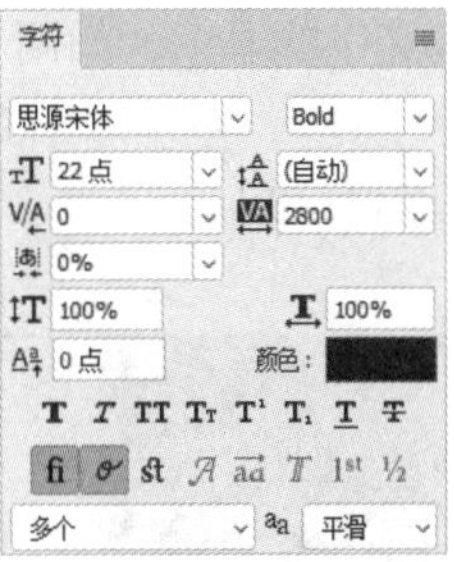

图11-17

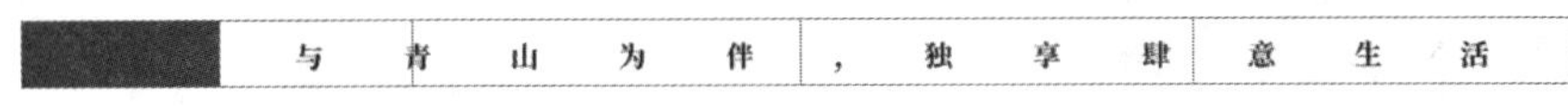

图11-18

Step 11 选择所有图层创建组并重命名为“封面”，按Ctrl+J组合键复制组，重命名为“封底”，隐藏“封面”组，如图11-19所示。

Step 12 删除不需要的元素，如图11-20所示。

Step 13 调整显示，如图11-21所示。

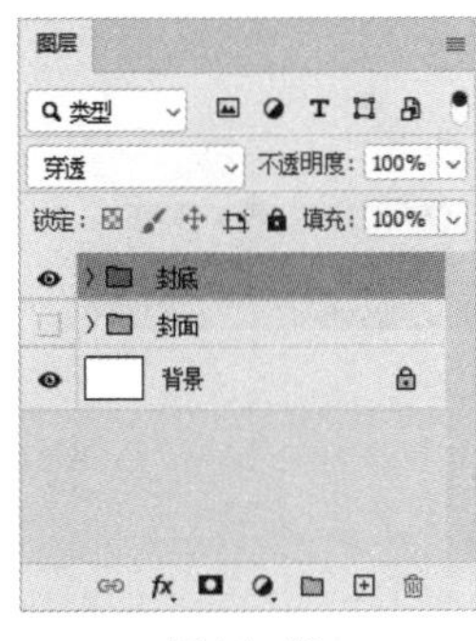

图11-19

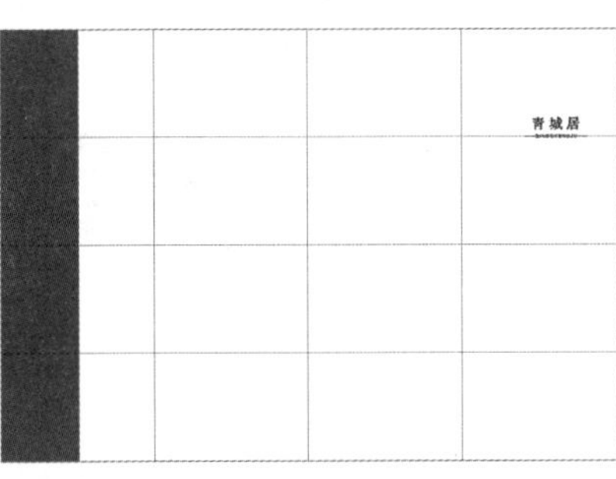

图11-20

图11-21

Step 14 创建白色填充图层，按Ctrl+Alt+G组合键创建剪贴蒙版，如图11-22所示。

Step 15 置入素材并调整显示，如图11-23所示。

Step 16 输入文字并调整位置，如图11-24所示。

图11-22

图11-23

图11-24

知识点拨

二维码尺寸不小于3cm，分辨率不低于300dpi。若添加外边框，则宽度不低于4mm。

2. 内页设计

Step 01 按Ctrl+J组合键复制“封底”组，重命名为“01 目录”，隐藏“封面”组，删除不需要的元素，如图11-25所示。

Step 02 调整矩形和文字的显示，如图11-26所示。

Step 03 选择“矩形工具”，在左侧中间拖曳鼠标绘制矩形，在“属性”面板中设置半径，如图11-27所示。效果如图11-28所示。

图11-25　　图11-26　　图11-27

Step 04 输入文字并设置参数，如图11-29所示。效果如图11-30所示。

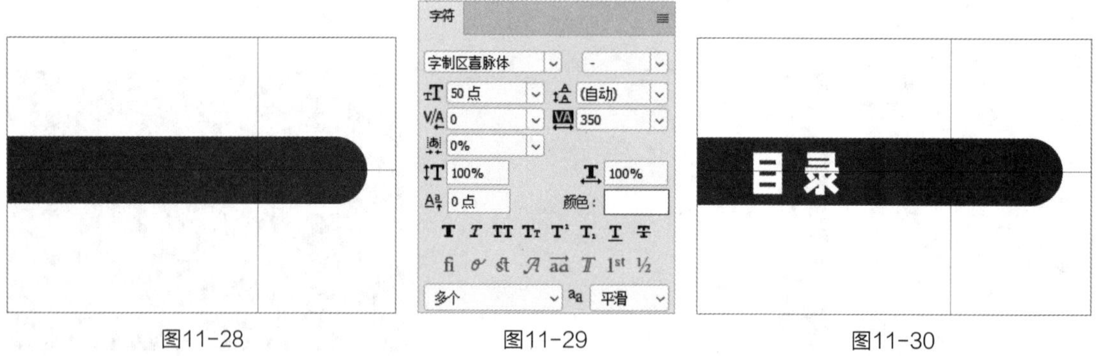

图11-28　　图11-29　　图11-30

Step 05 更改字号为40点，字间距为100，输入文字，加选文字，在选项栏中单击“垂直居中分布”按钮，如图11-31所示。

Step 06 选择“自定形状工具”，单击选项栏中的“形状”按钮，在弹出的扩展菜单中依次选择“旧版形状及其他 > 所有旧版默认形状 > 形状 > 圆角方形”，拖曳鼠标绘制圆角方形，如图11-32所示。

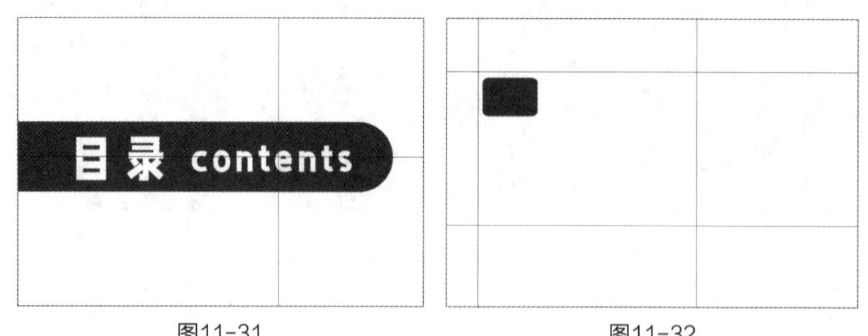

图11-31　　图11-32

Step 07 双击该图形，在弹出的“图层样式”对话框中选择“投影”，设置参数，如图11-33所示。图形效果如图11-34所示。

Step 08 输入文字并设置参数，如图11-35所示。文字效果如图11-36所示。

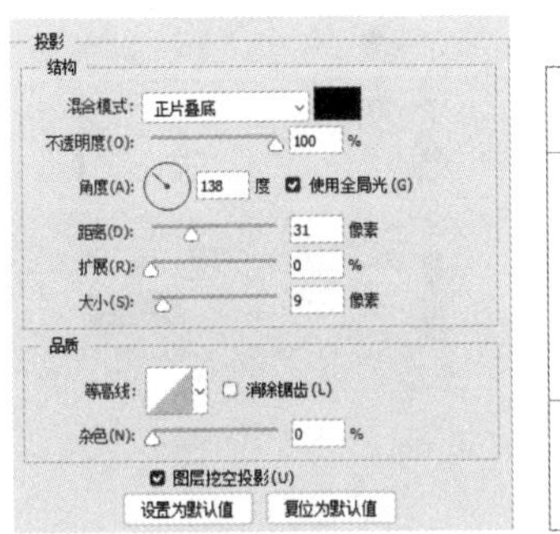

图11-33

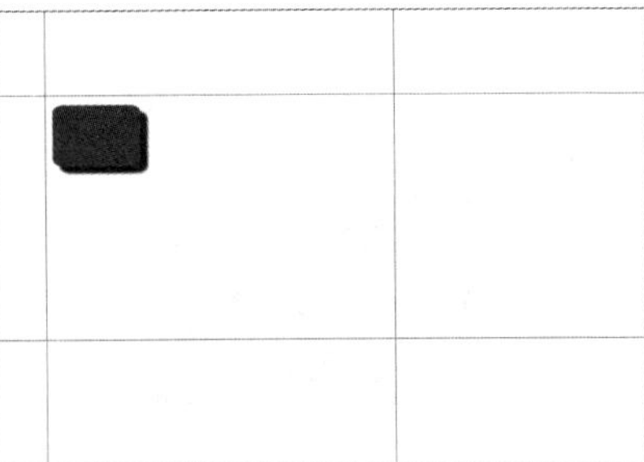

图11-34

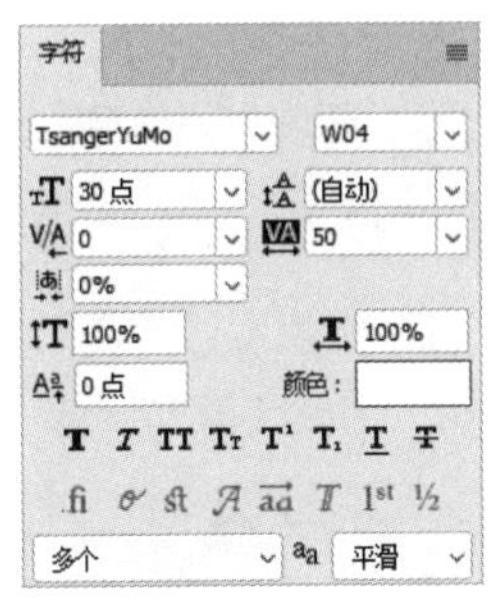

图11-35

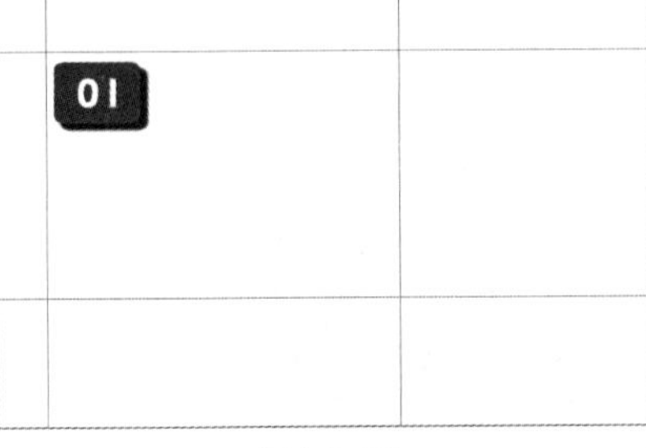

图11-36

Step 09 继续输入文字并设置参数，更改字号为40点、字间距为100，效果如图11-37所示。

Step 10 框选图形和文字，按住Alt键移动复制并更改文字内容，如图11-38所示。

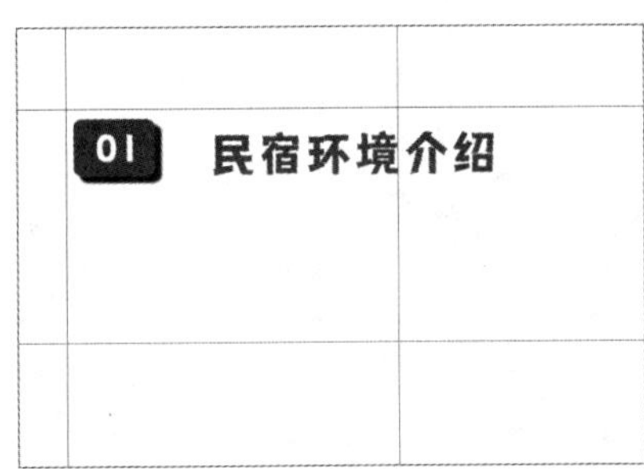

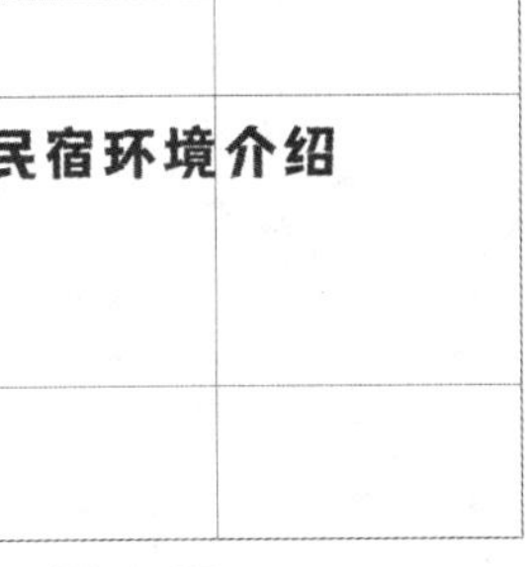

图11-37

图11-38

Step 11 隐藏“01 目录”组，新建“02 环境”组，选择“矩形工具”，拖曳鼠标绘制矩形，如图11-39所示。

Step 12 置入素材并调整大小，按Ctrl+Alt+G组合键创建剪贴蒙版，如图11-40所示。

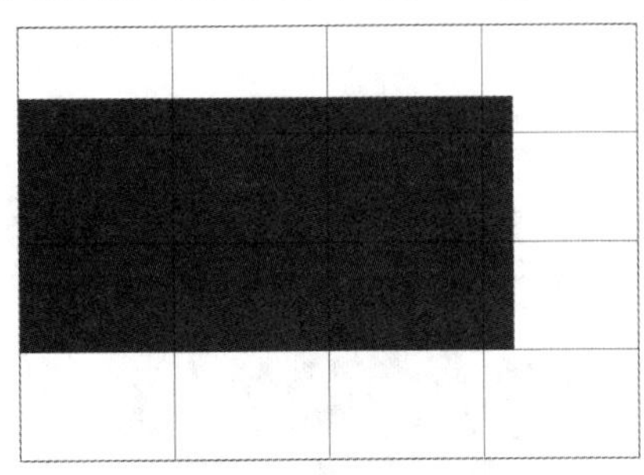

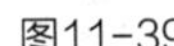

图11-39

图11-40

Step 13 选择“矩形工具”，拖曳鼠标绘制矩形，如图11-41所示。

Step 14 在“字符”面板中设置参数，如图11-42所示。

图11-41

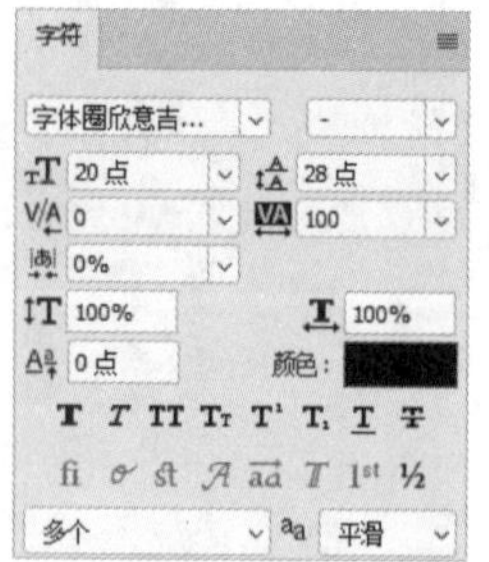

图11-42

Step 15 选择“横排文字工具”拖曳绘制文本框，输入文字，如图11-43所示。（该文字内容可以借助AIGC工具生成）

Step 16 按Ctrl+J组合键复制“01 目录”组，重命名为“03 环境”，隐藏“01 目录”组，删除不需要的元素，如图11-44所示。

图11-43

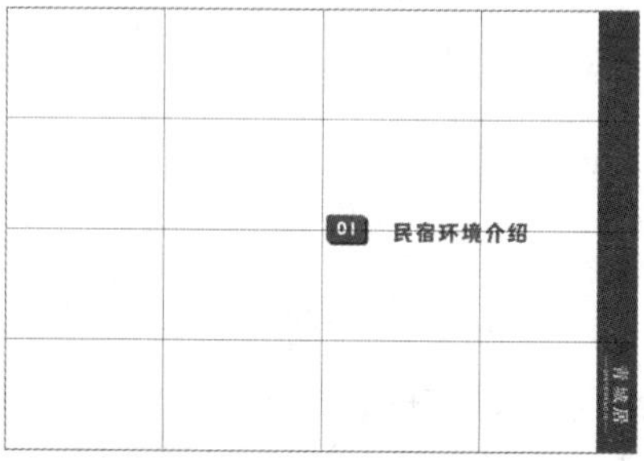

图11-44

Step 17 调整矩形和文字的显示，如图11-45所示。

Step 18 置入素材图片并添加相应的文字内容，如图11-46所示。

图11-45

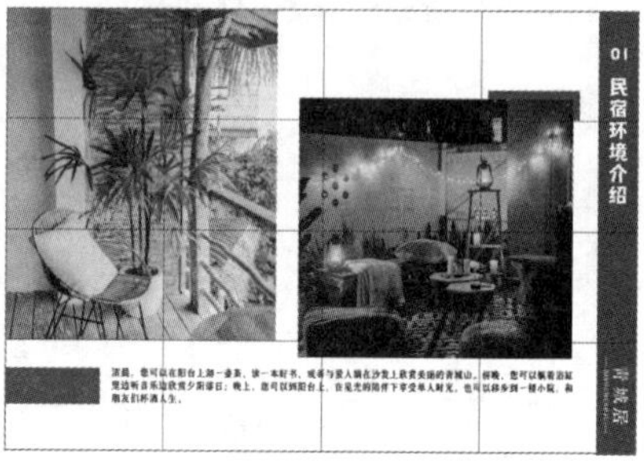

图11-46

Step 19 按Ctrl+J组合键复制“02 环境”组，重命名为“04 房型”，隐藏“02 环境”组，置入素材图片并添加相应的文字内容，如图11-47所示。

Step 20 使用相同的方法制作“05 房型”组的内容，如图11-48所示。

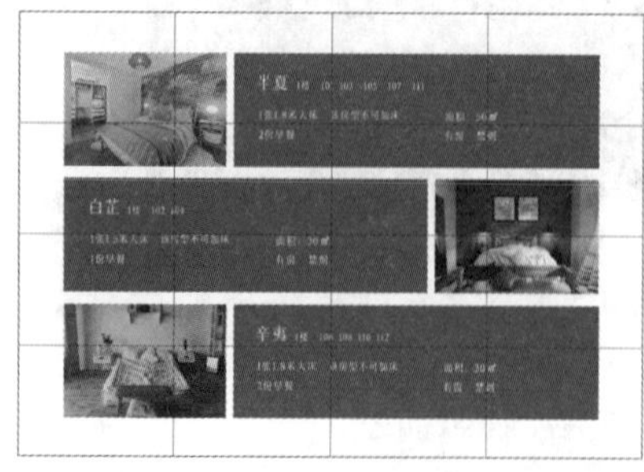

图11-47

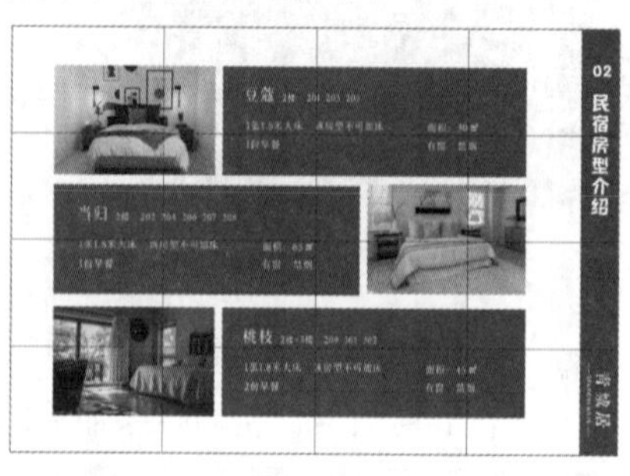

图11-48

Step 21 使用相同的方法制作“06 特色介绍”组的内容，如图11-49所示。

Step 22 使用相同的方法制作“07 特色介绍”组的内容，如图11-50所示。

图11-49

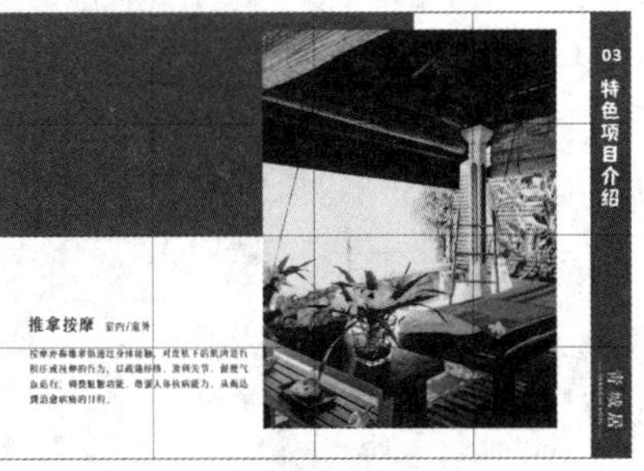

图11-50

Step 23 使用相同的方法制作“08 预定方式”组的内容，如图11-51所示。

Step 24 “图层”面板显示如图11-52所示。

图11-51

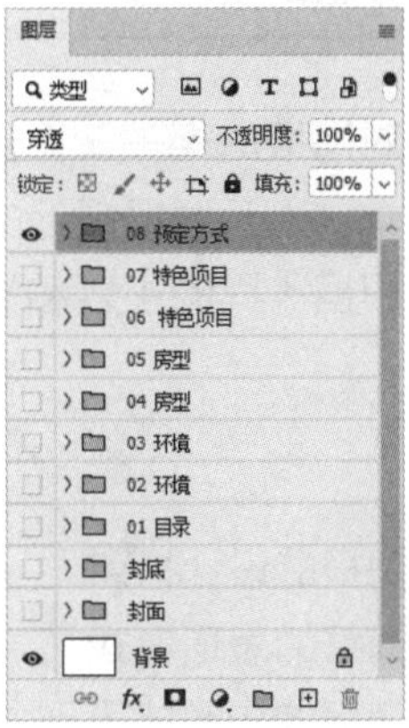

图层
类型
穿透
不透明度：100%
锁定：
填充：100%
08 预定方式
07 特色项目
06 特色项目
05 房型
04 房型
03 环境
02 环境
01 目录
封底
封面
背景

图11-52

3. 交付印刷文件

Step 01 按Ctrl+Shift+S组合键另存为文件，在弹出的对话框中选择“TIFF（*.TIF；*TIFF）”格式，单击“确定”按钮，如图11-53所示。

Step 02 在弹出的“TIFF选项”对话框中进行参数设置，再单击“确定”按钮，即可保存印刷文件，如图11-54所示。

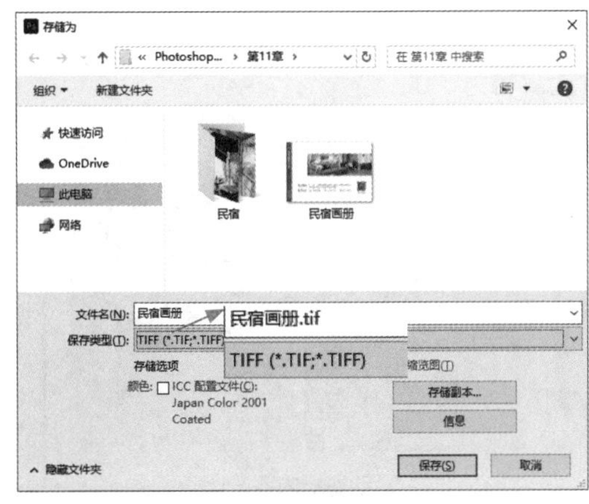

图11-53

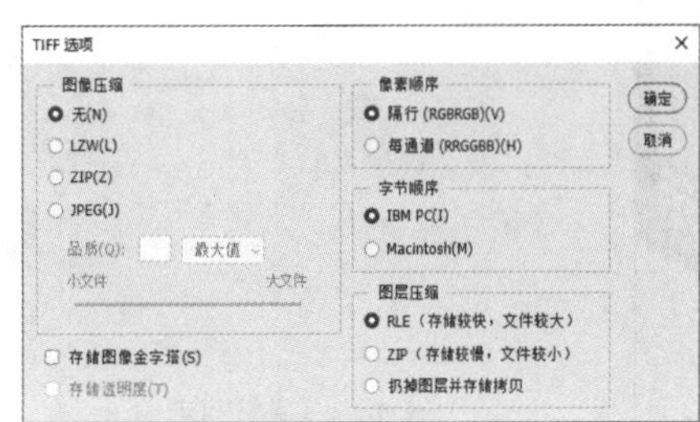

图11-54

第 12 章

海报的设计与制作

PS

内容导读

本章将对海报的相关知识进行讲解，包括海报设计的特点、海报设计的表现形式，以及海报设计的构图方式。了解并掌握这些基础知识，设计师可以根据不同的主题和需求，灵活运用各种设计技巧和表现手法创作海报。

学习目标

- 了解海报的设计特点
- 掌握海报的表现形式
- 掌握海报的构图技巧

素养目标

- 通过掌握不同的表现形式和构图技巧，设计师可以更加高效地将关键信息传达给观众，提高设计效率。
- 根据品牌特点和目标受众，选择合适的表现形式和构图手法，以传达品牌的独特魅力和价值观。

活动海报背景图案设计

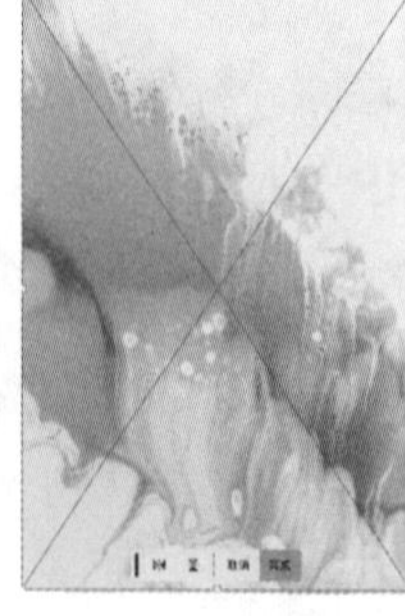

活动海报内容设计

12.1 海报设计概述

海报又称宣传海报或广告海报，是一种用于传达信息、推广产品或服务、宣传活动的平面设计作品，通常张贴在公共场所，如墙面、街头、商店、公交站等，或者通过数字媒体进行传播，如图12-1、图12-2所示。

图12-1

图12-2

12.1.1 海报设计的特点

海报是一种具有强烈视觉冲击力和吸引力的视觉传播工具，能够在短时间内吸引观众的注意力并传达出关键信息，常见效果如图12-3～图12-6所示。以下是一些设计上的要点和特点。

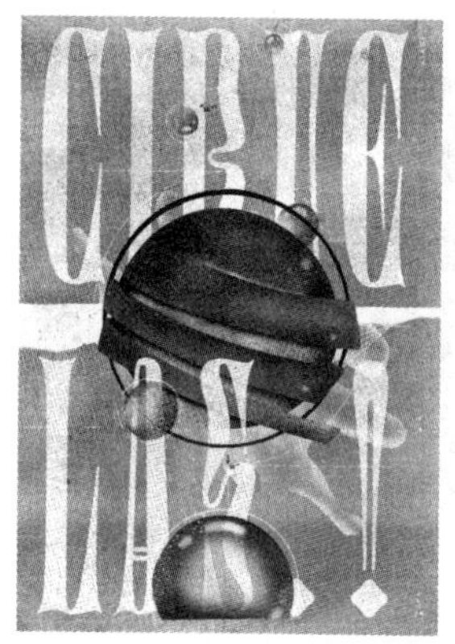
图12-3

图12-4

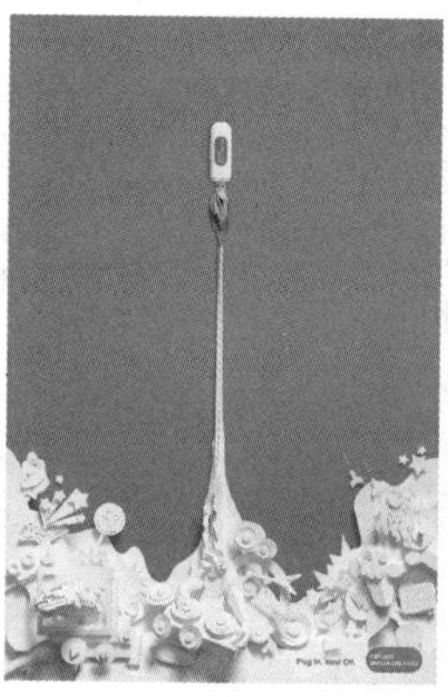
图12-5

图12-6

- 主题明确：在设计海报时应确保主题鲜明，能够迅速传达出活动的主题、产品的信息或者某种理念。
- 视觉冲击力：可以采用大胆的色彩、引人注目的图像、创意的布局构图和动态的视觉效果增强视觉冲击力。
- 信息简洁明了：海报设计需将信息浓缩，以最少的文字和最大的视觉效果传达最重要的内容，避免冗余信息。尤其是重要的时间和地点、主题标语或关键信息应当突出显示。
- 层次分明：通过合理的布局和元素之间的层次关系，突出重点，次要信息作为辅助，形成良好的视觉层次感，引导观众的视线流动。
- 创新性与原创性：海报设计需要体现一定的创新思维，包括新颖的表现手法、原创的图案设计或非传统的布局方式，以区别于其他同类作品，彰显个性。
- 适应性强：考虑到海报可能在不同环境、尺寸和媒介下展示，设计时应考虑其通用性和可调整性，确保在任何环境下都清晰可见。

• 互动性：部分海报设计会考虑与观众的互动性，比如通过二维码、AR技术等增加多媒体体验，促使观众参与到宣传活动中。

12.1.2 海报设计的表现形式

海报根据表现形式分为平面海报、店内海报、招商海报和展览海报。

（1）平面海报

平面海报设计是一种独立的海报广告文案。在设计过程中比较随意，要善于利用生活中的一些元素，通过色彩与明暗的对比突出主体。

（2）店内海报

店内海报应用于营业店面内，起着装饰和宣传的作用。在设计时需考虑到店内的整体风格、色调及营业内容，做到与环境相融，如图12-7所示。

（3）招商海报

招商海报以商业宣传为目的，采用引人注目的视觉效果达到宣传某种商品或服务的目的。在设计时需明确其商业主题，在文案的应用上要注意突出重点，不宜太花哨。

（4）展览海报

展览海报主要用于展会的宣传，常应用于街道、影剧院、展会、商业闹区、车站等公共场所。展览海报具有传播信息的作用，涉及内容广泛、艺术表现力丰富、远视效果强，如图12-8所示。

图12-7

图12-8

12.1.3 海报设计的构图方式

在实际应用中，海报常见的构图方式如下。

1. 对称式构图

对称式构图是一种经典的构图方式，将主要元素以中心线或对角线为轴进行左右或上下对称排列，其他辅助元素则以对称的方式分布在两侧，如图12-9所示。这种构图方式广泛应用于各种海报设计中，尤其适用于需要强调秩序、正式、稳重感的主题。

2. 居中式构图

居中式构图通常会将标题、图片或其他重要元素放置在海报的中心位置，使其成为视觉焦点。其他辅助元素和文本则围绕中心元素进行布局，以保持整体的平衡和和谐，如图12-10所示。

3. 曲线式构图

曲线式构图是一种充满动感和韵律感的构图方式，主要通过将视觉元素以S形曲线、C形曲线、波状线、弧线等曲线形式进行排列和布局，以创造出富有流动感和不稳定性的视觉效果。这种构图引导观众的视线，使画面更加生动、自然，增强海报的吸引力和视觉冲击力，如图12-11所示。

4. 对比构图

对比构图是一种通过强调元素之间的差异和对比来突出主题和引导观众视线的构图方式。常用的对比方法有大小对比、色彩对比、明暗对比、动静对比等，如图12-12所示。

图12-9

图12-10

图12-11

图12-12

5. 倾斜式构图

倾斜式构图是一种动态且富有冲击力的构图方式，主要是将海报中的元素或文字以倾斜的角度呈现，如图12-13所示。倾斜式构图打破了常规的水平和垂直构图，从而创造出一种不稳定、动感和有视觉冲击力的视觉效果。

6. 散点式构图

散点式构图是指将指定数量的主体散落在画面中的构图方式。在应用散点式构图时，应防止散乱，宜用隐形结构线或结构形将各个“点”暗连起来，使之相呼应并形成内在联系，如图12-14所示。

7. 三分法构图

三分法构图也称为井字法构图，“井”字的4个交叉点是视觉中心，也是主体的最佳位置，如图12-15所示。这种构图方式基于人的视觉习惯和审美心理，有助于引导观众的视线，突出重点，增强海报的吸引力和可读性。

8. 重复构图

重复构图是使用相同的元素、文字或者图案来创造统一的视觉效果，如图12-16所示。这种构图方式可以强化海报的识别度和记忆性，有效吸引观众的注意力并增强整体的视觉效果。

图12-13

图12-14

图12-15

图12-16

每一种构图方式都不是孤立的，而是可以相互结合，灵活运用，以达到最佳的视觉效果。同时，设计师还需要根据具体的海报主题、内容、受众等因素，选择最合适的构图方式，让海报更具吸引力和传播力。

12.2 制作艺术展海报

学习了海报的相关知识后，下面将知识转化为实操，对某艺术展的海报进行设计。

12.2.1 案例分析

1. 设计背景

- 展览名称：新锐设计艺术展。
- 设计目的：展示当代新锐设计师的创意与才华，吸引公众关注并促进艺术与设计交流。
- 目标受众：设计师、艺术爱好者、设计行业从业者、学生及一般公众。

2. 设计元素分析

- 图像：海报主题将使用3D扭曲效果，旨在展现出设计的抽象性和创新性。
- 色彩：以图像背景色彩为主，文字部分使用黑色。
- 文字：将“新锐设计艺术展”大字标题置于海报中心，右下方辅以展览时间、地点等文字信息。
- 构图：将主要图形和文字信息以不规则的方式排列，营造活力和动感。

12.2.2 创意阐述

“新锐设计艺术展”海报的设计创意旨在展现当代新锐设计师的创意与才华。选择色彩鲜艳的背景素材，对其进行3D扭曲，从而形成一幅极具视觉冲击力与想象力的新颖图像。与此同时，为了与整体设计风格和谐统一，主题文字采用了简洁大方的设计，增强了海报的视觉表现力和艺术感染力。

12.2.3 制作过程

海报的制作可以分成两个部分：一是背景的制作，二是文字的添加。

实操12-1 招贴海报设计

实例资源 ▸ \第12章\招贴海报设计\纹理.jpg

1. 背景的制作

Step 01 将素材文件拖到Photoshop中，如图12-17所示。

图12-17

Step 02 执行“滤镜 > 扭曲 > 旋转扭曲”命令，在弹出的“旋转扭曲”对话框中设置参数，如图12-18所示。效果如图12-19所示。

Step 03 执行“3D > 从图层新建网格 > 深度映射到 > 纯色凸出”命令，在弹出的提示框中单击“是”按钮，如图12-20所示。应用效果如图12-21所示。

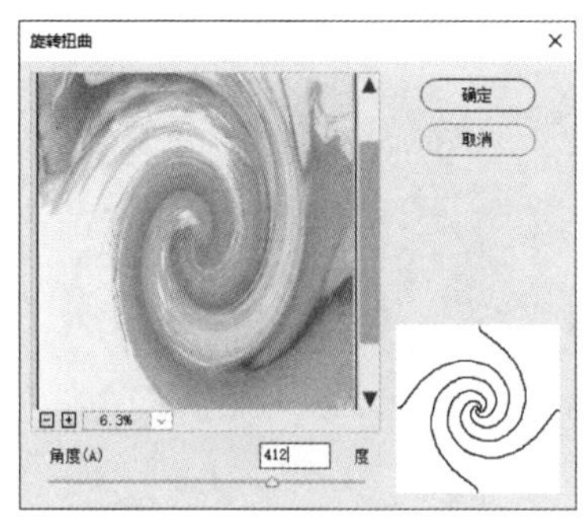

图12-18

图12-19

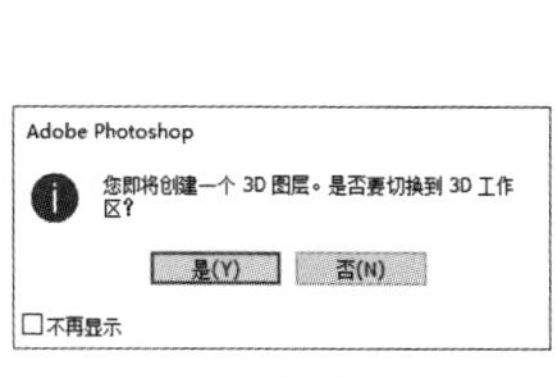

图12-20

图12-21

Step 04 在“属性”面板中更改预设为“未照亮的纹理”，如图12-22所示。

Step 05 在选项栏中单击按钮，拖曳鼠标调整旋转角度，如图12-23所示。

Step 06 打开“图层”面板，如图12-24所示。单击鼠标右键，在弹出的菜单中选择“转换为智能对象”选项，效果如图12-25所示。

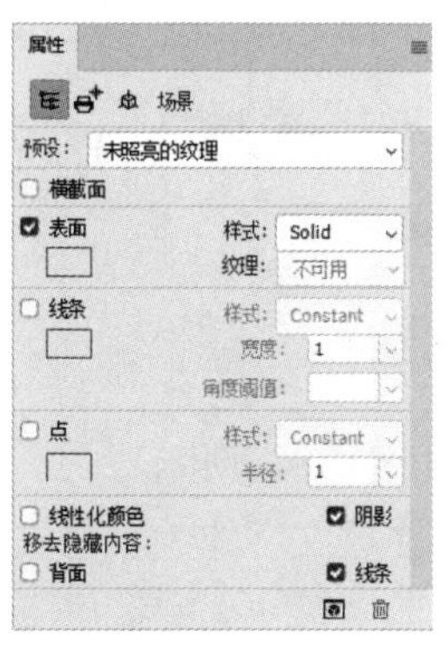

图12-22

图12-23

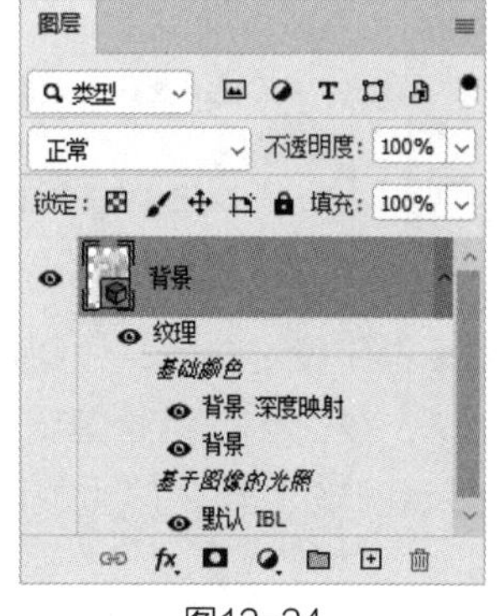

图12-24

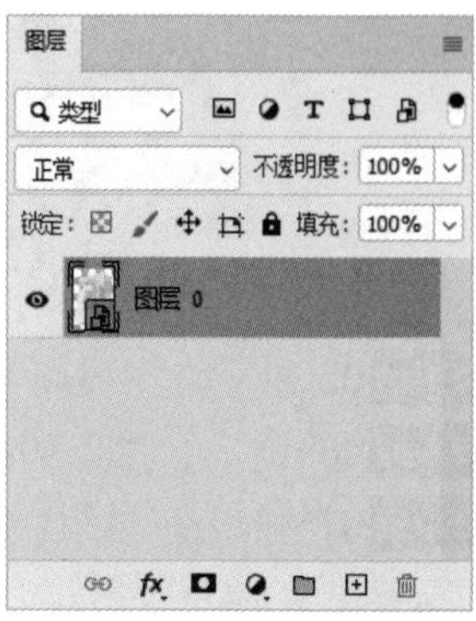

图12-25

Step 07 按Ctrl+T组合键，放大图像并旋转角度，如图12-26所示。

Step 08 新建图层并移至最底层，如图12-27所示。选择“吸管工具”吸取图层0背景颜色，使用“油漆桶工具”，在画布上单击填充，效果如图12-28所示。

图12-26

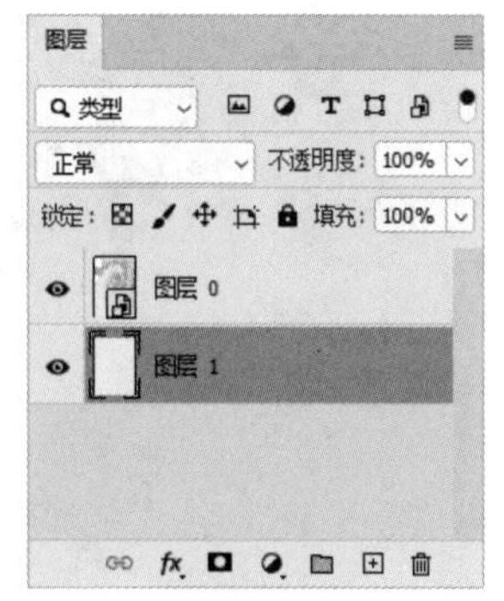

图12-27

图12-28

2. 文字的添加

Step 01 选择“横排文字工具”，输入文字，在“字符”面板中设置参数，如图12-29所示。效果如图12-30所示。

Step 02 按Ctrl+T组合键，将文字旋转角度设置为18°，文字效果如图12-31所示。

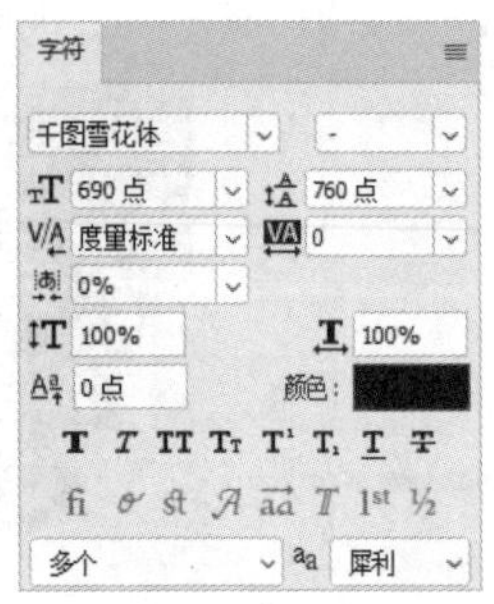
图12-29

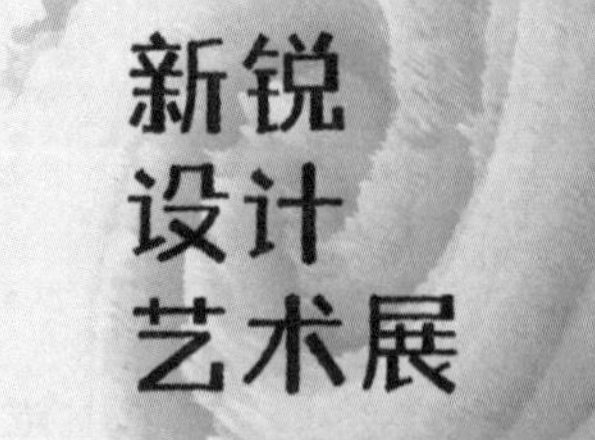

图12-30

图12-31

Step 03 按住Alt键移动复制文字图层，选择原图层，更改字体颜色（#4092d5），如图12-32所示。

Step 04 执行“滤镜 > 模糊 > 动感模糊”命令，在弹出的提示框中单击“转换为智能对象”按钮，如图12-33所示。

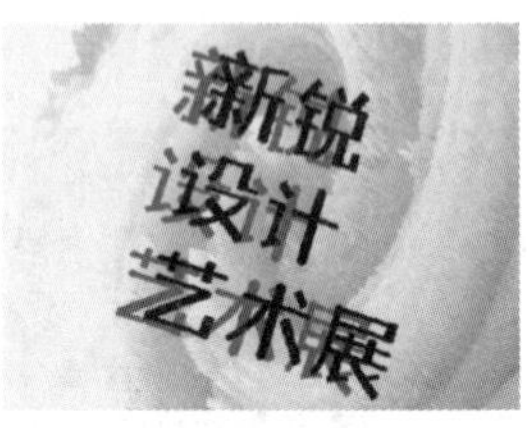

图12-32

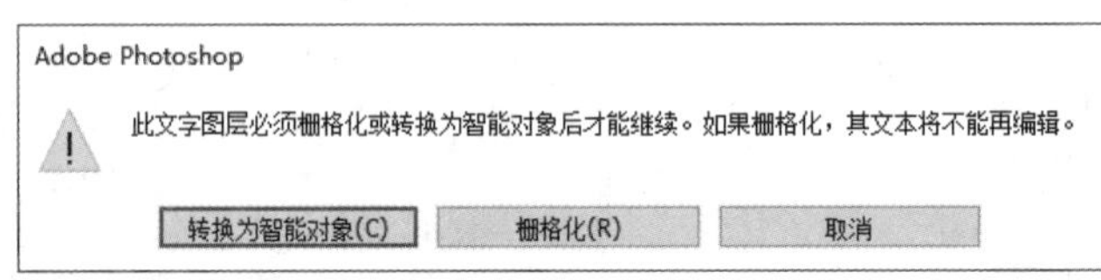

图12-33

Step 05 在“动感模糊”对话框中设置参数，如图12-34所示。

Step 06 调整不透明度为80%，按Ctrl+T组合键调整文字的大小与位置，如图12-35所示。

Step 07 按Ctrl+’组合键显示网格，选中主题文字，按Ctrl+T组合键调整主题文字的大小与位置，如图12-36所示。

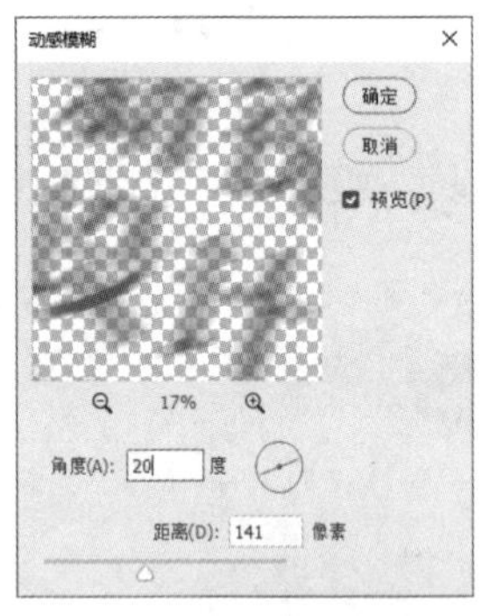

图12-34

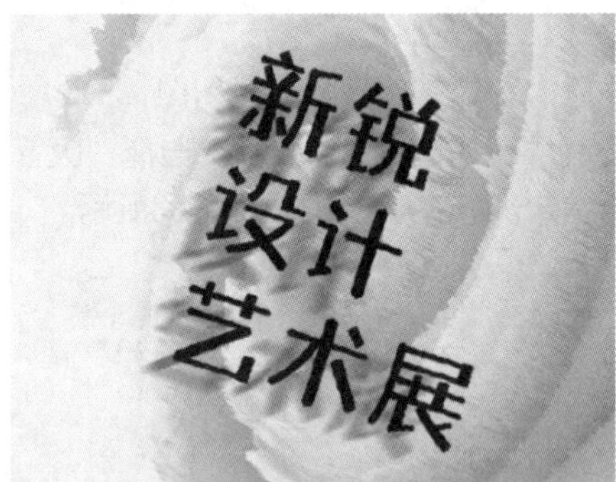

图12-35

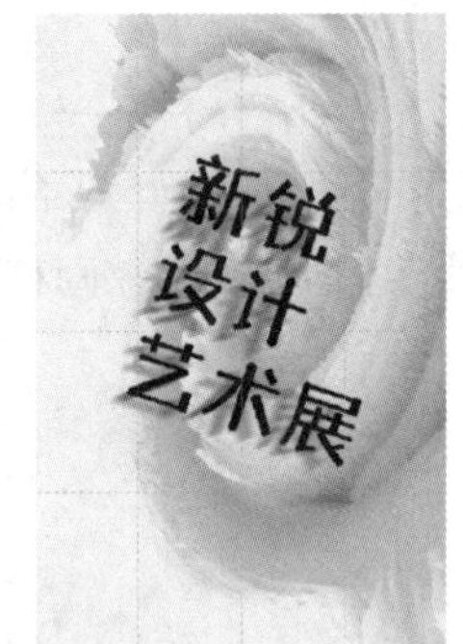

图12-36

Step 08 选择“横排文字工具”，输入文字，在“字符”面板中设置参数，如图12-37所示。效果如图12-38所示。

Step 09 继续输入“展览日期”，在“字符”面板中设置参数，如图12-39所示。效果如图12-40所示。

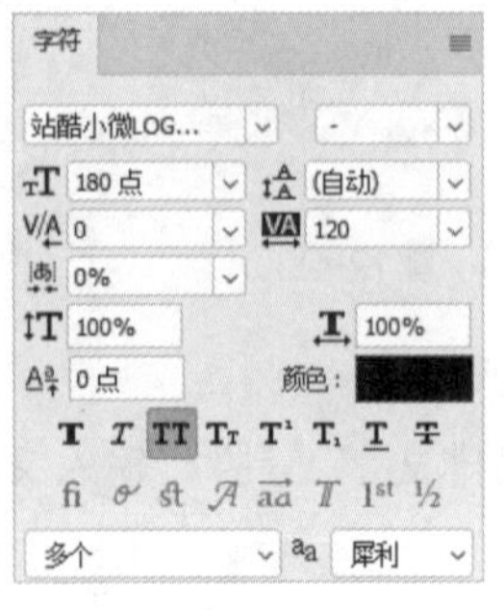
图12-37

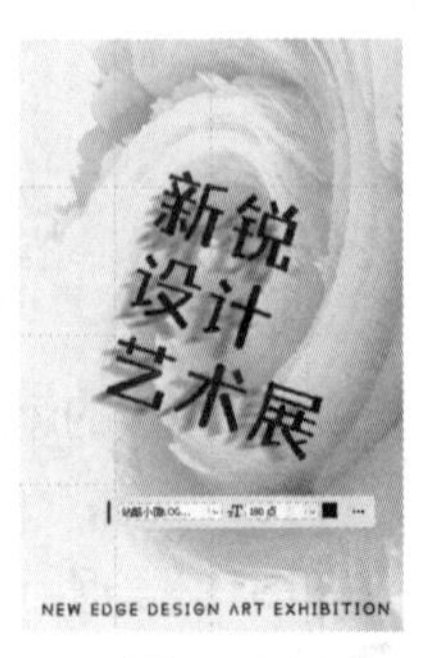

图12-38

图12-39　　图12-40

Step 10 更改字体大小为120点，输入文字，如图12-41所示。

图12-41

Step 11 选择两组文字，按住Alt键移动复制两组（借助智能参考线使文字间距相同），框选3组文字，单击选项栏中的“左对齐”按钮，文字对齐效果如图12-42所示。

图12-42

Step 12 使用“横排文字工具”分别更改文字内容，如图12-43所示。

图12-43

Step 13 选择两组文字，按住Alt键移动复制至右上角并更改文字内容，如图12-44所示。

图12-44

Step 14 选择“矩形工具”，绘制全圆角矩形，创建参考线，调整矩形的位置，如图12-45所示。

图12-45

Step 15 选择图12-46所示的部分文字图层，在“字符”面板中设置参数，如图12-47所示。

Step 16 按Ctrl+’组合键隐藏网格，效果如图12-48所示。

Step 17 拖曳素材置入文档中，在上下文任务栏中依次单击“垂直翻转”“水平翻转”按钮，如图12-49所示。

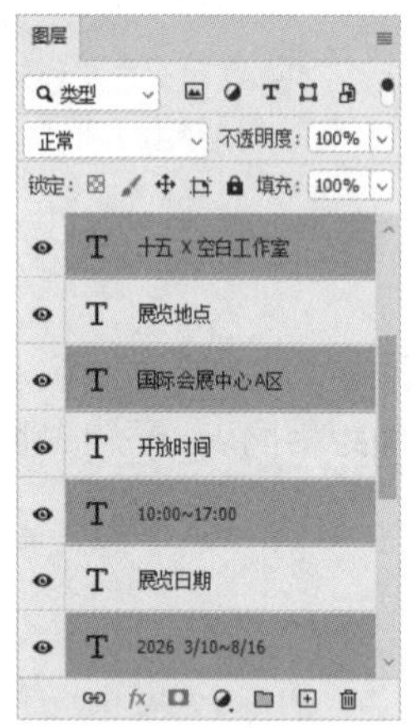

图12-46

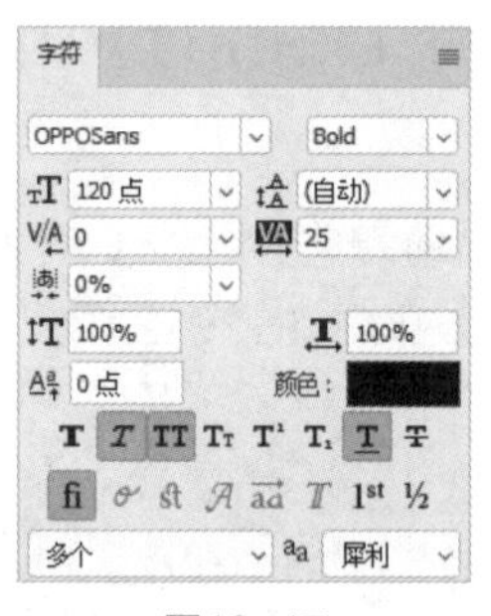

图12-47

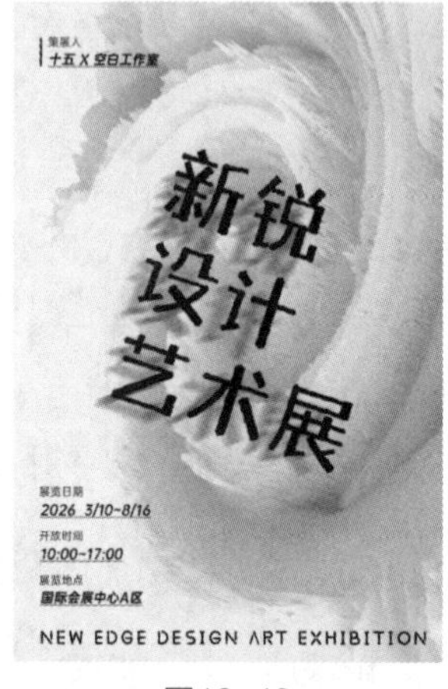

图12-48

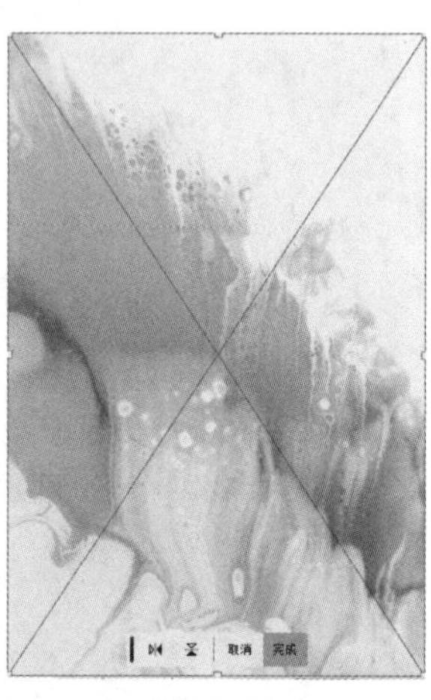

图12-49

Step 18 在“图层”面板中调整图层顺序，单击“添加图层蒙版”按钮添加图层蒙版，如图12-50所示。

Step 19 设置前景色为黑色，背景色为白色。选择“渐变工具”，在选项栏中设置渐变为“前景色到背景色渐变”，创建渐变调整画面显示，如图12-51所示。最终效果如图12-52所示。

Step 20 借助AIGC工具生成与之适配的场景效果图，如图12-53所示。

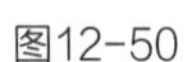

图12-50

图12-51

图12-52

图12-53

第13章

宣传单页的设计与制作

PS

内容导读

本章将对宣传单页的设计与制作进行讲解，包括宣传单页的特点、宣传单页的种类及宣传单页的表现形式等。了解并掌握这些基础知识，设计师可以根据宣传目的、受众群体和品牌特色进行宣传单页的设计。

学习目标

- 熟悉宣传单页的特点
- 掌握宣传单页的种类
- 掌握宣传单页的表现形式
- 了解宣传单页视觉设计的注意事项

素养目标

- 设计师运用色彩、图片、字体等视觉元素，能够准确地传达宣传信息，同时创造出引人入胜的视觉效果。
- 了解目标受众的需求和喜好，以及行业趋势和竞争态势，从而设计出符合市场需求的宣传单页。

案例展示

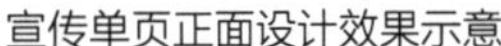
宣传单页正面设计效果示意

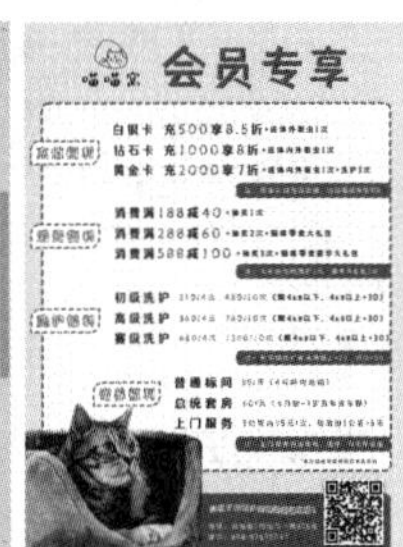

宣传单页背面设计效果示意

13.1 宣传单页设计概述

宣传单页俗称宣传单，是商家为了宣传自己或商品而印发的一种印刷品。与宣传画册相比，宣传单页通常更加轻便、易于传播和携带。

13.1.1 宣传单页的特点

宣传单页是一种完整的宣传形式，受众广、成本低，可以自由选择广告时间、区域，灵活性大，可以更好地适应市场。除此之外，宣传单还有以下特点。

- 针对性：可以有针对性地选择目标对象进行邮寄、分发、赠送，以扩大企业、商品的知名度，加强购买者对商品的了解，强化广告作用，有的放矢，减少浪费。
- 独立性：宣传单页自成一体，无须借助其他媒体，不受其他媒体的宣传环境、公众特点、信息安排、版面、印刷、纸张等限制，又称为“非媒介性广告”。
- 整体性：抓住商品的特点，详细展示商品或活动的内容，图文并茂，突出重点，形成形式、内容的连贯性和整体性，主题统一，风格统一。

13.1.2 宣传单页的种类

宣传单页是一种重要的营销工具，其种类多种多样，可以根据不同的需求和目的进行选择和设计。以下是一些常见的宣传单页种类。

1. 按形式分类

- 单片式：这是一种简易的印刷宣传品，单片通常为32开或16开，因其尺寸便于携带和经济实惠而受到青睐，如图13-1所示。但单片式的宣传单页保存期相对较短，更适用于快速和短期性的广告宣传。
- 书刊式：通过拍摄商品照片直接向消费者展示商品，内容详尽，通常以多页形式装订成册。这种宣传单页更具特色和个性，设计规格一般为16开。
- 手风琴式：大部分采用四色印刷，设计规格多样，如6开6折、8开2折或4折、16开2折或3折等，如图13-2所示。这种宣传单页设计需精致美观，应选择最佳角度展示商品，力求逼真和清晰。

图13-1

图13-2

2. 按传播方式分类

- 营业点宣传：将宣传单页放置在营业点（如银行、移动营业厅等）的阅览架上，供访客阅读，从而达到宣传效果。
- 派发宣传单：将宣传单页直接派发给目标受众。如在街头、商场、社区或者住户家门口的取报箱等地方派发，以快速扩大阅读人群和宣传的覆盖面，如图13-3所示。

• 张贴宣传单：选择合适的地点，如公共告示栏、社区公告板等，将宣传单页张贴在上面，如图13-4所示。这种方式可以长期展示宣传内容，但需要确保选择的地点合法且不影响市容。

• 搭配商品赠送：在销售商品时，将宣传单页作为赠品送给顾客。这样可以让顾客在带回家后继续了解品牌或商品，提高宣传效果。

图13-3

图13-4

除此之外，宣传单页也可以通过线上的方式传播。

• 电子宣传单页：通常以电子邮件、社交媒体或网站等形式进行传播。其可以包含视频、动画和互动元素，以提高和增强用户的参与度和体验。电子宣传单具有环保、低碳的特点，并且目标人群看完后可以手动删除，不会造成垃圾堆积。

• 手机宣传单页：基于通信运营商的彩信能力，向用户发送包含宣传内容的彩信。用户可以直接在手机上查看，无须打印或携带实体宣传单页。

13.1.3 宣传单页的表现形式

宣传单页的表现形式多种多样，每种形式都有其独特的特点和适用场景。以下是一些常见的宣传单页表现形式。

• 图文结合：最常见的宣传单页表现形式，通过精美的图片和简洁的文字，向受众传达商品或服务的信息。图片可以吸引受众的注意力，而文字则可供受众了解详细的信息和解释。

• 纯文字：通过精练的文字描述，让受众快速了解宣传的核心内容。以文字为主的宣传单页适用于政策公告、重要声明、详细说明等，强调内容的准确性和可读性。

• 插画和手绘：插画和手绘可以为宣传单页增添艺术感和个性化。通过手绘或插画的形式展示产品或服务，可以让受众产生情感共鸣和亲切感。这种形式适用于一些注重创意和艺术感的宣传项目。

• 摄影作品：使用高质量的摄影作品作为宣传单页的背景或主要元素，可以展示产品或服务的真实感和质感。摄影作品能够吸引受众的眼球，提高宣传的吸引力。

• 地图导向：在旅游推广、地产项目或大型活动宣传中，单页上可能包含地图和指示路线，以便受众找到目标地点或了解具体位置。

• 优惠券形式：宣传单页设计成可撕下的优惠券样式，消费者可以直接凭此享受折扣或参与活动，具有较强的实用性和转化率。

• 问答或填空式：创新设计的单页上有互动式的问答环节，或是需要受众填写个人信息的部分，增强了商家与潜在客户的互动交流。

• 特殊形式：可以采用各种特殊形式的宣传单页设计来吸引受众的注意。例如，设计成圆形、心形、门挂卡等不规则的异形宣传单页；设计成可折叠的折扇、手册、卡片等多功能宣传单，以及使用环保再生纸为宣传单页材质，不仅具有环保性，还可以为受众带来绿色生活的体验。

13.1.4 宣传单页视觉设计的注意事项

在设计宣传单页的过程中，一定要首先确定宣传单页的设计目标，宣传单页包含的有效信息，避免过多的无效信息，确保受众能接收到重点信息。在宣传单页的视觉设计过程中，要注意以下几点。

• 页面的色彩设置不要过于单一，也不要过于复杂，以免枯燥无味或喧宾夺主。

• 设计素材和图片清晰度要高，避免出现模糊或马赛克效果，影响美观。

• 文字要有可读性、识别性，避免出现3种以上的文字类型。要注意字距、行距、段落间距。

• 整体内容要在安全区域内，避免后期内容被剪裁掉。

13.2 制作活动宣传单页

学习了宣传单页的相关知识后，下面将知识转化为实操，对某宠物店的活动宣传页进行设计。

13.2.1 案例分析

1. 设计背景

• 展览名称：“喵喵窝”宠物店活动宣传页。

• 设计目的：吸引并告知目标受众关于宠物店的最新活动、优惠信息及会员专享福利。

• 目标受众：宠物爱好者、宠物主人及潜在宠物主人。

2. 设计元素分析

• 主色调：采用低饱和度的蓝色和粉色作为主色调，营造出清新、温馨的氛围。

• 版面布局：正面突出活动主题、优惠信息与活动时间，通过醒目的标题和图片吸引受众的注意力。背面则详细展示会员专享福利，吸引已有会员和潜在顾客成为会员。

• 图像：使用可爱的宠物图片，增强视觉冲击力，吸引受众的兴趣。

• 文字：使用简洁明了的文字，配合清晰易读的字体，确保信息被快速传达和受众便捷阅读。

13.2.2 创意阐述

希望该活动宣传单页能够成为受众和宠物店之间的桥梁，传达出宠物店对宠物的热爱和关怀，以及为宠物主人提供的贴心服务。

在设计上，正面采用醒目的标题和可爱的宠物图片，将活动主题和优惠信息以直观、简洁的方式呈现给受众。背面则注重展现宠物店的会员专享福利，通过详细的介绍，让受众感受到成为会员所能享受到的特权和优惠。

13.2.3 制作过程

实操13-1 制作活动宣传单页

实例资源 ▶\第13章\制作活动宣传单页\活动素材

1. 制作宣传单页正面——背景部分

Step 01 新建宽度为216毫米、高度为291毫米的文档，如图13-5所示，按Ctrl+R组合键可显示网格。

Step 02 执行“视图 > 新建参考线版面”命令，在弹出的“新建参考线版面”对话框中设置参数，如图13-6所示。

Step 03 按Alt+Ctrl+；组合键锁定参考线，如图13-7所示。

Step 04 执行“文件 > 置入嵌入对象”命令，在弹出的“置入嵌入对象”对话框中选择素材置入，如图13-8所示。

图13-5

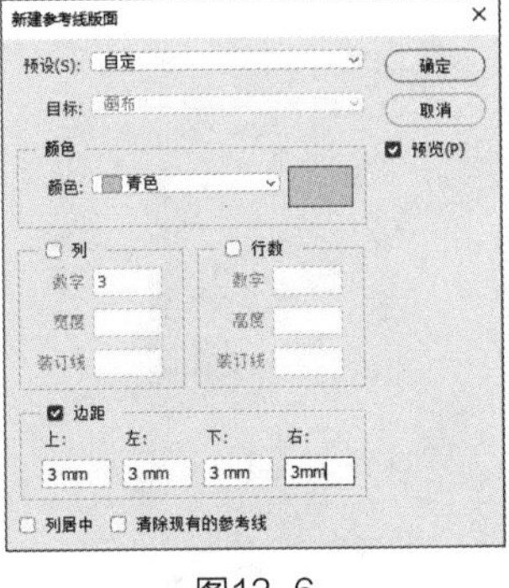

图13-6

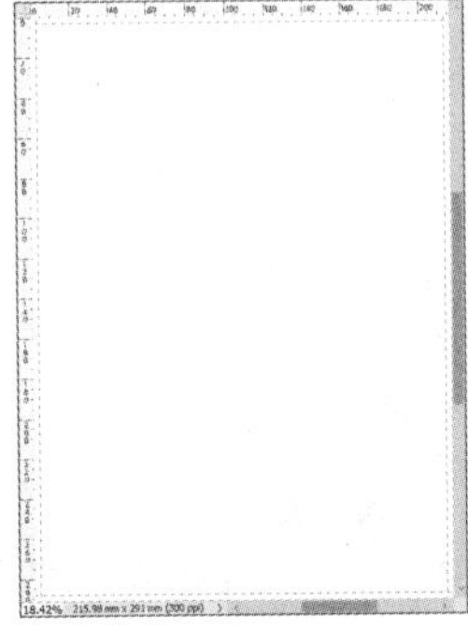

图13-7

图13-8

Step 05 调整素材大小，选择“矩形选框工具”，绘制选区，按Ctrl+J组合键复制选区，删除原素材图层，效果如图13-9所示。

Step 06 选择“魔棒工具”，在选项栏中单击“选择并遮住”按钮，如图13-10所示。

图13-9

图13-10

Step 07 在左侧工具栏中单击“画笔工具” 按钮，涂抹显示垫子部分，如图13-11所示。

Step 08 单击“边缘画笔工具” 按钮，在猫与垫子的边缘处涂抹，在右侧的“输出到”下拉列表框中选择“新建带有图层蒙版的图层”选项，如图13-12所示。应用效果如图13-13所示。

图13-11

图13-12

Step 09 按Ctrl+J组合键复制图层，转换为智能对象后栅格化图层，隐藏带有图层蒙版的图层，如图13-14所示。

Step 10 设置前景色（#e3f2f4），选择背景图层，使用“油漆桶工具”单击填充，如图13-15所示。

Step 11 双击“图层1 拷贝2”图层，在弹出的“图层样式”对话框中选择“描边”选项，设置结构参数和填充颜色，如图13-16所示。效果如图13-17所示。

图13-13

图13-14

图13-15

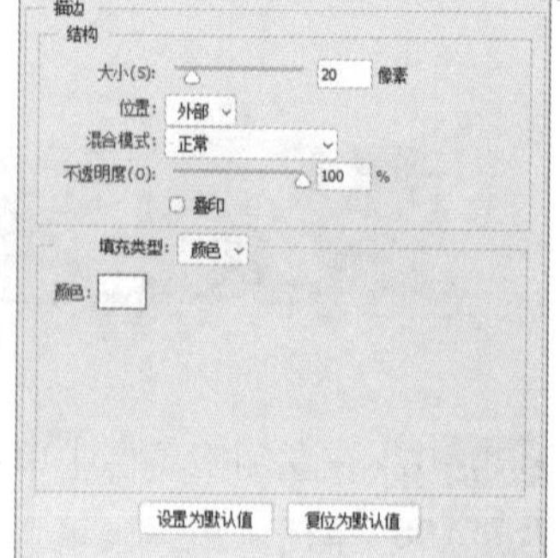

图13-16

Step 12 置入网格素材在“图层”面板中将该图层调整至背景图层上方，应用效果如图13-18所示。

Step 13 新建透明图层，使用“弯度钢笔工具”绘制路径，在选项栏中单击“形状” 形状 按钮，将路径转换为形状，如图13-19所示。

Step 14 在选项栏中设置填充颜色（#a5d9e0），描边白色为20像素虚线，如图13-20所示。

图13-17

图13-18

图13-19

图13-20

Step 15 按Ctrl+J组合键复制网格图层（喵喵窝_画板 1 拷贝），移动至“形状1”图层上方，按Ctrl+Alt+G组合创建剪贴蒙版，调整该图层的不透明度为33%，如图13-21所示。

Step 16 最终效果如图13-22所示。

2. 制作宣传页正面—文字部分

Step 01 选择“直排文字工具”，输入文字，在“字符”面板中设置参数（颜色值为#1298ab），如图13-23所示。效果如图13-24所示。

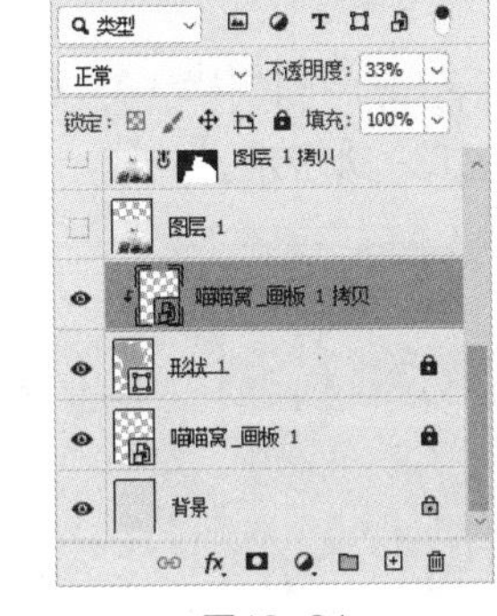

图13-21

图13-22

Step 02 按Ctrl+J组合键复制图层，选择下方的图层，更改字体颜色（#a5d9e0），并向左移动位置，如图13-25所示。

Step 03 按Ctrl+J组合键复制图层，选择下方的图层，更改字体颜色（#595757），并向右移动位置，如图13-26所示。

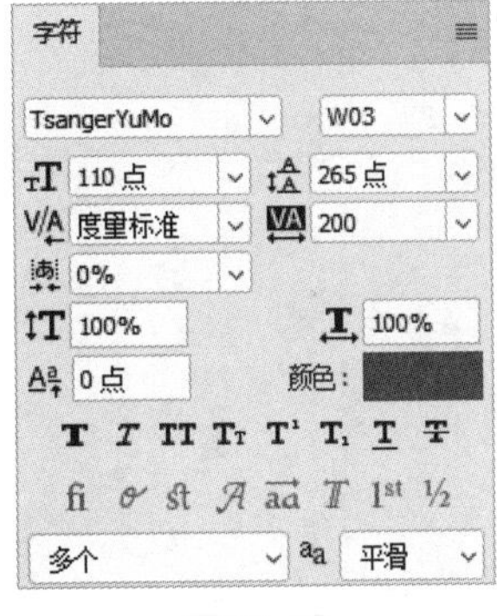

图13-23

图13-24

图13-25

图13-26

Step 04 选择3组文字，移动至左下角，依次更改文字，效果如图13-27所示。

Step 05 选择“横排文字工具”，设置参数（C：39，M：0，Y：14，K：0），如图13-28所示。

Step 06 输入文字，如图13-29所示。

Step 07 更改字号为30点，输入文字，如图13-30所示。

图13-27

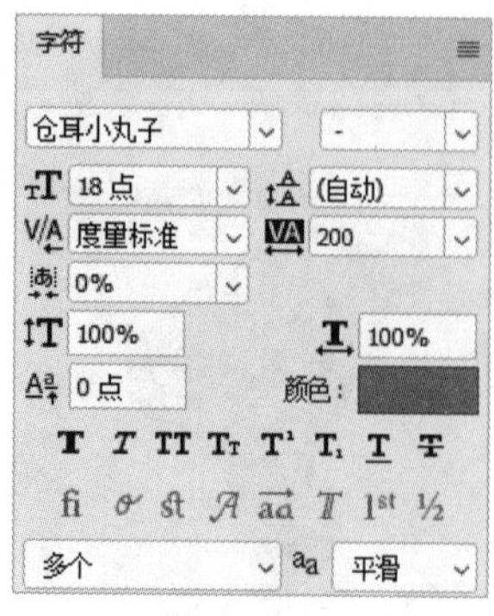

图13-28

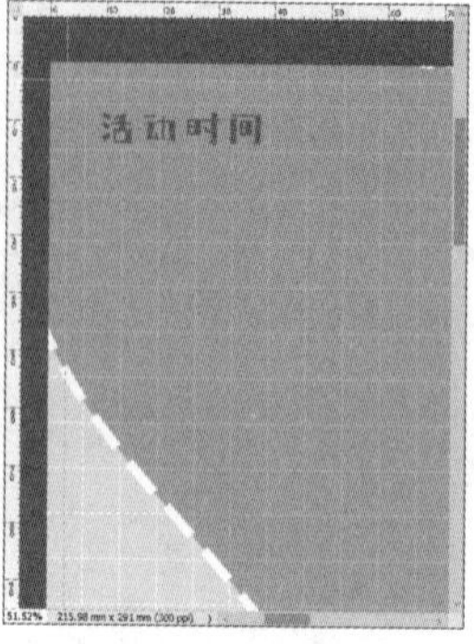

图13-29

图13-30

Step 08 按Ctrl+J组合键复制图层，更改下方字体颜色为白色，并向右下方移动，效果如图13-31所示。

Step 09 选择“自定形状工具”，选择“水波1”形状拖曳鼠标绘制形状，设置颜色为白色，如图13-32所示。

Step 10 双击该图层，在弹出的“图层样式”对话框中选择“投影”选项，设置参数（#595757），如图13-33所示。效果如图13-34所示。

图13-31

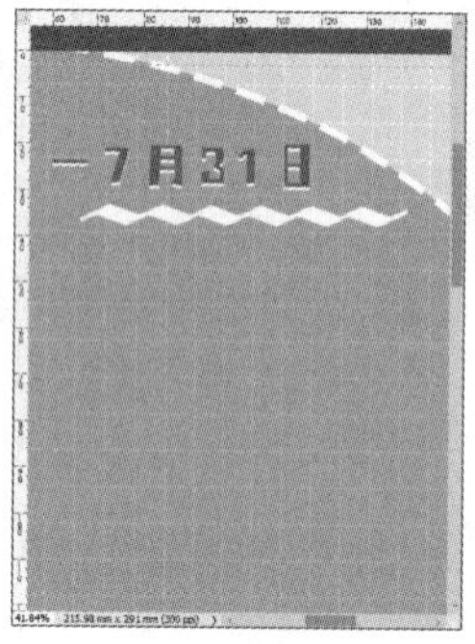

图13-32

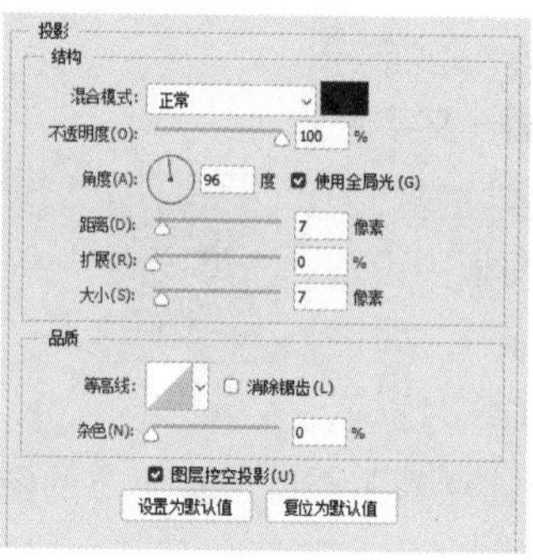

图13-33

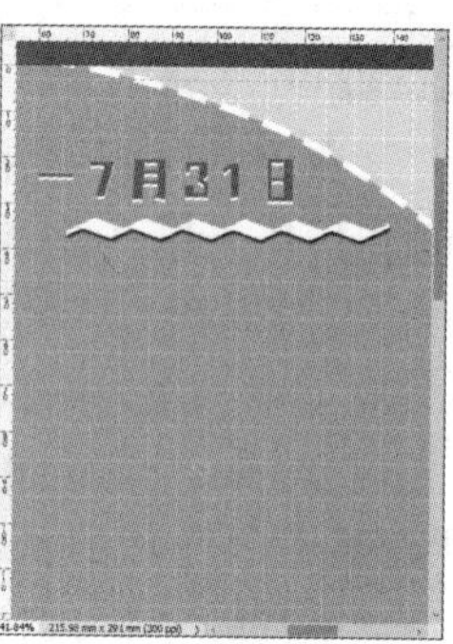

图13-34

Step 11 选择“横排文字工具”，输入文字并设置参数，如图13-35所示。效果如图13-36所示。

Step 12 双击该图层，在弹出的“图层样式”对话框中选择“描边”选项，设置参数（颜色值为#e77d7c），如图13-37所示。应用效果如图13-38所示。

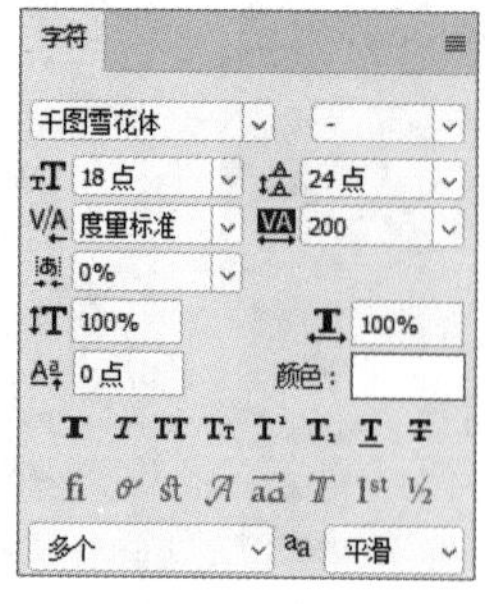

图13-35

图13-36

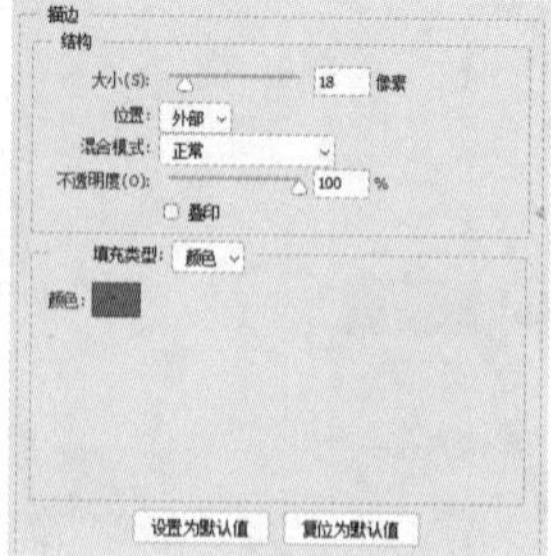

图13-37

Step 13 将字号设置为20点，字体颜色设置为90%灰，输入文字，如图13-39所示。

Step 14 将字号设置为15点，字体颜色设置为灰色（#3f3b3a），继续输入文字，如图13-40所示。

Step 15 复制3组文字3次并依次更改内容，如图13-41所示。

图13-38

图13-39

图13-40

图13-41

Step 16 选择“形状1”图层，使用“弯度钢笔工具”调整形状，如图13-42所示。

Step 17 选择“横排文字工具”，在“字符”面板中设置参数（颜色值为#dd312d），如图13-43所示。

Step 18 输入文字，如图13-44所示。

Step 19 执行“文件 > 置入嵌入对象”命令，在弹出的“置入嵌入的对象”对话框中选择素材置入，如图13-45所示。

图13-42

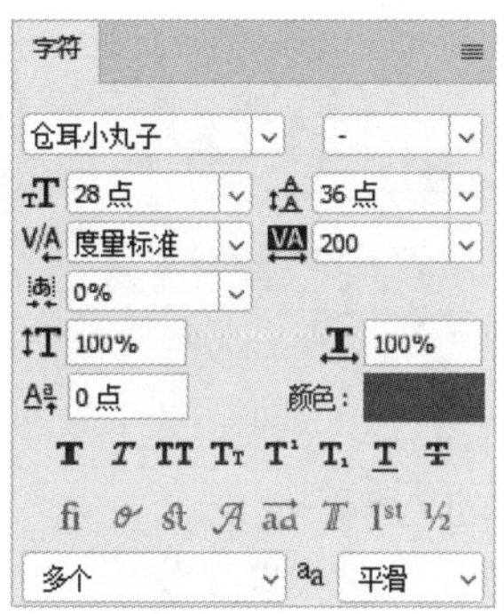

图13-43

图13-44

图13-45

3. 制作宣传单页背面—背景部分

Step 01 选择全部图层创建组，重命名为“宣传页正面”，按Ctrl+J组合键复制组并重命名为“宣传页背面”，删除多余图层，隐藏部分图层，如图13-46所示。

Step 02 执行“窗口 > 显示 > 网格”命令，如图13-47所示。

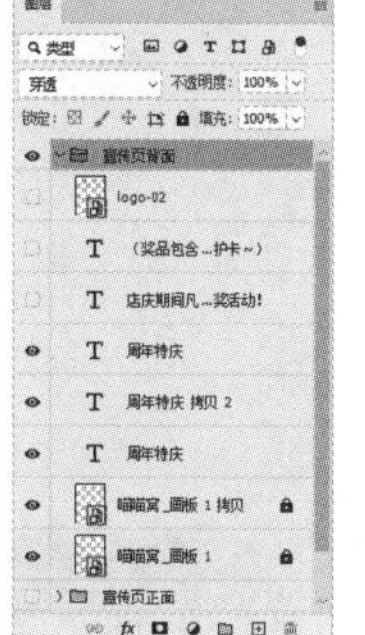

图13-46

图13-47

Step 03 框选3组文字，按T键切换至“横排文字工具”，在选项栏中单击“切换文本取向”按钮，更改字号为70点、字间距为100，移动该文字至合适位置，如图13-48所示。

Step 04 依次更改文字内容，如图13-49所示。

Step 05 显示标志所在图层并调整显示位置，如图13-50所示。

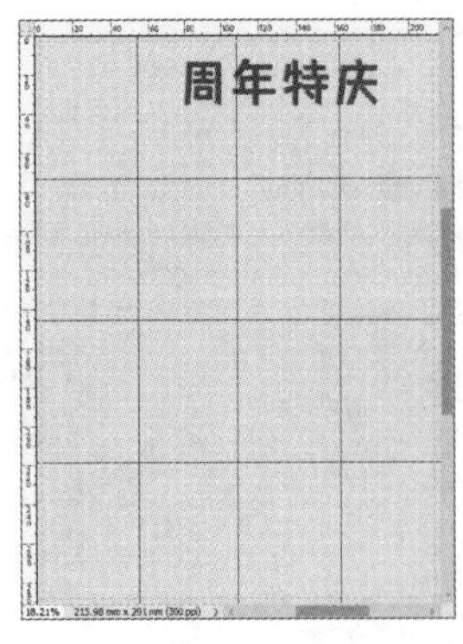

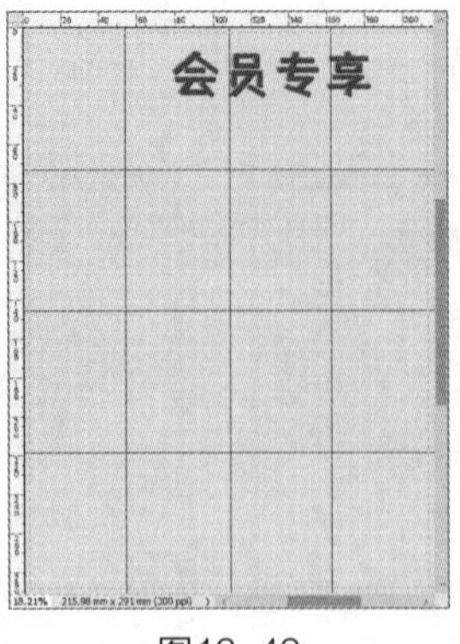

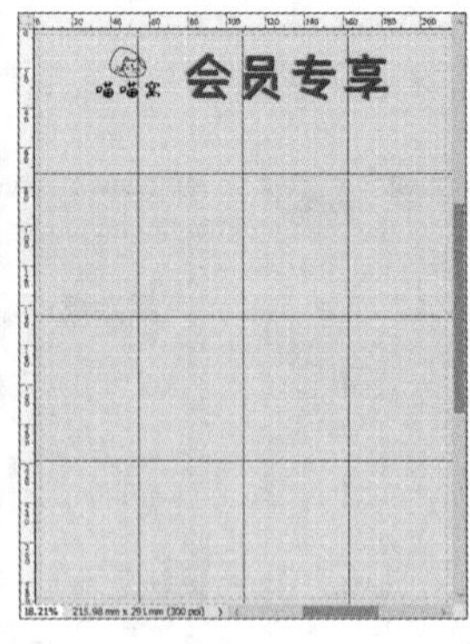

图13-48　　图13-49　　图13-50

Step 06 选择“矩形工具”，绘制矩形，参考网格使其居中对齐，如图13-51所示。

Step 07 将矩形图层调整至两个网格所在图层的中间位置后，创建剪贴蒙版，双击网格所在图层，添加“颜色叠加（#1298ab）”图层样式，调整图层的不透明度为17%，如图13-52所示。

Step 08 选择“矩形2”图层，在“属性”面板中更改外观参数，如图13-53所示。效果如图13-54所示。

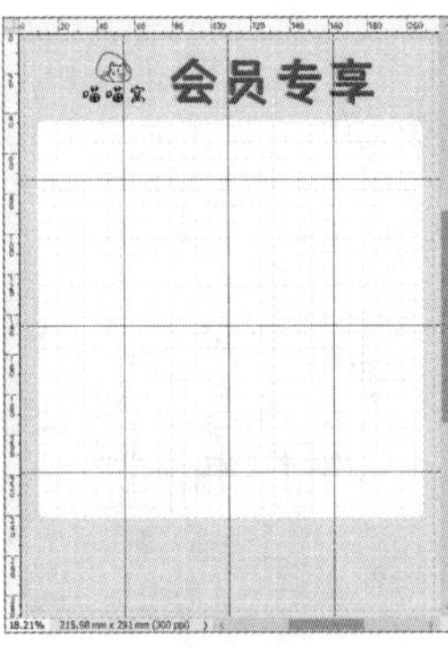

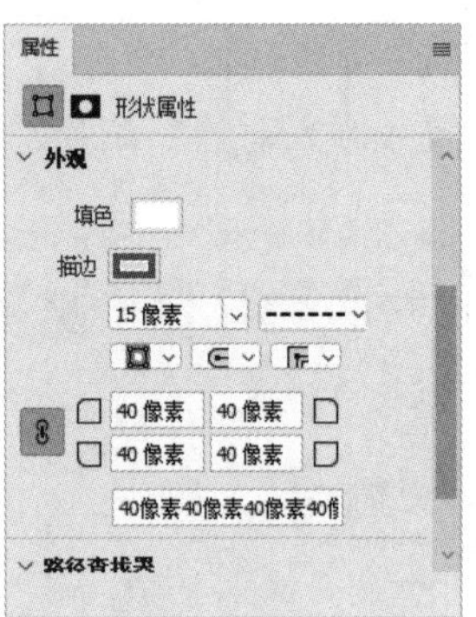

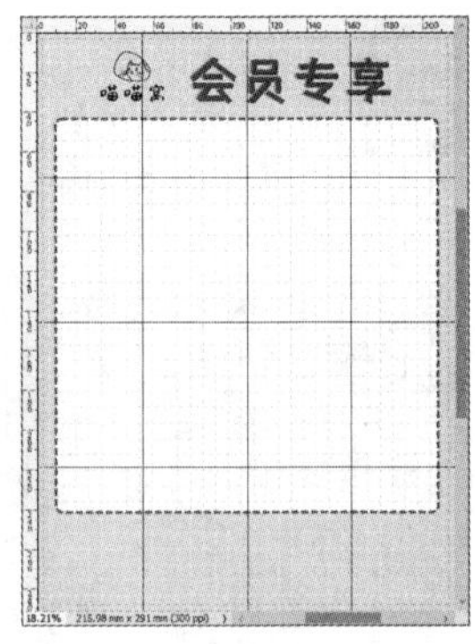

图13-51　　图13-52　　图13-53　　图13-54

Step 09 选择“矩形工具”，绘制矩形，如图13-55所示。

Step 10 按Ctrl+’组合键隐藏网格。执行“文件 > 置入嵌入对象”命令，在弹出的“置入嵌入的对象”对话框中选择素材置入，调整至合适大小和位置，如图13-56所示。

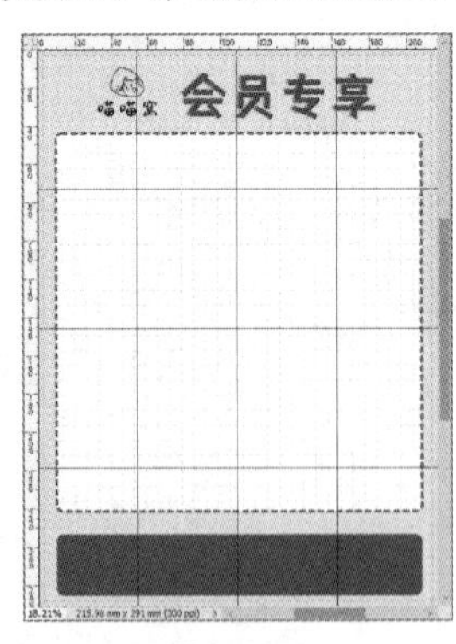

图13-55　　图13-56

4. 制作宣传单页背面—文字部分

Step 01 选择“矩形工具”，绘制矩形，在“属性”面板中设置参数，如图13-57所示。效果如图13-58所示。

Step 02 显示被隐藏的文字图层，更改文字并调整显示位置，如图13-59所示。

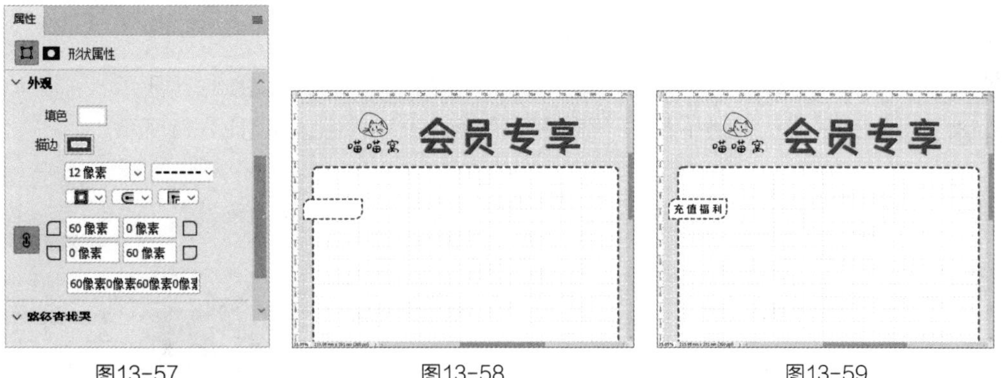

图13-57　　图13-58　　图13-59

Step 03 双击文字图层，在弹出的“图层样式”对话框中选择“描边”选项，设置参数，如图13-60所示。

Step 04 选择“混合选项”，在“高级混合”选项组中调整填充不透明度为0%，如图13-61所示。应用效果如图13-62所示。

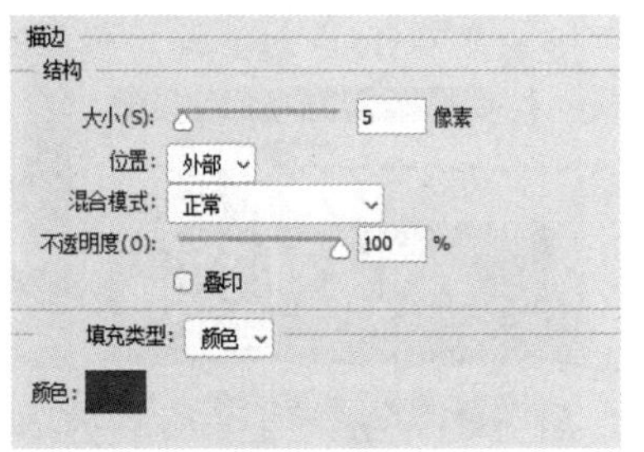

图13-60

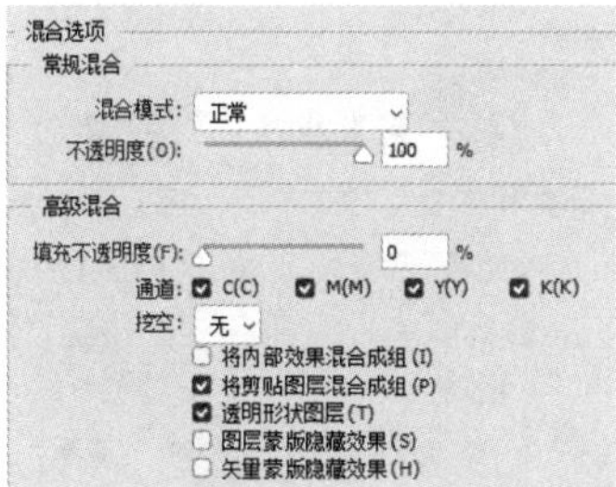

图13-61

图13-62

Step 05 选择“横排文字工具”，输入3组文字，如图13-63所示。

Step 06 更改部分文字的填充颜色，如图13-64所示。

Step 07 按住Alt键移动复制粘贴两次文字图层并更改文字内容，如图13-65所示。

Step 08 选择“矩形工具”，绘制矩形，在“属性”面板中设置右侧矩形的圆角半径为0，如图13-66所示。

图13-63

图13-64

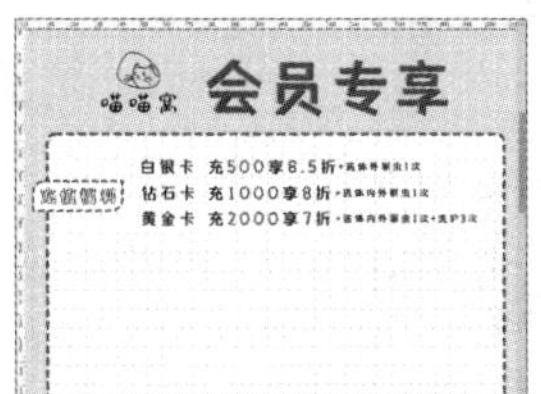

图13-65

图13-66

Step 09 选择“横排文字工具”，输入文字（字体字号为10点），按Ctrl+J组合键复制该文字图层，如图13-67所示。

Step 10 框选文字和矩形创建组为“充值福利”，按Ctrl+J组合键复制组，并重命名为“消费福利”，如图13-68所示。

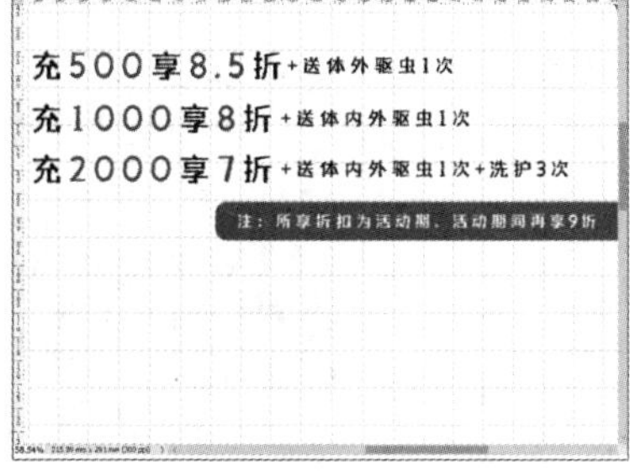

图13-67

图13-68

Step 11 更改文字部分的内容，如图13-69所示。

Step 12 使用相同的方法复制并更改“洗护福利”组的文字内容，如图13-70所示。

Step 13 使用相同的方法复制并更改“寄养福利”组的文字内容，如图13-71所示。

图13-69

图13-70

图13-71

Step 14 输入文字如图13-72所示。

Step 15 置入素材二维码并添加投影效果，如图13-73、图13-74所示。

图13-72

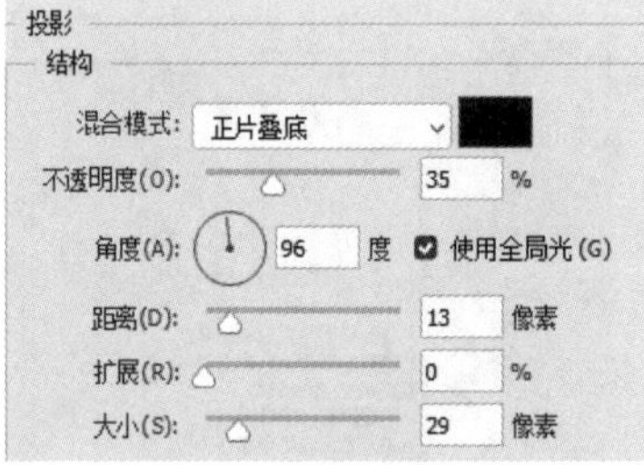

图13-73

图13-74

Step 16 输入文字后，复制并粘贴“寄养福利”组的描边图层样式，将描边颜色更改为白色，如图13-75所示。

Step 17 在文字工具状态下，单击选项栏中的“创建文字变形”按钮，在弹出的“变形文字”对话框中设置参数，如图13-76所示。应用变形效果如图13-77所示。

图13-75

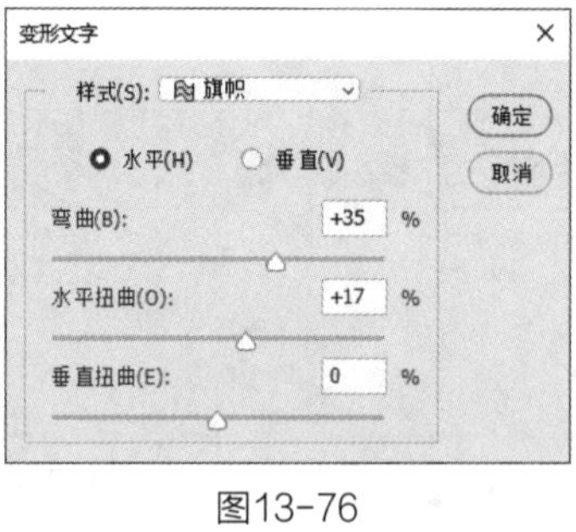

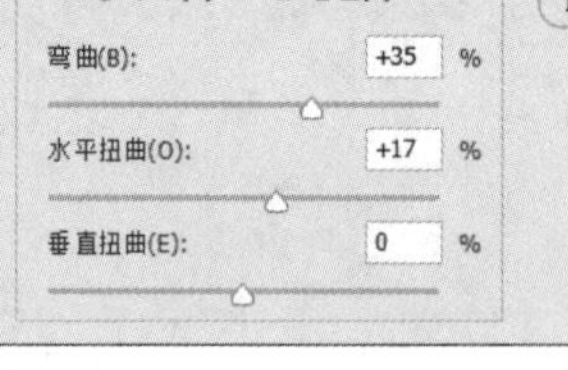

图13-76

图13-77

Step 18 继续输入两组文字，如图13-78所示。

Step 19 借助AIGC工具生成与之适配的场景效果图，如图13-79所示。

至此，完成该促销活动宣传单页的制作。

图13-78

图13-79

第 14 章

PS

商品包装的设计与制作

内容导读

本章将对商品包装的设计与制作进行讲解，包括包装设计的构图、包装元素的选择、包装材质的选择，以及包装的印刷工艺。了解并掌握这些基础知识，设计师可以在产品包装设计上发挥创造力，实现设计的突破。

学习目标

- 了解包装设计的构图要素
- 掌握包装元素的选择
- 了解包装材质的选择
- 熟悉包装的印后工艺

素养目标

- 根据产品的特性和目标受众的需求，灵活运用构图、元素、材质和印刷工艺等手段，制作出既美观又实用的产品包装。
- 不断学习和探索新的设计理念和技术手段，以适应不断变化的市场需求和消费者的审美趋势。

案例展示

包装平面图

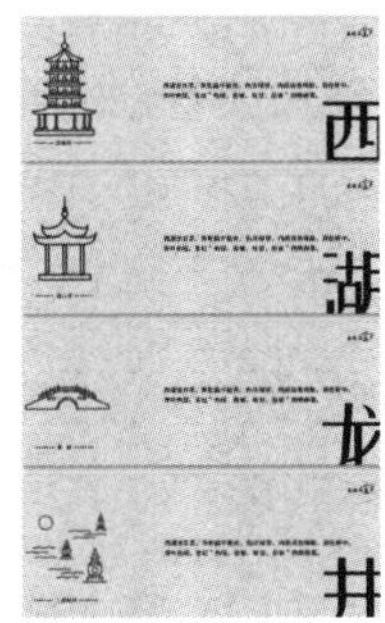

系列包装效果图

14.1 包装设计概述

包装设计是提升产品市场竞争力和品牌价值的重要手段。通过深入了解产品特性、目标受众需求和市场趋势，掌握包装设计的构图、元素、材质和印后工艺等基础知识，并灵活运用各种设计手段和技巧，打造独一无二且极具吸引力的包装方案。

14.1.1 包装设计的构图

构图是包装设计的灵魂，主要分为图形设计、色彩设计和文字设计3部分。

1. 图形设计

图形按表现形式可分为商标、实物图形和装饰图形。

- 商标：即产品的标志，是品牌的象征，具有较强的识别性。
- 实物图形：采用绘画或摄影写真等方式表现，可突出产品的真实形象，给消费者以直观的形象。
- 装饰图形：分为具象和抽象两种表现方式。具象的人、物或风景纹样用来表现包装的内容物及属性；抽象则多用点、线、面、色块或肌理构成画面，使包装醒目、更具形式感。

2. 色彩设计

色彩的选择对包装设计至关重要，起着美化和突出产品的作用。在包装设计时，需根据产品的特点和消费群体的喜好进行选择。

- 食品类的包装以鲜明的暖色系为主，如图14-1所示。
- 化妆品类的包装以柔和色系为主。
- 儿童用品类的包装以鲜艳的纯色为主，如图14-2所示。
- 科技产品类的包装以蓝色、灰黑色系为主。

图14-1

图14-2

3. 文字设计

文字是包装设计必不可少的部分，不仅发挥着信息传达的实用功能，更是塑造品牌形象、提升产品附加值和审美价值的关键元素。包装上的文字应当具有良好的可读性，大小适中，对比明显，字体结构清晰，确保在不同的环境光线下都能够被快速阅读；同时，重要的信息应该突出显示，以便消费者在短时间内获取核心内容。

14.1.2 包装元素的选择

好的包装设计可以刺激消费者的购买欲。在包装设计中，图像元素的选择很重要，直接影响着最终效果的呈现。

- 产品成分：在食品、日化用品的包装设计上，可以以产品的主成分作为设计元素，让消费者直观地从包装上了解产品的原材料构成，如图14-3所示。

• 产品本身：在常见的水果、饼干、薯片等食品包装设计中，可以以产品本身作为设计元素。此类元素呈现要求较高。

• 产品原产地：在以产品具有原产地优势作为卖点时，可以以产品原产地作为设计元素。

• 产品生产过程：在茶叶包装上比较常见。此类元素给人以文化底蕴深厚的感觉，主要采用手绘或线描的形式。

• 产品属性：以产品属性作为首要元素。例如，使用蝴蝶结、丝带作为礼品盒包装元素；使用具有简洁科技感的色块、光带类的元素作为电子产品包装元素等。

• 产品标志或辅助图形：对于具有较高知名度的品牌，或Logo与辅助图形具有辨识度的品牌，可以以产品标志或辅助图形作为设计元素，加深品牌印象，如图14-4所示。

图14-3　　图14-4

• 产品或品牌故事：每种品牌都有属于自己的品牌故事，产品也有关于它们的来历传说。比如，月饼包装常用嫦娥、玉兔作为设计元素。

• 产品相关设计元素：当产品不适合直接表现出来时，可使用与其相关的元素作为设计元素。例如，茶叶包装上的茶具、牛奶包装上的奶牛、蜂蜜包装上的蜜蜂等，如图14-5所示。

• 产品主要消费者对象：为了贴合产品属性，吸引目标消费群，可以将与消费对象相关的元素作为设计元素。例如，使用女人、花、蝴蝶作为女性产品包装设计元素；使用动物、小孩、娃娃作为儿童产品包装设计元素。

• 产品功效：以产品功效作为创意点，可以创作出比较有趣的设计，同时也可以让消费者直观地了解产品功效。

• 产品吉祥物：对于吉祥物形象鲜明、受大众喜爱的品牌，可以以产品的吉祥物作为设计元素，尤其是儿童产品包装。

• 品牌调性：文艺、小清新、复古、有趣等都属于品牌调性，是品牌给消费者的第一感觉，如图14-6所示。

图14-5

图14-6

14.1.3 包装材质的选择

包装材质的选择在产品包装设计中具有至关重要的地位，不仅影响着产品的保护和运输，还直接关系到消费者的触感和视觉感受。常见的包装材质有很多种，每一种都有其特点和适用场景。

以下是一些常见的包装材质及其特点说明。

1. 纸质材料

纸张是在包装中运用较多的包装材料，具有轻便、可塑性强、成本低、环保等优点，适用于各种产品的包装，如图14-7所示。常见的包装纸有牛皮纸、玻璃纸、蜡纸、铜版纸、瓦楞纸、白纸板、防潮纸等。

2. 塑料材料

塑料材料在包装行业中应用广泛，具有良好的防水、防潮、耐油污、透明等性能。常见的塑料包装材料有聚乙烯（PE）、聚丙烯（PP）、聚氯乙烯（PVC）、聚酯（PET）等。此外，塑料包装还可以制成各种形状和尺寸的容器，如塑料瓶、塑料袋、塑料盒等，如图14-8所示。

图14-7

图14-8

3. 金属材料

金属类包装主要有各种金属罐、金属软管等，具有高档、美观、耐用等特点，常用于高端产品的包装。常见的金属包装材料包括铝罐、马口铁涂料罐、镀铬铁罐等。此外，金属包装还可以制成各种形状和尺寸的容器，如金属桶、金属盒等。

4. 玻璃类

玻璃类包装具有耐酸、稳定、透明等特点，常用于需要展示产品实物的包装，如饮料、酒类、化妆品、食品包装中。使用玻璃作为包装时常附加纸包装，如图14-9所示。

5. 木制类

木制类包装主要用于制作木桶、木盒、木箱等，常用于特色包装、个性包装，适用于土特产、高档礼品和具有传统风格的商品。常见的木材有木板、软木、胶合板、纤维板等，如图14-10所示。

图14-9

图14-10

14.1.4 包装的印刷工艺

为了提升包装的美感和品质，可在印刷后进行印后加工处理。

- 覆膜：又称过塑、裱胶、贴膜等，是指以透明塑料薄膜通过热压覆贴到印刷品表面，起保护及增加光泽的作用。

• 烫印：又称热压印刷，是将需要烫印的图案或文字制成凸型版，借助压力和温度，将各种铝箔片印制到承印物上，呈现出强烈的金属光，使产品具有高档的质感。

• 上光上蜡：上光上蜡是指在印刷品表面涂或喷上一层无色透明涂料，对包装的表面起到防水、防油污及很好的阻隔作用。

• 压印：使用凹凸模具，在一定的压力作用下，使印刷品基材发生塑性变形。压印的各种凸状图文和花纹显示出深浅不同的纹样，具有明显的浮雕感，增加了印刷品的立体感和艺术感染力。

• 模切压痕：又称压切成型、扣刀等。当包装印刷纸盒需要切制成一定形状时，可通过模切压痕工艺来完成，如图14-11所示。

• 冰点雪花：在金卡纸、银卡纸、镭射卡纸、PVC等承印物上经紫外光照射起皱及UV光固化后，在印品表面形成的一种具有细密砂感、手感细腻的效果。

• 逆向磨砂：通过若干次特殊的底油或光油处理才能完成，最终印品表面形成局部高光泽和局部磨砂低光泽区域。

• 浮雕烫金：通过烫金版的变化表现出一种金属感和立体感更强的烫金方式，使烫金图文跳出平面，给消费者带来更强的视觉冲击力，如图14-12所示。

• 镭射转移：具有绚丽夺目的视觉效果，能够非常有效地提高包装的档次。

• 光刻纸：融合了诸多先进技术，改变了以往单一镭射纹效果的局面，加之独特的防伪功能，不但无法复制抄袭，还便于消费者直观识别防伪。

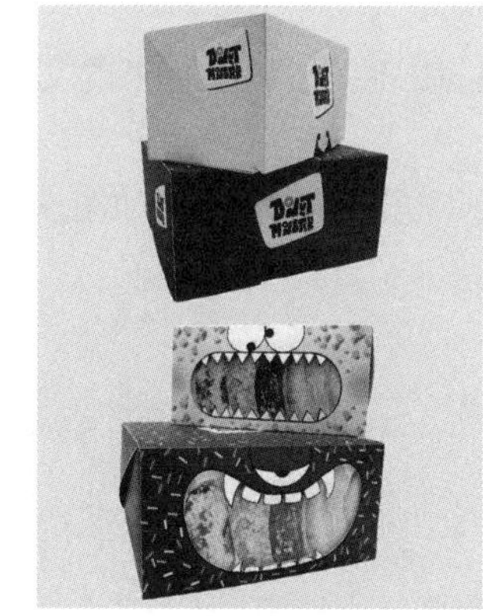

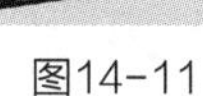

图14-11

图14-12

14.2 制作茶叶包装盒

学习了产品包装的相关知识后，下面将知识转化为实操，对某茶叶产品的包装盒进行设计。

14.2.1 案例分析

1. 设计背景

• 产品名称：西湖龙井茶叶包装盒。

• 设计目的：为西湖龙井茶叶打造一款既体现其独特品质，又融合西湖文化元素的包装盒，以提升产品的文化价值和市场吸引力。

• 目标受众：茶叶爱好者、礼品购买者，以及对杭州西湖文化感兴趣的消费者。

2. 设计元素分析

• 元素选择：选用西湖周围的标志性建筑，如雷峰塔、湖心亭、断桥、三潭印月等，作为包装盒的主要设计元素。

• 色彩：以灰黑为主，背景部分使用有纹理感的灰白色，建筑部分使用黑色。

• 图像处理：采用线条简洁的建筑轮廓图案，突出建筑的形态美。

• 结构：外包装以简约长方形盒型为主，采用磁吸式开启方式，以便取用茶叶。

14.2.2 创意阐述

西湖龙井茶叶包装盒的设计创意源于对西湖文化的深入挖掘和对龙井茶独特品质的尊重。选用西湖周围的标志性建筑作为设计元素，通过精巧的图形转化和艺术加工，将西湖的美丽景色和深厚文化底蕴巧妙地融入包装盒中，不仅提升了西湖龙井茶的文化价值，也为其在竞争激烈的市场中赢得了更多的关注和认可。

14.2.3 制作过程

实操14-1 茶叶包装盒

实例资源 ▸\第14章\产品包装设计\茶叶包装盒

1. 制作主视觉正面

Step 01 在Photoshop中新建宽21厘米、高8厘米的文档，按Ctrl+’组合键显示网格尺，如图14-13所示。

Step 02 置入素材图像，调整不透明度为70%，如图14-14所示。

图14-13

图14-14

Step 03 置入素材文件，移动至画面左侧，如图14-15所示。

Step 04 双击该图层，在弹出的“图层样式”对话框中选择“斜面和浮雕”选项，设置参数，如图14-16所示。效果如图14-17所示。

图14-15

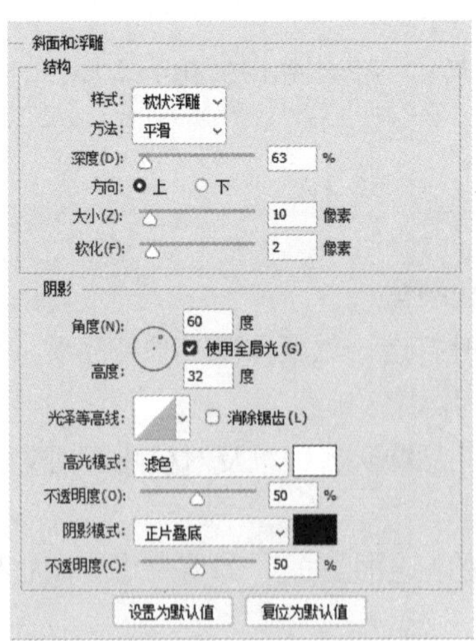

图14-16

图14-17

Step 05 选择“横排文字工具”，输入文字，在“字符”面板中设置参数，如图14-18所示。文字效果如图14-19所示。

Step 06 选择“矩形工具”，绘制矩形，按住Shift+Alt组合键水平复制矩形，框选文字和矩形，在选项栏中单击“水平居中分布”按钮，矩形分布效果如图14-20所示。

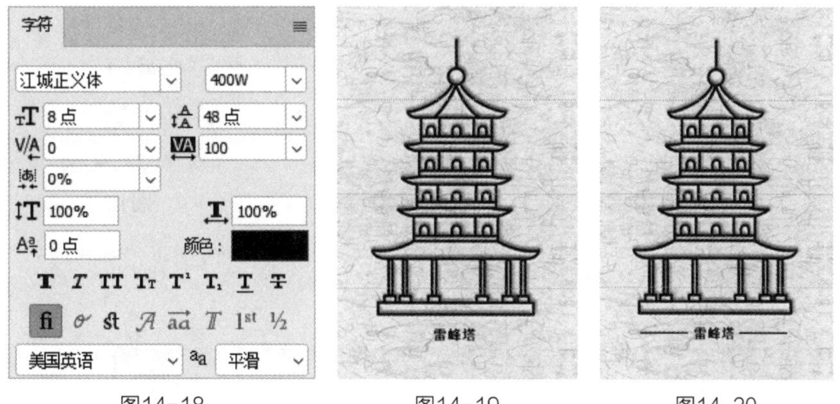

字符
江城正义体
400W
8点
48点
0
100
0%
100%
100%
0点
颜色:
美国英语
平滑

图14-18

雷峰塔

图14-19

雷峰塔

图14-20

Step 07 选择“横排文字工具”，输入文字，在“字符”面板中设置参数，并将文字放置在右下角，如图14-21所示。

Step 08 选择“横排文字工具”，拖曳鼠标绘制文本框并输入文字，如图14-22所示。在“字符”面板中设置参数，如图14-23所示。

Step 09 置入素材文件，调整大小，将其放置在画面右上角，如图14-24所示。

雷峰塔
西

图14-21

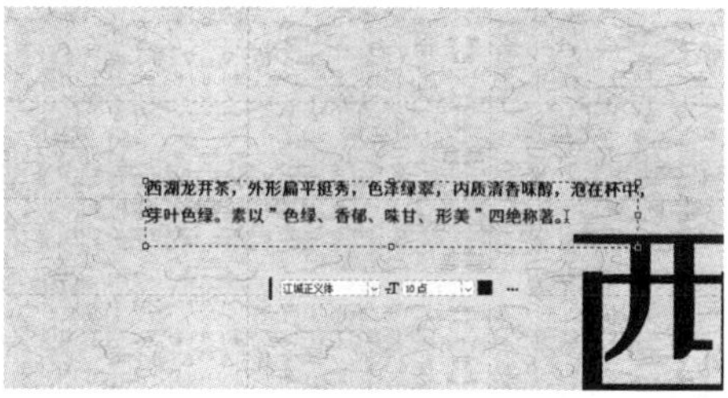

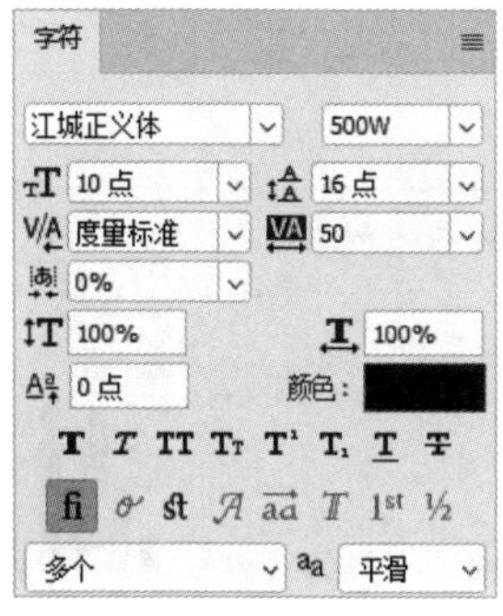

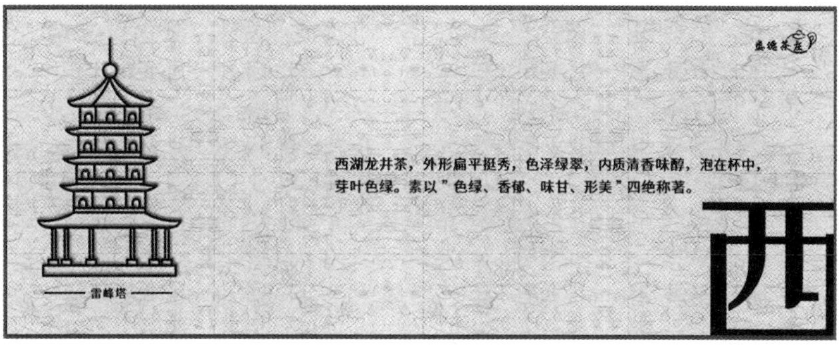

西湖龙井茶，外形扁平挺秀，色泽绿翠，内质清香味醇，泡在杯中，
芽叶色绿。素以"色绿、香郁、味甘、形美"四绝称著。
西

图14-22

字符
江城正义体
500W
10点
16点
度量标准
50
0%
100%
100%
0点
颜色:
多个
平滑

图14-23

雷峰塔
西湖龙井茶，外形扁平挺秀，色泽绿翠，内质清香味醇，泡在杯中，
芽叶色绿。素以"色绿、香郁、味甘、形美"四绝称著。
西

图14-24

Step 10 选择背景和纹理图层，单击“创建新组”按钮新建组，并重命名“西”，如图14-25所示。

Step 11 按Shift+Alt+Ctrl+E组合键盖印图层，如图14-26所示。

Step 12 按Ctrl+J组合键复制组“西”，重命名为“湖”，隐藏盖印图层和组“西”，如图14-27所示。

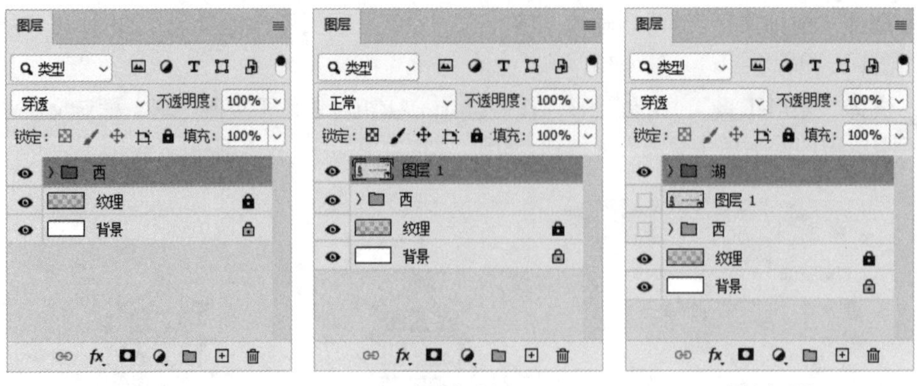

图14-25　　图14-26　　图14-27

Step 13 按Ctrl+R组合键显示标尺，在雷峰塔两侧创建参考线，如图14-28所示。

Step 14 置入素材并调整大小，如图14-29所示。

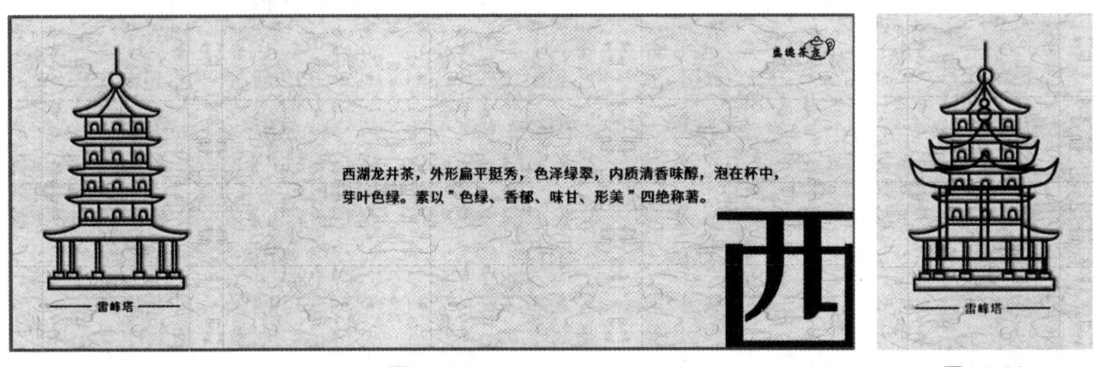

图14-28　　图14-29

Step 15 在"图层"面板中，拖曳效果至"湖心亭"图层，如图14-30所示。删除"雷峰塔"图层，如图14-31所示。

Step 16 分别更改文字，如图14-32所示。

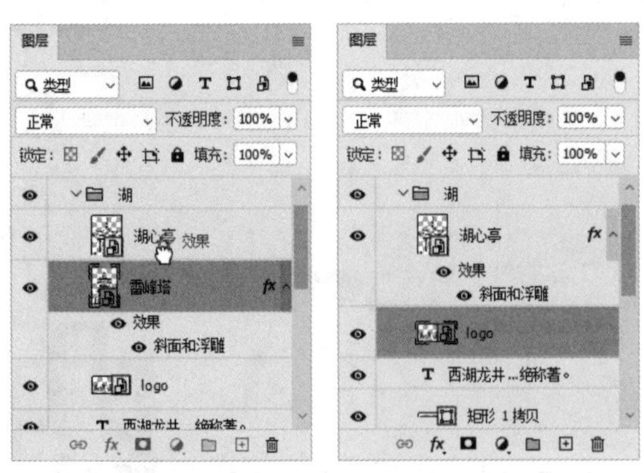

图14-30　　图14-31　　图14-32

Step 17 盖印图层后，复制图层组并重命名为"龙"，更改组内的图形和文字内容，如图14-33所示。

Step 18 盖印图层后，复制图层组并重命名为"井"，更改组内的图形和文字内容，如图14-34所示。

图14-33

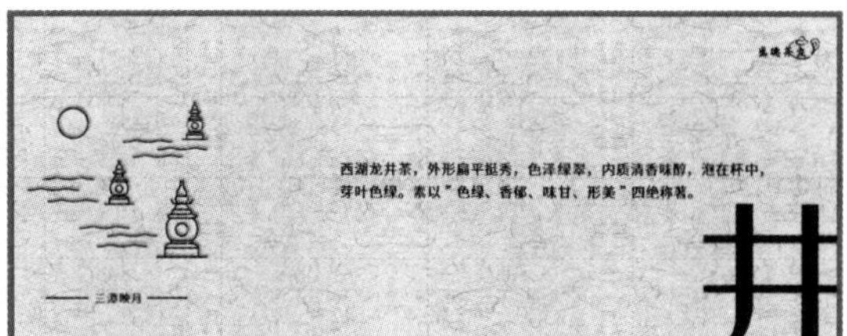

图14-34

2. 制作主视觉背面

Step 01 选中除纹理之外的所有图层、图层组，单击“创建新组”按钮新建组，双击该图层组重命名“正面”，如图14-35所示。

Step 02 选择“直排文字工具”，输入“龙井”，在“字符”面板中设置参数，如图14-36所示。

Step 03 调整文字图层的不透明度为40%，文字效果如图14-37所示。

Step 04 打开素材文档，复制文字，选择“横排文字工具”，拖曳鼠标绘制文本框并粘贴文字，在“字符”面板中设置参数，如图14-38所示。文字效果如图14-39所示。

Step 05 继续输入文字，如图14-40所示。

图14-35

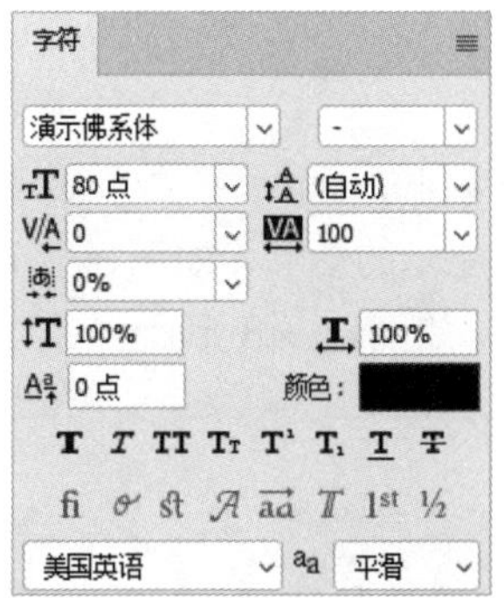

图14-36

图14-37

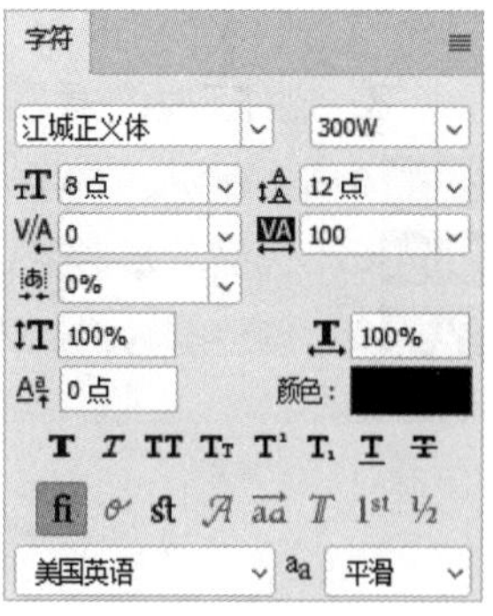

图14-38

图14-39

图14-40

Step 06 置入素材，调整大小，如图14-41所示。

Step 07 继续置入素材，调整大小，如图14-42所示。

Step 08 选择“横排文字工具”，输入文字“茶叶追溯二维码”，将字重设置为400w、字号设置为4号，如图14-43所示。

Step 09 置入素材，调整大小，如图14-44所示。

Step 10 新建图层组并重命名为“背面”，按Ctrl+Shift+Alt+E组合键盖印图层，如图14-45所示。

图14-41

图14-42

图14-43

图14-44

图14-45

3. 制作刀版效果图

Step 01 新建宽、高各为30厘米的文档，如图14-46所示。

Step 02 选择“矩形工具”，创建宽、高各为21厘米的矩形，如图14-47所示。

Step 03 创建宽为21厘米、高为2.5厘米的矩形，如图14-48所示。

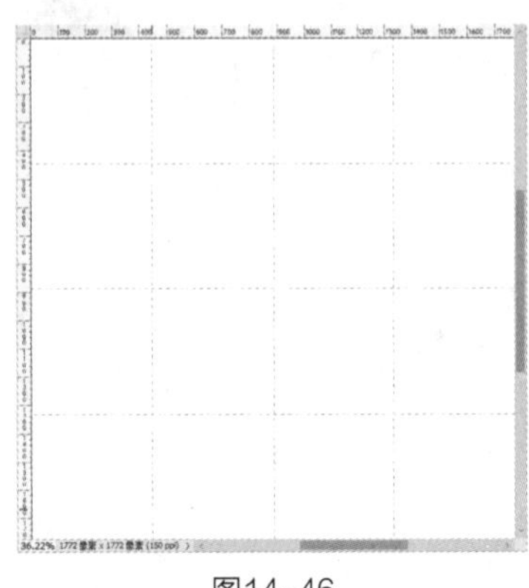

图14-46

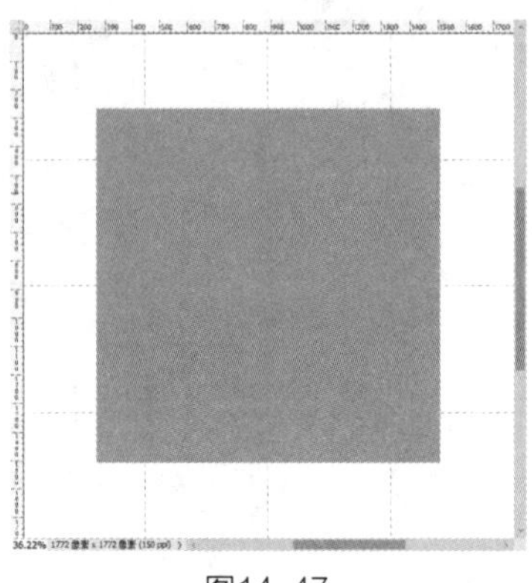

图14-47

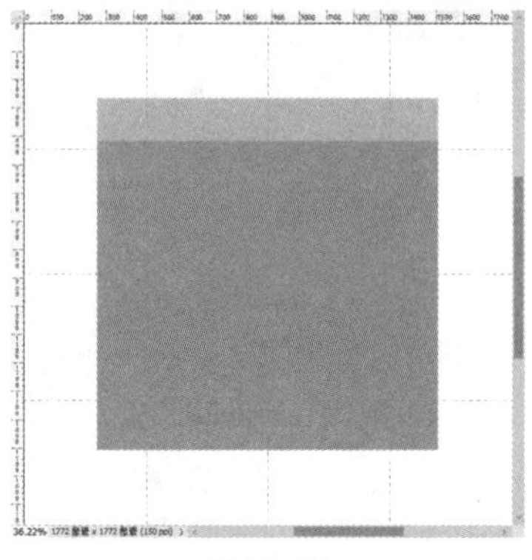

图14-48

Step 04 按住Alt键移动复制，移动至15cm处，效果如图14-49所示。

Step 05 将“主视觉”文档中的“图层5”移动至“包装盒”文档中，效果如图14-50所示。

Step 06 在“主视觉”文档中单击“指示图层可见性”图标隐藏“图层5”。选择“纹理”图层，按Ctrl+Shift+Alt+E组合键盖印图层，如图14-51所示。

Step 07 将“主视觉”文档中的“图层6”移动至“包装盒”文档中，按住Alt键移动复制“图层6”，效果如图14-52所示。

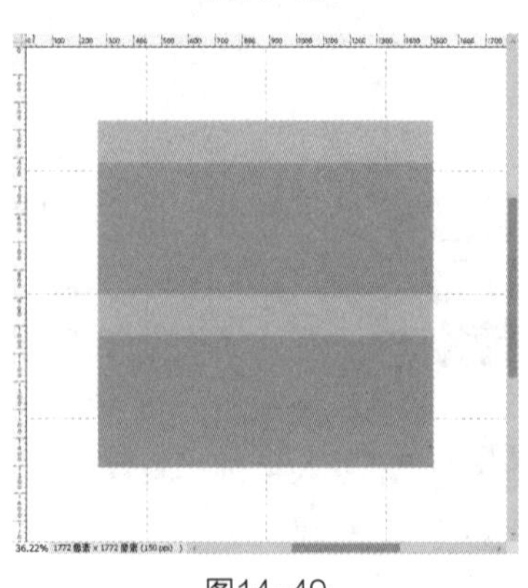

图14-49

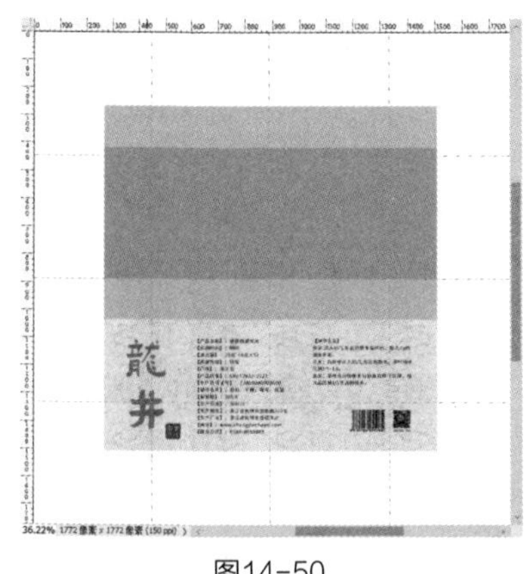

图14-50

图14-51

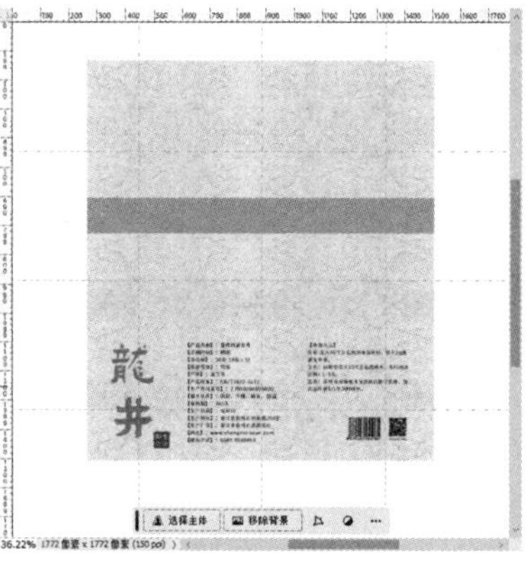

图14-52

Step 08 分别按Ctrl+Alt+G组合键创建剪贴蒙版，如图14-53所示。

Step 09 将“主视觉”文档中的“图层1”移动至“包装盒”文档中，效果如图14-54所示。

图14-53

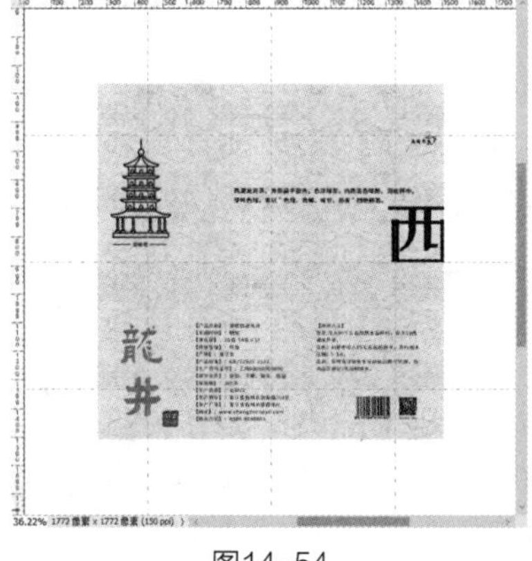

图14-54

4. 制作组合效果图

Step 01 新建宽24厘米、高35厘米的文档，如图14-55所示。

Step 02 在“主视觉”文档中，按住Shift键选中每个图层组的盖印图层，如图14-56所示。

Step 03 移动至新建的文档中，在“图层”面板中，单击“指示图层可见性”显示图层，调整排列顺序后，在选项栏中单击“垂直分布”按钮和“水平居中对齐”按钮，效果如图14-57所示。

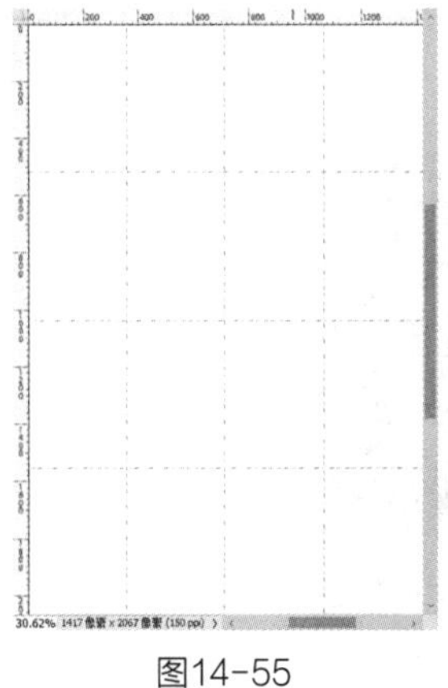

图14-55

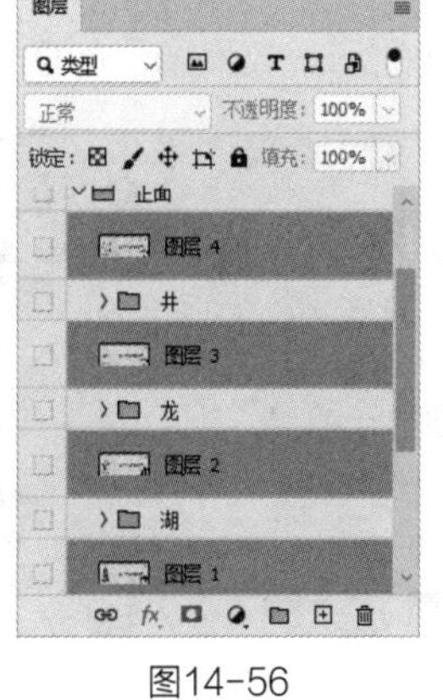

图14-56

图14-57

Step 04 双击“图层1”，在弹出的“图层样式”对话框中添加“投影”样式，如图14-58所示。效果如图14-59所示。

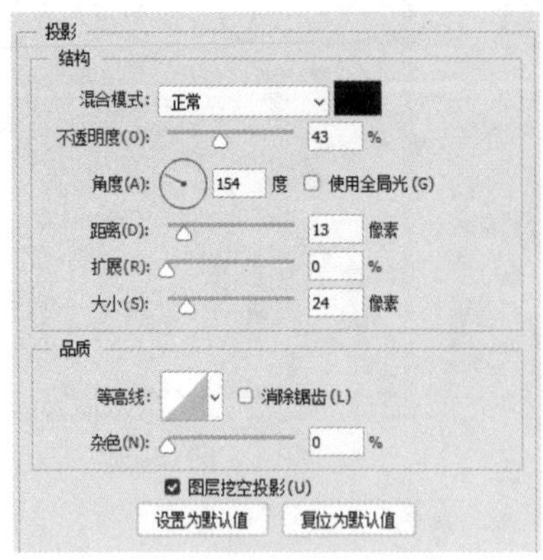

图14-58

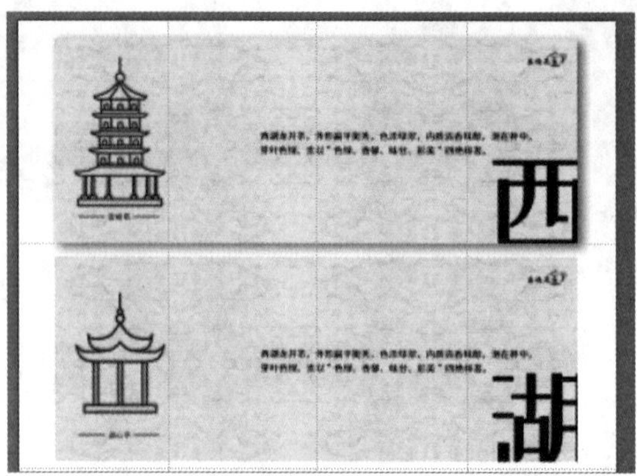

图14-59

Step 05 选中该图层，单击鼠标右键，在弹出的快捷菜单中选择“拷贝图层样式”选项，如图14-60所示。

Step 06 按住Shift键，加选“图层2~图层4”，单击鼠标右键，在弹出的快捷菜单中选择“粘贴图层样式”选项，效果如图14-61所示。

Step 07 按Shift+’组合键隐藏网格，效果如图14-62所示。

图14-60

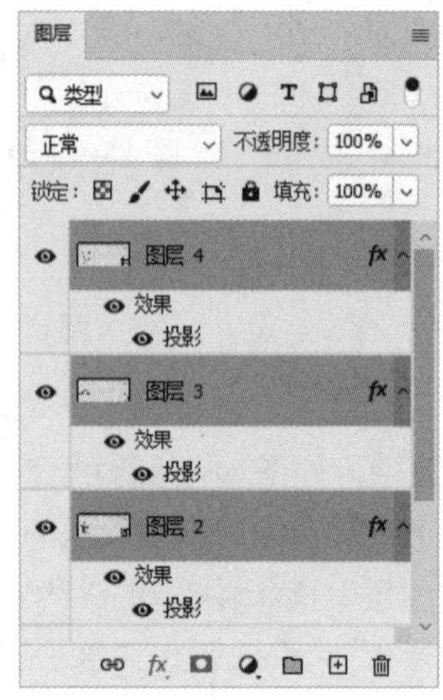

图14-61

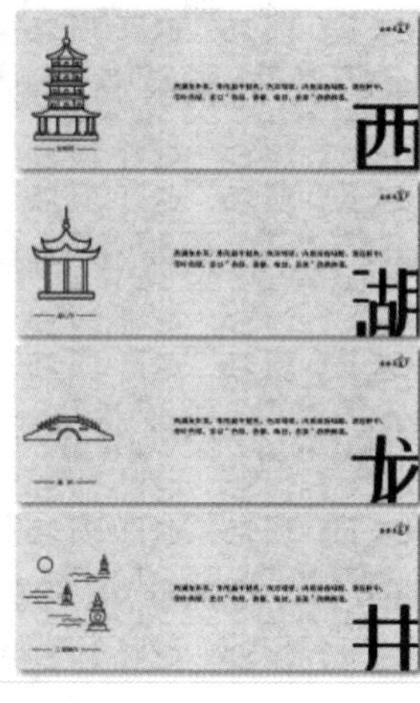

图14-62

Step 08 借助AIGC工具生成与之适配的场景效果图，如图14-63所示。

图14-63